珍藏本·增订本

纪念版

汉译世界学术名著丛书

人生道路诸阶段

上册

〔丹麦〕克尔凯郭尔 著

〔丹麦〕京不特 译

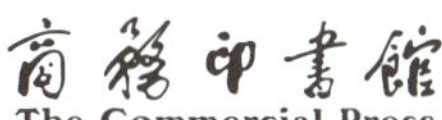

SINCE 1897

The Commercial Press

Søren Kierkegaard

STADIER PAA LIVETS VEI

本书根据 Gads Forlag 出版社 1999 年版译出

SØREN KIERKEGAARD

STADIER PAA LIVETS VEJ

此为《人生道路诸阶段》丹麦 Martins 出版社 1926 年版封面

汉译世界学术名著丛书
（120 年纪念版·珍藏本）
增订本出版说明

2017 年 10 月，为纪念商务印书馆创立 120 周年，本馆推出“汉译世界学术名著丛书”（120 年纪念版·珍藏本），计七百种。近五六年来，仰赖学界同人倾力支持，订正旧译，增补新译，拓展新著，积累日多。为满足读者需要，本馆在七百种的基础上，继续推出“汉译世界学术名著丛书”（120 年纪念版·珍藏本·增订本）三百种。至此，“汉译世界学术名著丛书”累计出版，已达千种。

今后，本馆将继续推进丛书的翻译出版工作，在积累单本名著的基础上陆续分辑刊行，汇印出版。为促进中外文明互鉴、推动我国学术发展，使“汉译世界学术名著丛书”这项对我国学术文化有基本建设意义的重大工程发挥更大作用，诚望海内外学术界、翻译界继续给予支持，帮助我们把这套丛书出得更好。

商务印书馆编辑部

2024 年 2 月

汉译世界学术名著丛书
（120 年纪念版·珍藏本）
出 版 说 明

2017 年 2 月 11 日，商务印书馆迎来 120 岁的生日。120 年前，商务印书馆前贤怀揣文化救国的理想，抱持“昌明教育，开启民智”的使命，立足本土，放眼寰宇，以出版为津梁，沟通中西，为中国、为世界提供最富智慧的思想文化成果。无论世事白云苍狗，潮流左右激荡，甚至战火硝烟弥漫，始终践行学术报国之志，无改初心。

迻译世界各国学术名著，即其一端。早在 20 世纪初年便出版《原富》《天演论》等影响至今的代表性著作，1950 年代后更致力于外国哲学和社会科学经典的译介，及至 1980 年代，辑为“汉译世界学术名著丛书”，汇涓为流，蔚为大观。丛书自 1981 年开始出版，历时三十余年，迄今已推出七百种，是我国现代出版史上规模最大、最为重要的学术翻译工程。

丛书所选之书，立场观点不囿于一派，学科领域不限于一门，皆为文明开启以来，各时代、各国家、各民族的思想与文化精粹，代表着人类已经到达过的精神境界。丛书系统译介世界学术经典，引领时代思想，为本土原创学术的发展提供丰富的文化滋养，为推动中国现代学术和现代化进程做出了突出的贡献。

为纪念商务印书馆成立120周年，我们整体推出“汉译世界学术名著丛书”120年纪念版的珍藏本，寄望既利于文化积累，又便于研读查考，同时向长期支持丛书出版的译者、编者和读者致以敬意。

两甲子后的今天，商务印书馆又站在了一个新的历史时间节点上。我们不仅要铭记先辈的身影和足迹，更须让我们的步伐充满新的时代精神。这是商务人代代相传的事业，更是与国家和民族的命运始终紧密相连的事业。我们责无旁贷，必须做好我们这代人的传承与创造，让我们的努力和成果不仅凝聚成民族文化的记忆，还能成为后来人可以接续的事业。唯此，才能不负前贤，无愧来者。

商务印书馆编辑部

2017年10月

译者的话

乍看之下,《人生道路诸阶段》似乎有三个作者:威廉·奥海姆、威尔海姆法官和法拉他·塔希图尔努斯。这其实是克尔凯郭尔所坚持的苏格拉底助产式表达形式之一。除博士论文《论反讽概念》、《爱的作为》和一些讲演文本是署有真名之外,作者的重要哲学和文学著作都使用笔名出版。这里也不例外,出版者"订书人希拉利乌斯"也是假名。在丹麦文最初的版本中,读者是找不到作者的真名的。

《人生道路诸阶段》最初出版于 1845 年 4 月 30 日。它与《非此即彼》有着同样的风格。尽管它的真正作者是索伦·克尔凯郭尔,但看上去却像是一部由诸多作者写成的集著。它通过诸多代表了各种不同人生观的笔名来表达各自的看法并且相互批驳。概观之下,书中的主题是关于男人与女人的关系,关于恋爱与婚姻。此书在丹麦经典文学之中有着与《非此即彼》几乎相同的地位,比较之下,我们可以这样说:在《非此即彼》上下两卷中,不管这是不是笔名作者们背后的设计者的本原意图,更吸引读者的是审美风格的上卷;但是在《人生道路诸阶段》三个部分中,第一部分审美立场不再占据那么大的空间,整部著作的重点是落在审美与伦理两个立场之外的第三部分。《人生道路诸阶段》的第一部分,在篇幅不大的《酒中真言》中,晚宴参与者们代表了反讽("那审美的")的各种生活态度。然后，在第二部分，法官威尔海姆以与第一部分差不多长的篇幅写下了“对各种反对婚姻的看法的回应”，以“一个丈夫”的身份来阐述人性伦理的生命立场，并且对审美者们各种反对婚姻的高谈阔论做出回应。在第三部分，读者就进入了法拉他·塔希图尔努斯(拉丁语为“寡言兄弟”的意思)所著的《“有辜的?”-“无辜的?”》，这部分有着副标题“一个心灵痛苦的故事　法拉他·塔希图尔努斯所做的心理学意义上的想象实验”，文本由“基旦”(拉丁语为“某个人”的意思)的自我观察者的日记和法拉他·塔希图尔努斯的一篇“为读者而写”构成；这个部分描述了这个心理学想象实验的对象“基旦”的内心运动，一种朝着宗教人生方向运动的魔性追求。

《人生道路诸阶段》对各个早期的笔名的生存形式以及个体人在之前的阶段中的存在性运动的轨迹给出了概观，三个部分也就包容了三个不同的人生态度：审美的(《酒中真言》)、伦理的(《一个丈夫对各种反对婚姻的看法的回应》)和前宗教性的《“有辜的?”-“无辜的?”》。在这里，《非此即彼》和《重复》中的人物又重新出现：诱惑者约翰那斯、《非此即彼》的出版者维克多·艾莱米塔、康斯坦丁·康斯坦丁努斯和年轻人，还有法官威尔海姆。除了读者以前所认识的这些人物之外，《酒中真言》中还多了一个时尚店主；另外，《“有辜的?”-“无辜的?”》中的人物也都是全新的。

在《酒中真言》中，五个审美者几乎都是专注于生活的享受；事实上他们的宴会主题就是情欲享受，是关于女人。他们的女人观反映出了他们的生活观。既然婚姻对于他们只是一种误会，那么他们对于女人们的关系就意味着一种不用负责任的享受。与这些审美者们针锋相对，法官威尔海姆则坚持婚姻的价值：婚姻对于他是“钟情相爱”的继续，在这种继续中，“义务”出现在了相爱者之间，这“义务”为他们的关系带来更多意义。法官威尔海姆以一种平静而清醒的方式论证了婚姻的合理性，并且论述了理论和实践之间的关联是生存的严肃。

然而，与“那宗教的”相比，上面这两种人生态度间的非此即彼就不再有很大的分量了；在法拉他·塔希图尔努斯的《“有辜的？”-“无辜的？”》中，“基旦”日记所叙述的故事与克尔凯郭尔自己的人生有着直接的关联，我们可以把它看作是《非此即彼》中《诱惑者的日记》的宗教性的对应文本。

通常，说到克尔凯郭尔的著作，我们难免要联系上他与瑞吉娜·欧伦森的婚约故事。克尔凯郭尔和瑞吉娜的这段爱情历程有很多解读的可能性。关于婚约事件，克尔凯郭尔自己就写有三部性质完全不同的小说：《诱惑者日记》、《重复》和《“有辜的？”-“无辜的？”》。

《诱惑者日记》出现在《非此即彼》的上卷之中，它通过诱惑者约翰纳斯在日记之中对少女考尔德丽娅的观察、研究和诱惑（考尔德丽娅成了约翰纳斯的实验对象和艺术作品），对婚约事件给出了一种恋爱玩味者的审美解读。《重复》是作为单行本的小说出版的，它通过一个审美的观察者康斯坦丁·康斯坦丁努斯来对一个濒临宗教性边缘的年轻诗人进行解读（在这里，这个恋爱中的年轻人是康斯坦丁·康斯坦丁努斯实验心理学中的实验对象）。这两部著作的中文版都已出版。《“有辜的？”-“无辜的？”》则是《人生道路诸阶段》中的第三部分，篇幅最长的一部分。而如果我们在这三部小说之间作比较，《“有辜的？”-“无辜的？”》也是篇幅最长的。这三部小说，作为心理学实验小说，都不能直接说是在叙述克尔凯郭尔和瑞吉娜间的故事，但它们都可以算是克尔凯郭尔和瑞吉娜婚约故事的一个投影。三部小说的立足事件是同一个事件（也就是克尔凯郭尔人生中的婚约事件），但三个主人公所处的“人生阶段”却是完全不一样的。

在《人生道路诸阶段》中，《“有辜的？”-“无辜的？”》的首要部分是订婚并且解除婚约的“某个人”（亦即“基旦”）的日记。这不是一部诱惑者的日记，而是一部心灵受煎熬者的日记。在日记中，基旦反思了他的各种动机——他为什么解除掉“他与一个有着生活喜悦的女人的婚约”（并且也就间接地隔绝于世界）。无疑，基旦的内心冲突和克尔凯郭尔自己的内心冲突之间有着一种直接的关联，有时候基旦的故事简直就是克尔凯郭尔的精神生活的直接展示，比如说，克尔凯郭尔在取消婚约时写给瑞吉娜的信就原封不动出现在了基旦的日记中。这日记所描述的心灵历程能够使得读者在极大的程度上趋近克尔凯郭尔与瑞吉娜的爱情历程中的真相。日记描述了一个持续了半年的婚约，它在晨记和午记之间变换：时而是对订婚时的回忆，时而是对整个过程的反思。在订婚之后，作者（作为作者的基旦，抑或作为作者的克尔凯郭尔）发现他们两人的天性有着如此巨大的差异，因此，他不得不自己承担起痛苦并且解除婚约。读完这些日记，读者也许会想：《诱惑者日记》不会是克尔凯郭尔自己的日记，但这“基旦”的日记……，可能差不多……哦。《“有辜的？”-“无辜的？”》的第二部分是法拉他·塔希图尔努斯的一篇“为读者而写”，对“基旦”日记中的婚约故事做出一种哲

学的、心理学的和文学创作理论性的分析。这"基旦"日记是法拉他·塔希图尔努斯的"想象实验",这"想象实验"不仅仅是心理学的实践,而更是一种使人有可能去领会"人的存在"的文学形式。这样,在读完了这篇"为读者而写"的时候,读者则反而又让自己拉开距离了:这又是一部虚构出来的日记体小说,这个人应该不会是他自己吧……

本书翻译所用的原本是哥本哈根大学克尔凯郭尔研究中心在1999年出版的 *Søren Kierkegaards Skrifter*, *bind 6*: *Stadier paa Livets Vei*(出版社是 Gads Forlag)。在翻译之中我所使用的对照版本有:F. Prior et M.-H. Guignot 的法文版 *Étapes sur le chemin de la vie*(出版社是 Gallimard,1948 年)、Emanuel Hirsch 的德文版 *Stadien auf des Lebens Weg*(出版社是 Eugen Diederichs Verlag,1958 年)和 Howard V. Hong 的英文版 *Stages on Life's Way*(出版社是 Princeton University Press,1988 年)。

我得到了索伦·克尔凯郭尔研究中心的极大帮助,中心的研究者们对一些疑难文字段落所做的说明使我解开了诸多困惑的节点。在一些汉语表述的细节上,我努力与国内已有的阅读习惯保持和谐。而对于一些中文日常语言里原本没有的概念,为了避免迅速阅读所造成的误解、误读,译者往往宁可使用读者们不习惯的词,也不使用会导致误读而在表面上能让读者感到习惯的词。对于一些哲学上应当得到强调的字词的翻译,国内已有的阅读习惯就不是翻译所关心的重点。另外,如果一些文学爱好者因为期待这是一部浪漫爱情小说,期待这小说能够类似于夏洛蒂·勃朗特、简·奥斯丁，乃至琼瑶的小说，他们也许会抱怨注释太多，无法直接读顺或者读懂克尔凯郭尔的哲学著作。对此，译者只能感到抱歉而爱莫能助，因为，这之中虽然是有着一部小说，但这小说却是心理学意义上的实验小说；而在丹麦的文学爱好者中，能够直接读顺或者读懂克尔凯郭尔的哲学著作的，也仅仅是少数对德国唯心主义和罗曼蒂克时代人文背景有比较全面了解的读者，书中的大部分注释本来就是为丹麦读者提供的阅读理解上必要的辅助工具。译者的努力是让读者读懂著作中的意义和作者的思路；如果有人认为把弗洛伊德《梦的解析》翻译得像一部《红楼梦》是意译，那么，译者绝对会认为这样的所谓“意译”是不可取的。

在这里我也说明一下。书中出现的脚注，都是书中原有的注释。尾注中带有半方括号的都是丹麦文版的注释集里提供的注释。尾注中不带方括号的是译者给出的注释。

下面，我对一些翻译用词做一下大致的说明。

形容词“正定的”的丹麦文是 positiv，为避免“肯定”这个词所引起的误解和误导，在哲学关联上常常特选此词而避用“肯定的”。意为“正面设定的”。

名词“辜”，我在文中给出了注释。辜的丹麦文是 Skylden，英文中相近的对应词为 guilt。Skyld 为“罪的责任”，而在字义中有着“亏欠”、“归罪于、归功于”的成分，——因行“罪”而得“辜”。因为在中文没有相应的“原罪”文化背景，而同时我又不想让译文有曲解，斟酌了很久，最后决定使用“辜”。中文“辜”，本原有因罪而受刑的意义，并且有“却欠”的延伸意义。而且对“辜”的使用导致出对“无辜的”、“无辜性”等的使用，非常谐和于丹麦文 Skyld、 uskyldig、Uskyldighed，甚至比起英文的 guilt、innocent、innocence 更到位。

动词“设定”的丹麦文是 sætte，对应于德语中的 setzen。德国唯心主义从费希特起一直使用的设立原则的概念。可参看费希特和谢林的体系演绎，比如王玖兴翻译的费希特的《全部知识学的基础》。

作为克尔凯郭尔时代审美理论的特定概念，“那喜剧的”这个词对立于“那悲剧的”。如果不强调这一对立，那么也可以译作“滑稽可笑的东西”或“滑稽可笑的成分”。

名词“承受”的丹麦文是 Liden，动名词，相当于德语中的 Leiden。动词 at lide 和名词 Lidelse 在一般的意义上是指“受苦”和“苦难”。Liden 在哲学中是“行为”、“作用”或者“施作用”的反面。在费希特的《全部知识学的基础》王玖兴中译本中有相应的“活动的对立面叫作受动”的说法。

形容词名词化后的名词“那现世的”的丹麦文是 det Timelige，与“那永恒的”相对立。意为“属于时间的而不属于永恒的、属于此岸而不属于彼岸的”。时间的、人间世界的。派生名词为“现世性”Timelighed。

以上是一些对概念的说明。当然还有许多别的概念也需要得到解说，而尾注给出了许多这一类解说，我就不在这里重复了。

有些语言上的用法，当代的汉语可能与七八十年代有了不同。我遵从当代的规则。比如说，在我少年时代，我们都会写“作出判断”、“作出评论”、“作出决定”等等，这一“作出”在当代都变成了“做出”，所以我原译稿中的“作出”或者类似的“作”在这里都改成

“做出”和“做”。

在翻译的过程中可能免不了一些错误，因此译者自己在此译本出版之后仍然不断寻求改善。另外，如前面提及，这个版本寻求与国内已有的阅读习惯保持和谐，一些名词概念被变换为比较通俗顺口的字词，译者甚至还对一些复合句子进行了改写，但是译者在尾注中对所有这类“译者的创意加工”都给出了说明和解释。译者为了方便读者的阅读理解，有时候也在一些地方加上了一些原文中没有的引号，有的在尾注里做出了说明，有的则没有说明（比如说“那现世的”这一类概念）。有的句子则是在尾注里得到分析解读或者被加上一些原文中没有的引号。中文的语法决定了中文的解读常常会有模棱两可的效果，这在诗意阅读上可能会是一种优势，但是既然本书中的文字叙述并不带有“让读者对某句句子做出多种意义解读”的诗意目的，相反，“对叙述有一个明确无误的理解”是读者领会上下文关联的前提，那么译者就有必要在翻译成中文的叙述之中清除掉各种模棱两可的可能。

现在，这个中文版本的《人生道路诸阶段》出版了。在这里，我向我的朋友郭凤岭先生（他也是我的论文《自我的辩证法》的中文版编辑）表示感谢：我在 2015 年完成这本书的翻译，是因为我在 2014 年与他有过一个要出版这书的约定，否则的话，可能会有好几年的延迟。我也感谢蔡玮女士，她对照 Hong 的英文译本对我的译稿进行校读，帮我修正了许多翻译的不确切的地方。在本书成书过程中，商务印书馆负责本书的编辑关群德先生为我提供了非常宝贵的意见，我也在此表示感谢。另外，我向哥本哈根的索伦·克尔凯郭尔研究中心致谢，研究者们的注释工作为我对原著的理解带来了极大帮助。我也向丹麦国家艺术基金会致谢，感谢基金会对我这许多年文学翻译和创作的支持和帮助。

京不特

二〇一六年六月

于哥本哈根

Tak til

人生道路诸阶段
不同人物的研究

由
订书人希拉利乌斯[1]
征集编印出版

① **订书人希拉利乌斯**]希拉利乌斯这个名字是由拉丁语形容词“hilaris”构成，意为“欢快、高兴、兴高采烈”。

目　　录

Lectori benevolo![1]（给善意的读者）

鉴于诚实应当在一切之中存在，尤其是应当在真相王国和图书世界之中存在，并且，本来，如果一个订书人不是在自己的行当里尽本分，而是名不正言不顺地在文人圈子里混，那么，这种肆无忌惮的做法按理是只会让这本书招致各种严厉的评判，并且可能会使许多人因为以此订书人为耻而根本不想去读这本书，而现在，既然没有什么出类拔萃的教授或者地位显赫的人物来对此感到不快，那么，就让我们在这里看一下这本书的真实故事吧。

在一些年之前，有一位知名文人寄送了一大堆书来装订，item（拉丁语：同样也）有不少二十四张本的书要订成四开本。[2] 由于那是一年中的忙碌时段，而我们的文人先生则一如既往地是一个和蔼而随和的人，因而，说起来不好意思，这些书就在我这里放了三个多月。事情就是这样，就像德国谚语所说：Heute roth morgen todt（德语：今天红润明天死），[3] 就像牧师说：死亡不认贫富老幼，[4] 就像我的亡妻所说的：我们全都会走上这条路；[5] 但是，我们的主最清楚，什么时候最合适，而那样的话，最合适的当然是在上帝的帮助之下发生的，这就正如事实上的情形：甚至那些最好的人也不得不离开这里；就这样，这文人却死掉了，并且，他在国外的遗产继承者们通过遗嘱查验法庭收到了这些书，而我则通过这同一个法庭得到了我的工酬。

有一天，我发现了一小包稿纸。本来，作为一个勤奋努力的人和一个好公民，我总是会诚实地把属于别人的东西交还给别人。本来，我绝对以为我已经把全部物件都寄还给了文人先生。我绞尽脑汁徒劳地回想，到底会是谁寄给我这些稿纸，它们是要派什么用场的，是不是要装订起来，简言之，我做出了一个这样的订书人在这样的情况下所能够做出的一切设想；我也考虑了，这一切是不是一个错误。最后，幸亏我有我现已故去的妻子帮我一起琢磨。她对于我是一个罕见的忠实内助和职业上的帮手。她眼前突然一亮：文人先生的书本来是被放在一个大篮子里的，而这包裹肯定是那篮子里的东西。当时我也觉得是这样。然而，现在已经这么多时间过去了，没有人想到过来要回这包裹。于是，我就想：这一包裹纸张肯定没有什么大价值。我倒是把它们装订进一个彩色的封夹里，这样，就像我亡妻通常的说法：它们就不会在店里到处摊开着占地方了。然后我就把它们放在那里了。

在那些漫长的冬夜，在我不知道该做些别的什么事情的时候，我就会拿出这本书来，作为一种享受来阅读它。但是我无法说这是很大的享受，因为我读明白的东西并不多；不过，坐在那里考虑，这之中的全部内容会是什么，这倒是为我带来了享受。既然其中有一大部分文字是以一种老练的书法写成的，我就让我的孩子们有时候临摹上一个 Pagina（拉丁语：页），这样，通过摹写这些漂亮的手写字母和转折，他们就必定能够在运笔方面得到练习。有时候，为了练习辨读文字，他们也会不得不高声朗读。真是令人无法理解，无法解释，学校的教学完全忽略了对文字的辨读，并且，如果不是我们在各类报纸上所读到的那位无愧于盛名的文学家勒文[6]先生试图补救这一缺陷，并教会我以一种特定的方式去领会我亡妻的话语："在各种不同的生活位置上，辨读文字都是必要的，并且在学校教学中不应当被忽略"，假如不是这样的话，那么学校的教学也许在很长时间里会一直继续忽略对文字的辨读。如果一个人能够写，但他却无法读出别人所写的东西，那又有什么用呢？就好像亨利希在喜剧中所说[7]：他固然会写德语，但他不会读。

去年夏天，我的大儿子十岁了，我打算让他去上一门更严格的课程。一个众望所归的人向我推荐了一个特别在行的师范证书毕业生和哲学证书候选人。[8] 其实我也认识这个人，我曾多次在救世主教堂[9] 的晚祷上听他做真正的陶冶讲演。就是说，尽管他尚未通过考试并且在他发现了自己是一个精神唯美者[10] 和诗人（我想他会这么说）之后便完全放弃了学业而去作牧师，不管怎么说，他还是获得了很好教育并且做了许多出色的布道，而尤其要指出的是，他在布道台上有着一个很动听的嗓音。我们一致同意，每天他都来教我儿子两小时最重要的一些课目，作为午餐的交换。

我谈及的这位师范证书毕业生和哲学证书候选人成为孩子的老师，这对于我卑微的家庭来说是真正的幸运，因为不仅汉斯进步很大，而且正如我在下面所要讲述的，这个了不起的人也使得我自己在一些远远更为重要的事情上受益匪浅。有一天，他留意到我曾用于我孩子们的教学的那本装订在彩色的封夹里的书，他稍稍翻看了一下，然后问我借这本书。我对他说我真心所想的："您完全可以留下这本书，因为，现在孩子有了一个自己能够为他写书法字样的老师，所以我不需要这本书了。"但是，正如我现在所认识到的，他实在是个可敬的人，因而并不想要留下这本书。于是，他借了这本书。这之后的第三天，我记得如此清晰，仿佛就是在昨天，那是这一年的一月五日，他来到我家并且想要和我谈谈。我想他也许是想要问我借一小点钱。但不是的！他把这本我们熟知的书递给我，并说："亲爱的希拉利乌斯先生！也许您并不知道，在这本您如此无所谓地想要送给别人的书中，天意给予了您家怎样美好的馈赠和礼物啊。如果这样一本书落到了一个合适的人手里，它就价值万金。正是通过印行各种这样的有益用的书籍，我们才有可能在这种人们不仅仅很少有钱而且也很少有信仰的时代里贡献出一份力量，去向人类的孩子们推广传播各种美好而有益用的学识。不仅仅是这个，而且您，希拉利乌斯先生，您的愿望一直就是能够以除了'作为订书人'之外的方式来益助您的同类，并且通过某种非同寻常的善行来为您对过世的妻子的纪念带来荣耀，您，'能去做这件事'恰巧就是您的幸福命运，而且通过这件事，在这本书被卖完之后，您还能够赚到不少的一笔钱。"我深受感动，然后，感动得更深，因为他提高嗓门并且继续大声说：就我自己而言，我什么也不想要，或者说，等于是什么都不想要；考虑到预期的巨大利润，我只是立马要十块国家银行币[11]以及在礼拜天和节假日午餐时的四分之一升葡萄酒。

于是事情就这样发生了，正如这位了不起的师范证书毕业生和哲学证书候选人所忠告我的那样。只是我希望确定地得到大笔利润，就像他确定地得到这十块国家银行币那样；这十块国家银行币是我很高兴地付给他的，另外也是因为他提醒了我：如果我所出版的不是一本书而是更多本，也许出自好几个作者之手，那样的话，我就能够赚得更多。也就是说，我博学的朋友假定了，必定有着一个兄弟会，一个协会，那个文人曾是它[12]的Caput（拉丁语：头，首领）或者领军人物，所以他才保存了这些文稿。我自己对此并没有什么判断。

一个订书人想要成为作家，这只会在文学世界里唤起合理的怨恨并且会起到坏作用，使人对这书不屑一顾；但是，如果一个订书人装订、征稿印刷和出版一本书，如果他"试图也以除了'作为订书人'之外的方式来益助其同类"，那么，一个合情合理地考虑问题的读者就不会对此有什么坏的想法了。

在这里同时附上对这本书和订书人和这一出版工作的最毕恭毕敬的推荐。

1845年1月。克里斯蒂安港。

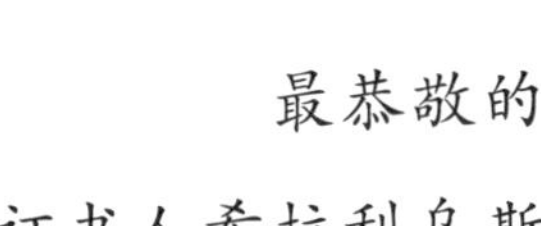

注释：

1. **Lectori benevolo**]拉丁语：给善意的读者！在拉丁语博学著作的前言中的常见标题形式。也被用在路德维希·霍尔堡喜剧英雄史诗《彼得·坡尔》(1719－1720年)的前言中。《彼得·坡尔》由笔名汉斯·米凯尔森出版。克尔凯郭尔有一本1835年版的《彼得·坡尔》。
2. **二十四张本的书要订成四开本**]就是说，送来的这些书张是每本有六大张，要折叠成四开订起来。
3. **heute roth morgen todt**]德语：今天红润明天死。丹麦也有这样的谚语，说一个人看上去健康但突然死去，用以表达命运叵测。"一个人今天是国王，明天他可能就死了。"
4. **死亡不认贫富老幼**]也许是指关于死亡之舞的民间表演：死亡以骷髅的形象出现，向各年龄各阶层的人们邀舞并将他们带进墓穴。
5. **我们全都会走上这条路**]就是说，我们全都会死。霍尔堡在喜剧《山上的耶伯》(1723年)第五幕第一场里用到这句话。
6. **勒文**]Israel Levin(1810－1883年)，丹麦文学家和文献学家，路德维希·霍尔堡和威瑟尔(J.H. Wessel)的出版者。他在1846年出了一本当时的丹麦男人女人的手写文字集。勒文大约在1844－1850年间担任过克尔凯郭尔的秘书。按他自己的说法，他参与了《人生道路中的诸阶段》的成书工作。在他准备他的手写文字集的时候，他也曾向克尔凯郭尔要过后者的手书样本，但被拒绝。
7. **亨利希在喜剧中所说**]霍尔堡喜剧《雅克布·冯·提波》(1725年)中的侍者佩尔在第一幕第四场中说："不是我自己夸自己，我能够用德语说我想说的大部分话，但是有几个词我还不明白，我能够很完美地写出来，但却不会读。"
8. **哲学证书候选人**]Candidatus i Philosophien，亦即所谓的"第二考试证书"的拥有者，通过了两门一般是在第一学年里进行的课程的考试：哲学考试(examen philosophicum)和文献学考试(examen philologicum)。
9. **救世主教堂**]vor Frelsers Kirke，位于哥本哈根的克里斯蒂安港，介于阿玛格尔岛和哥本哈根其余地区之间。
10. 这个"精神唯美者"如果直译应当是"美的精神"。
11. **十块国家银行币**]国家银行币是1813－1875年间丹麦国家银行发行的硬币，在1873年的硬币改革中，国家银行币被克朗取代(一国家银行币等

于二克朗）。在1813年国家银行破产之前通用的是“流通币”(Courantdaleren)，然后是“国家银行币”(Rigsbankdaleren)。一国家银行币有六马克，一马克又有十六斯基令(skilling)。在1844年，哥本哈根的全权查税员的年薪是六百国家银行币。四百国家银行币算起来是可以足够养家的。一个手工匠学徒一般一年可赚二百国家银行币，不过师傅包吃住。一个女佣除吃住外，一年至多三十国家银行币。同时，一双鞋差不多三国家银行币。

12. 这个“它”是指前面说及的“兄弟会”或者“协会”。

“In vino veritas”[1]
（酒中真言）

一篇由

威廉·奥海姆[2]

讲述的

回忆录

Solche Werke sind Spiegel; wenn ein Affe hinein guckt,kann kein Apostel heraus sehen.[3]

(这样的作品是镜子;如果一只猿猴向里面看进去,任何使徒都无法从里面看出来。)

——利希滕贝格

前　　言[4]

为自己准备一种秘密，这是怎样一种美好的忙碌呵，对之的享受是多么地诱人呵，但是，在享受了之后，有时候又多么令人疑虑呵，这又是多么容易为人带来不好的感觉呵！也就是说，如果有人相信一种秘密是可以被转送给任何其他人，相信它能够属于一个携带者，那么他就错了，因为在这里的情形就是如此：吃的从吃者出来[5]；但是如果有人以为一个人通过享受秘密所惹上的麻烦只是“不背叛它”，那么他也错了，因为这人其实也招上了“不忘记它”的麻烦。然而，回忆了一半并把自己的灵魂转化为一个存放破损货物的中转仓，则更令人恶心。相对于其他人，遗忘就是被拉起的丝绸帷帘，[6] 而回忆则是步入帷帘的维斯塔贞女；[7] 如果这不是一种真正的回忆的话，那么在帷帘的背后就又是遗忘，因为如果有真正的回忆在那里的话，遗忘就会被排除在外。

回忆不可以只是准确而已，它也必须是幸福的；回忆的装瓶必须在封口之前把被体验之物的芬芳收藏进去。正如葡萄不是在随便什么时候都能被榨汁的，正如榨汁时段的气候情况对葡萄酒有着极大的影响，那被体验之物也不是在随便什么时候或者在随便什么情况下都可以被回忆或者通过进入回忆而被达到的。

“回忆”绝不同一于“记得”。[8] 比如说，人完全可能会很清楚地在细节上记得一个事件但并不因此而回忆它。记性只是一种正消失的条件。通过记性，被体验之物站出来接受回忆之祭仪。这差异在年龄的差异性之中已经能够被估量出来了。老人失去记性，这记性在总体上说是人首先失去的能力。老人却有着某种诗意的东西，在人们的想象中，他有着先知的性质，是通神灵的。回忆当然也是他的最佳力量，他的安慰，它以诗意的遥视来抚慰他。童年则相反，有着高度的记性和学习吸收力，根本没有回忆。我们不说"老年忘不了青年所学习吸收的东西"，[9] 而是也许可以说："老人回忆的是小孩子所记得的东西"。我们磨出老人的眼镜来让他看近处。青年人用眼镜的话，这镜片是用来看远距离的东西的，因为它缺乏回忆的力量，这力量就是：移远，拉开距离。然而，老年幸福的回忆就像小孩子幸福的学习吸收力一样是自然的恩典礼物，它们带着偏爱拥抱人生中的这两个最无助而在某种意义上却最幸福的段落。但正因此回忆有时也和记性一样只是各种偶然性的携带者。

尽管记性和回忆的差异很大，它们常常还是会被混淆。在人的生命中，这一混淆给我们机会去研究个体人的深刻度。就是说，回忆是理想性的东西[10]，但就其自身而言完全不同于那没有区分的记性，它是努力着的并且有着责任心的。回忆想要对一个人强调生命中的永恒连续性并且向他保证：他的尘俗存在将会是 uno tenore(拉丁语：一气呵成)，[11] 在一次呼吸之间，并且可以在一口气之中被说出来。因此它谢绝让舌头为模仿生活内容之絮叨而被迫一次又一次不听使唤地乱动。这是人的不朽性的条件：生命是 uno tenore(拉丁语：一气呵成)。真是够奇怪的，据我所知，雅可比是唯一一个表述过对"想象自己不朽"的恐怖感觉的人。[12] 有时候对于他似乎就是这样：如果他在单个的瞬间里稍稍更久地保持“不朽性之想法”的话，那么这想法仿佛就会使他理智混乱。难道这是因为雅可比神经脆弱？一个强壮的、手上有老茧的男人——这老茧只是通过每次证明不朽性时在布道坛或者讲课桌上敲打而生——，不会有任何这样的恐怖，然而他却确实懂得不朽性，因为，在拉丁语中“有老茧”意味了“彻底地懂得什么”。[13]然而，一旦你把记性和回忆混淆起来，这想法就不再会是那么恐怖了。首先是因为你勇敢、像个男子汉，并且结实，其次因为你根本不对什么想法进行思考。无疑，许多人写下了自己生命的回忆录，而这回忆录之中根本不存在丝毫的回忆，然而各种回忆却确实是他以“永恒”换得的收益。在回忆中，人依靠着“那永恒的”。“那永恒的”有着足够的人道来尊重、满足每个要求，并且把每个人看作是可靠的。但是，如果一个人把自己弄成傻瓜，去记住而不是去回忆，并且作为由此而来的结果，去忘却而不是去回忆，因为被记得的东西也会被忘却，那么，“那永恒的”也没有什么办法。但是，记性则又使得生命畅行无阻。一个人畅行无阻地穿行过各种最可笑的变形；哪怕是在垂暮之年，一个人还是玩着摸瞎子捉人的游戏，还是赌着生命的彩票，并且哪怕他曾经是不可思议的各种各样的许多东西，他还是能够去变成随便什么东西。然后人就死了——并且，他于是就变得不朽。再者，难道事情不应是这样：一个人恰恰因为这样地生活过从而确保了使自己有足够的东西来进行无限的回忆？是这样的，如果回忆的总账簿只是一本让人把所有报进来的东西都涂写进去的草稿本的话。但是，回忆之簿记是奇特的。一个人可以把一些这样的事情作为任务提出来，但却不可以将之写进公共账单。

一个人天天都在全体会员大会上说着，并且不断地总是说着时代所要求的东西；然而，他却不是以加图式的枯燥方式重复地说这些东西；[14]不，他自始至终都是以一种令人感兴趣而刺激的方式来跟上这瞬间，而且从不说同样的话。item（拉丁语：同样地）在各种社交场所的聚会上，他也是必到的客人，他时而以精准的、时而以盈余的尺度来测量自己滔滔不绝的言辞，并且不断地得到人们的鼓掌致意。我们至少一星期一次可以在报刊上读到一点什么关于他的东西；甚至在夜里他也会有益助于他人，就是说，他的妻子，因为他甚至在睡梦里也好像他在大会上时一样地谈论“时代的要求”。[15]另一个人，在他说话之前，他沉默，并且这样地继续着，以至于他根本就不会去说什么话。他们活得一样长久，这里问一下最终答案：谁有更多的东西可回忆？一个人只追随着一个想法，唯一的一个，仅仅只是专注于这想法；另一个人是通七门科学的作家并且“恰恰在他要改造兽医科学的时候（说这话的是一个记者）在意义重大的工作中被打断了一下”。他们活得一样长久，这里问一下最终答案：谁有更多的东西可回忆？

在根本上，一个人只能够回忆本质的东西，因为如上所述，老人的回忆是被置于偶然性之下；各种类似于他的回忆的情形也是如此。本质的东西不仅仅是以自身为条件，而且也是以它与相应者的关系为条件的。如果一个人与理念分离开，他就无法在本质的意义上行动，他就无法做出任何本质性的事情；那作为唯一的新的理想性的东西则应当是“悔”。[16]他所做的其他事情，尽管有着各种外在的标示，都是非本质的。为自己娶一个妻子当然是某种本质的事情；但是，如果一个人曾经在爱欲之中随随便便不当一回事，那么，出于纯粹的严肃和庄重，他就完全可以敲打自己的额头、心头和后……；[17]而这仍然还是无聊的轻浮举止。即使他的婚姻关系到整个民族，并且教堂的钟声鸣响，并且教皇主持婚礼，这对于他来说仍然不是什么本质性的事情，而是根本意义上的无聊的轻浮举止。外在的噪音对事情根本就没有什么影响，正如喇叭声和展示步枪并不使得彩票揭彩变成对那揭彩的男孩[18]而言的本质行为。因为在本质上要做的事情并非在本质上取决于“有人敲鼓”。然而，被回忆的东西也是人所无法忘却的。不同于那对于记性来说是没有区分的“被记得的东西”，“被回忆的东西”对于回忆来说并不是没有区分的。人可以把“被回忆的东西”丢弃掉，但是它就像托尔的锤子[19]一样又重新返回，并且不仅仅是如此，它还有着一种对回忆的思念，就像一只鸽子，不管这鸽子有多少次被卖给别人，它永远都无法成为另一个人的拥有物，因为它不断地总是飞回家。但是，事情如此，也是因为回忆本身孵养了“被回忆的东西”，并且，这一孵养过程是隐秘的，不为人所见，并且因此不会受到任何亵渎性的知识的侵犯：这情形就好像是，如果自己的蛋被陌生者碰过，鸟就不愿去孵它了。

记性是直接的并且直接地得到帮助，回忆则只会是反思的。因此，回忆是一种艺术。与“记得”相反，我就像地米斯托克利那样想要能够忘却；[20]但是“回忆”与“忘却”则不是对立面。回忆的艺术不是容易的，因为它在准备的瞬间会变得不一样，而记性则只有“记得正确”和“记错”之间的起伏。比如说，什么是乡愁？它就是某种被回忆的“被记得的东西”。很简单，乡愁就是通过“一个人离开了”而产生的。这艺术是在于，尽管一个人是在家里，仍能够感觉到乡愁。这要求对幻觉的熟练。深入地生活在幻觉之中(在这幻觉中不断有“黎明破晓”的过程在发生但却从不进入到白天),或者将自己反思出所有幻觉,都不会更难于:将自己反思进幻觉,并在同时又能够让这幻觉带着所有幻觉的力量对自己起作用,尽管自己完全知道这是怎么一回事。像变戏法一样地把过去变到自己面前,不会更难于:为了回忆而把面前的东西从自己眼前变走。这其实就是回忆的艺术和二次方的反思。

要为自己达成一种回忆,就必须对心境、处境和环境的各种对立面有所认识。一种爱欲的处境,之中关键是乡村生活中惬意的边远性,这样的处境有时候最好是在一场戏剧之中被回忆并让人通过回忆而进入,因为在戏剧中环境和嘈杂激发出这对立。然而这种直接的对立却并非总是幸福的。如果我们可以把一个人作为手段而不觉得这有什么不合适的话,那么为了回忆一场爱欲关系的幸福对立有时就可能是:只是为了回忆而为自己造就出一段新的爱情故事。

这对立面可以是有着极端的反思性的。记性和回忆之间的反思关系的极端点是用记性来作为回忆的对立面。两个人可以是因为不同的原因而不愿意再看见一个令他们想起某事件的地点。[21]其中的一个人根本就想不到有着某种叫作“回忆”的东西存在,而只单纯地害怕记性使自己记得这件事。眼不见则心不生景,他想,只要他不看见,那么他就会忘记掉。而另一个人则恰恰想要回忆,所以他不愿意去看。只有在针对各种感觉很坏的回忆时,他才用上记性。如果一个人懂得回忆但却不明白这个,那么他无疑是有着理想性但却缺少使用 consilia evangelica adversus casus conscientiæ（拉丁语：针对良心之情形的福音教导）[22]的经验。固然，他甚至会把这教导看成是悖论，并且在要忍受最初的痛楚时畏缩。其实这最初的痛楚正如最初的丧失，是宁可应当去忍受下来的。在记性一次又一次得以翻新的时候，灵魂就得到丰富，它获得许许多多细节来使得记忆分散开。于是，"悔"是"辜"的回忆。纯粹从心理学上看，我真的相信是警察帮助了罪犯不去悔。通过不断地对其生平经历做备忘记录和重复，这罪犯就获得一种这样的记性技能来详细罗列出自己的生活细节，以便驱逐掉回忆的理想性[23]。"真正地去悔"，尤其是"马上去悔"，需要极大的理想性；因为天性也能够帮助一个人，并且，那种迟到的悔，从"去记得"的意义上讲，是微不足道的，但它却常常是最沉重和最深刻的。

"能够回忆"是所有创造性的条件。如果一个人不想要有更多的创造性，那么，他就只需记得他想要回忆着地创造出的同样东西就行，并且创造被弄成了不可能，或者它会变得令他感到如此厌恶，以至于他越早放弃它越好。

从根本上说，回忆之集体是不存在的。一种类型的"表面上的集体"是一种回忆者为了自己的需要而使用的对立面之形式。有时候，这会是诱发出回忆的最好方式：一个人让自己假作向另一个人倾诉衷肠，他这样做只是为了在这一倾诉的背后隐藏一种新的反思，而在这反思之中回忆就为这个人本身而进入了存在。考虑到记性，人们完全能够联合起来相互帮助。从这个角度看，宴会和生日庆祝，各种爱情纪念品和宝贵的纪念物等，与"在一本书的一页上折一个角以便记得自己读到什么地方并且借助于这些折角来确定把整本书都通读了"的做法一样，是出自同样的考虑。相反，对回忆的榨取则必须是每个人单独去做的工作[24]。就其自身而言，这之中绝不是有着什么注定的祸害。既然一个人总是与回忆独处，那么，每一个回忆都是一个秘密。尽管大多数人关心的是，对于回忆者而言，回忆的对象是什么，然而，这回忆者却是与自己的回忆单独相处的，表面看上去的所谓公共成分只是幻觉而已。

这里所提出来的东西对于我自己来说是为了对于各种想法和执着的思考的回忆，这些想法和思考曾很多次以很多方式占据过我的灵魂。这些东西被匆匆写下的机缘是，我现在觉得自己有这样的心情想要去为回忆实现一个被体验过的事件，想要记录下那在一些时间里已经是被完全地记得了的并且也部分地被回忆了的东西。我可记得的东西的范围不大，因而记性的工作是轻易的；相反，在要真正将之拿出来推向回忆的时候，我倒是经历了麻烦的，而这恰恰是因为，这对于我已经变成了是某种完全不同的东西，不再是为那些参与者先生们，——看见这样一种微不足道的东西被赋予了任何价值、一种雀跃的突发奇想、一种绝望的想法（他们自己可能会这样来称呼它），他们也许会发笑。是的，不管记性在这里对于我是多么微不足道，我由之却看出，事情有时候对于我就是如此：就仿佛我根本没有体验过它，而是我自己虚构了它。

当然，我很清楚地知道，我不会很快就忘记那场我不作为参与者参与的宴会；但是不管怎么说，我还是不能够决定在尚未确保自己有一个严谨地写下的对那对于我是真正地 memorabile（拉丁语：值得想起或谈论的）东西的 ἀπομνημόνευμα（希腊语：关于值得想起的言行的叙述）[25]的情况下就将之放开。[26]

我做出了努力试图去促进对“回忆”的爱欲性的领会，相反，我不曾为“记性”做任何事情。回忆的处境是通过对立而构建出来的，在一些时候我已经尝试了为自己而把被回忆的东西编织进环境的对立。宴会所在的富丽通明的饭厅，灯光反射下令人迷醉的光芒海洋构成了一种奇异多彩的效果。这样一来，回忆想要一个并非是奇异多彩的对立。参与者们的心境中的兴奋成分，欢庆的嘈杂，香槟酒冒着泡沫的欢情，这些东西最好是在一种宁静偏远的“已被遗忘”之状态中让人回忆。精神的蓬勃茂盛，正如它在发言者们的心境之中膨胀蔓延，最好是在和平的安全感之中让人回忆。每一个想要直接地帮助回忆的尝试都只会失败，并且以模仿所具的糟糕滋味来惩罚我。

于是我从对立出发来选择环境。我寻找森林的孤独，但不是在森林本身是奇妙的时候。比如说夜之宁静就不会有什么好处，因为它也是处于“那奇妙的”的支配之下。我恰恰是在一个大自然自身最不受感动的时候寻找了大自然的和平。因此我选择了下午的光线。只要这里有“那奇妙的”在场，那么这和平[27]就只能在灵魂里被隐约地感觉到；相反，再也没有什么东西比下午暗淡的光线更温和更和平更令人安宁。就像一个重新康复而面对生命的病人，更愿意寻找这一消减痛楚的提神剂，就像一个经受了许多苦难在精神上紧张过度的人，更愿意寻找这一安慰，我也是这样地出于对立的理由寻找它，恰恰是为了达到那对立的东西。

在戈里布森林里有一个地方，叫作八路角；[28]只有在一个人以正当的方式去搜寻的时候，他才会找到这地方，因为没有任何地图标示出了这个地方。看来这名字本身也包含了一点矛盾，因为，八条路的相交怎么会构成一个角，而“人来人往并且交通频繁”又怎么能够与“偏僻而隐秘”达成一致？当然，孤独的人所避开的东西是根据仅仅只是三条路的相交命名的：平凡琐碎(Trivialitet)；[29]那么，八条路相交，这岂不是更加琐碎不堪了么？然而事情却就是如此：那里确实有着八条路，但又非常孤独；偏僻、隐蔽而秘密，你在那里的话，就与一道名叫“不幸之围”[30]的围栏靠得很近。名字中的矛盾只是使得这地方更孤独，正如矛盾成就孤独。这八条路，频繁的交通只是一种可能性，一种为思想而存在的可能性，因为除了一只小小的昆虫匆忙地横穿过 lente festinans(拉丁语：慢慢地急赶)[31]之外，没有任何人走过这条路；没有任何人走过这里，除了那逃亡的旅行者，他[32]不断地东张西望，不是为了找什么人，而是为了避开所有人，那个逃亡者，甚至在自己的隐藏处都没有感到有旅人那种想从什么人那里获得信息的渴望，那个逃亡者，只有致死的子弹能够赶上，这子弹固然解说了为什么鹿在此刻变得静止不动，但却没有解说它为什么如此不安；没有任何人在这条路上行走，除了风，没有人知道这风，它从哪里来，它要到哪里去。[33]即使一个人听任自己去被那诱惑人的召唤欺骗(而在那里面内闭性正是以这一召唤捕捉旅人)，即使一个人追随了那狭窄的小径(而这小径则诱人进入森林所包围的深处)，即使是像这样的一个人，他也没有一个身处无人行走的八条路交界处的人那么孤独。[34]八条路并且没有旅行者！这无疑就好像是世界已死绝，如果有人幸存下来的话，那么他就被推进一种“不会有人来埋葬自己”的尴尬处境；[35]或者，就仿佛整个民族[36]的人全都沿着这八条路迁徙出去并且就只遗留下了一个人！如果诗人所说的是真的，bene vixit qui bene latuit(拉丁语：隐藏得很好的人，活得很好)，[37]那么我无疑就活得很好了，因为我很好地选定了我的这个角落。无疑也确是如此：当人站在一个角落看世界以及世界之中所有的一切[38]时，它们看上去就是最好看的，并且他必须悄悄地偷看；无疑也确是如此：当人不得不悄悄地去偷听的时候，我们在世界听到和应当听到的一切从一个角落里听起来就是最有味道并且最迷醉人的。于是我就更频繁地探访我那偏僻的角落。我以前就知道这地方，很久很久以前；现在我学会了无需黑夜就能够找到宁静，因为在这里总是宁静的，总是美好的；然而现在我觉得最美好的还是在秋日[39]挽住那奔向黄昏的午后时光[40]并且天空发出那种带有思念感伤的蓝色的时候，在受造之物熬过了一天的炎热之后深深地呼吸的时候，在凉意舒展开自身、绿野的枝叶随着森林摇曳出阵风而兴奋地颤动的时候，在太阳想着暮色要在暮气中沉入大海尽享凉意的时候，在大地准备要去休息并且想着要说感谢的时候，在它们作别前在那种使得森林更暗使得草地更绿的温柔的融合之中相互理解的时候。[41]

哦，善意的精灵，住在这些地方的你，谢谢你总是保护着我的宁静，谢谢你所花的那些带有回忆之劳作的时间，谢谢你那被我称作是“我的”的隐藏之地！在那里宁静成长，正如阴影成长，正如沉默成长：一道召唤着的魔咒！然而，又有什么能像宁静这么令人陶醉呢！因为，不管酗酒者把酒杯移向嘴唇的速度有多快，他的陶醉的增长之快都比不上宁静产生的陶醉，宁静产生的陶醉随着每一秒增长！陶醉人的杯子的内容与沉默之无限大海相比只是沧海一粟，而我正是饮自这沉默之海！[42]所有美酒的沙沙作响与沉默越来越强烈不断地发出沙沙声的自沸[43]相比，只是一种瞬间即逝的欺骗！然而，又有什么东西消失得迅速如同这一吞咽，——只要一说话！而如果一个人被突然从那之中隔离出来的话，又有什么能比这样的状态更令人厌恶，——比酗酒者的醒转更糟糕，如果一个人在沉默中遗忘了说话的能力，羞怯于字词的声音，结结巴巴如同那种舌下系带[44]没有松开的人，孱弱得如同受惊的妇人，在那瞬间里过于无能为力而没办法去用语言来进行欺骗！那么，谢谢你，善意的精灵，你使得意外和中断不会出现，因为打扰者的道歉起不到什么作用。

我曾多么频繁地考虑这问题！在蜂拥的人群中，如果你是无辜的，那么你不会变得有辜；但孤独的宁静是神圣的，因此，一切打扰这宁静的就都变得有辜，而沉默所具备的纯洁的环境，如果它被侵犯的话，不管以什么借口都无法得到容忍，借口是没用的，正如在少女的端庄被侵犯的时候，任何解释都是没用的。[45]如果这事情发生在我身上的话，这会有多么地痛，并且一个人站在那里，带着灵魂里不断困扰着的痛楚，为自己的错失感到羞愧：打扰孤独的人，这是怎样的错失啊！“悔”徒劳地想要去弄明白这到底是什么：这种“辜”是无法言说的，正如沉默是无法言说的。只有对于那以不正当的方式寻找孤独的人，“意外”才能够起帮助作用，就好像一对情人，如果他们甚至在这样的地方都不具备“构建出一个处境”的力量的话，他们才会需要这“意外”来帮忙。如果事情是这样的话，那么一个人就可以通过展示出自己来为厄若斯[46]和恋人们服务，尽管他的服务对于恋人来说仍然是神秘的，正如辜也是如此地保持着神秘：因而，出于对打扰者的愤怒，他们更加隐秘地在一起密谋，而他们之所以这样做，则还是因为这打扰者的缘故。但是，如果他们是两个以正当的方式寻找孤独的恋人，那么，让他们遭遇

意外,这会是多么严重,这可以让一个人怎样地诅咒自己,正如任何靠近了西乃山的动物都受到了诅咒![47]谁不感觉到这个,谁会在他看见(尽管尚未被看见)的时候不希望自己能够像一只鸟在这恋人们的头上兴奋地晃荡,能够像一只鸟,它的鸣叫是情欲之爱的预兆声,能够像一只鸟,它在灌木间穿行,看上去是那么诱人,谁不希望自己能够像那引发情欲之爱的大自然之孤独,像那确认一个人身处偏僻的回声,像那保证着其余人都离开而只让这对恋人留下的遥远的喧哗!最后这个愿望无疑是最好的,因为,在一个人听见了其他人消失的时候,这时他就变得孤独。在《唐璜》中,最孤独的处境是泽尔丽娜的处境;[48]她不是单独的,不,她变得单独;人们听见合唱的消失,而孤独在这一喧哗在远处的渐渐消失中变得可让人听到,孤独进入存在。你们这八条路,你们只是把所有人都从我这里引走,而恰恰把我自己的思绪带回来给我。

那么,作为告别我向你致意,你这美好的森林;向你致意,你这未曾得到人们赏识的下午时分,你没有任何矫揉造作,不像清晨时分,不像夜晚,不像深夜想要意味一些什么,而是毫无要求而谦卑地满足于作为你自己,满足于你乡村质朴的微笑!正如回忆的工作总是得到祝福,它也有着这一祝福[49]:它自身成为新的回忆,而这新的回忆又吸引着人;因为,如果一个人有一次曾经明白了什么是回忆,那么他就永永远远地被吸引住,并且被同样的东西吸引住;如果一个人拥有一段回忆,他就比任何时候都富有,即使他在什么时候占有全世界,也不比他拥有一段回忆更富有;不只是正分娩的人是处在受祝福的状态,而尤其最重要的是:正在回忆着的人是处在受祝福的状态。

注释：

1. **In vino veritas**]拉丁语：酒后真言。参看谚语“要去孩童和醉人那里听真言”。这是出自谚语收集者芝诺比乌斯（约公元100年）的一句希腊谚语，不过，在公元前600年左右，抒情诗人米提林的阿卡额斯就以“酒也是真相”的形式说出了这意思。在希腊文献中有着对这句谚语的频繁引用，比如说在柏拉图的《会饮篇》之中（217e）。在罗马文献中则有老普林尼和贺拉斯对之的引用。这以拉丁语形式给出的 In vino veritas 也许是来自鹿特丹的伊拉斯谟（德西德里乌斯·伊拉斯谟），他在他的谚语集 *Adagia* 之中收取并且评注了“In vino veritas”。在丹麦文学中，巴格森在他的游记《迷宫》（1792－1793年）中提及一家酒馆上有个牌子上写有“In vino veritas”，这是克尔凯郭尔所熟悉的。
2. 奥海姆，Afham，丹麦语，意译可以是“渊源于他自己”。
3. **Solche Werke sind Spiegel … heraus sehen**]德语：这样的作品是镜子；如果一只猿猴向里面看进去，任何使徒都无法从里面看出来。这格言出自德国自然科学家和哲学家利希滕贝格（Georg Christoph Lichtenberg，1742－1799年）。这一格言被用来评价莎士比亚和其他伟大作家的作品，出自其论著《关于相面术》（*Ueber Physiognomik*）（1778年）。

   德语文献：*G. C. Lichtenbergs vermischte Schriften*，udg. af L. C. Lichtenberg og F. Kries，bd. 1-9，Göttingen 1800-06，ktl. 1764-1772；bd. 3，1801，s. 479.
4. 这个“前言”的丹麦语原文为 Forerindring，直译的话本应是“前忆”。

   Forerindring]这里译作“前言”。这个词在丹麦语中很少被人使用，是拉丁语 promemoria 在丹麦语中的直译，在此，它也暗示着前言中的话题，介于“记性”和“回忆”之间的关系。
5. **吃的从吃者出来**]参孙在死狮之内发现了他能够吃的有蜂蜜的蜂窝之后向非利士所提出的谜语的一个部分。见《士师记》第14章，其中（14：14）是：“参孙对他们说：‘吃的从吃者出来。甜的从强者出来。’他们三日不能猜出谜语的意思。”
6. “被拉起的”就是说，是被拉合在一起的，被拉得合拢在一起而起到遮盖作用的，而不是“被拉开的”。这里的“被拉起的”不是“被高高拉升起来的”的意思。
7. **维斯塔贞女**]维斯塔圣女是古罗马维护维斯塔女神圣殿之中燃烧的永恒

火焰的女祭司。维斯塔是罗马灶神和家庭女神,她的女祭司立下守贞誓言。

8. 这里的“回忆”和“记得”在原文中都是动词不定式。

“回忆”绝不同一于“记得”]在柏拉图和亚里士多德那里就已经有了对于这两个概念的区分。柏拉图在对话录《斐利布斯篇》(34a - b)中把记性(mnēmē)看成是印象被感官记录下之后被保存的地方或者能力;如果这些印象中有一部分无需感官的协助而在意识里被重新唤起,那么这部分就是回忆(anámnēsis)。

在亚里士多德那里,比如说,在他的《自然科学短文》(*Parva naturalia*)中有一篇《论记性和回忆》(*De memoria et reminiscentia*)的论文,之中描述了,记性是保存感官印象的能力,而回忆则是意志行为,通过这种意志行为,各种印象以及它们的时间关系在意识之中被重新唤起。这样,记性是回忆的前提条件,反之不然。相应地,许多动物有记性,但只有人类有回忆(449b 1 - 453b 7)。参见 *Aristoteles graece*, udg. af Immanuel Bekker, bd. 1-2, Berlin 1831, ktl. 1074-1075; bd. 1, s. 449-453.

在克尔凯郭尔这里,这区分不同于希腊人的:记性是用来准确地在细节上重新唤起体验过的事件的意识能力,但是对这些事件所具的意义是不作区别的。回忆作为一种更高级的能力,相对于回忆者的内在个人关联来观照那些被体验的事件,并且在这个关联上无视所有非本质性的东西。

9. **老年忘不了青年所学习吸收的东西**]谚语“一个人在青年时所学习吸收的东西,是他在老年时所难以忘记的”的变种。

10. 直译的话,应当是“回忆是理想性”。

11. **uno tenore**]拉丁语:一下子,一气呵成。一般是在音乐中用来描述“一息之间”。

这个分句的意思是“他的尘俗存在将会是一下子达成”,丹麦文原文是“at hans jordiske Tilværelse bliver uno tenore”,直译是“他的尘俗存在会变得一气呵成”。Hong 的译本有改写成分,“that his earthly existence remains uno tenore [uninterrupted]”(他的尘俗存在保持不间断)。德文译本是直译:“dass sein irdisches Dasein uno tenore wird”。法语译本也在结构上对句子作了改写(法语全句为:“Le souvenir a pour rôle de maintenir la continuité éternelle dans la vie d'un homme et de lui assurer une existence uno tenore, d'un seul souffle et s'affirmant dans son unité.")。

12. "真是够奇怪的,据我所知,雅可比是唯一一个表述过对'想象自己不朽'的恐怖感觉的人",直译的话是:"足够奇怪的是,据我所知,如果说我们在什么人那里能够找到关于'在"想象自己不朽"中的恐怖的东西'的表述的话,那么雅可比是唯一的一个。"

雅可比……想象自己不朽]雅可比(Friedrich Heinrich Jacobi,1743-1819年),德国哲学家,先是店主后来是官员。哈曼的密友,并且受到哈曼的极大影响。与斯宾诺莎和康德的理性主义相反,雅可比建立出一种以"信仰"和"感情"等概念为中心的人生哲学。比如说,他认为,现实(和上帝)恰恰是在信仰和感情之中直接地在人的面前在场的。在《关于斯宾诺莎学说的书信的附录》(*Beylagen zu den Briefen über die Lehre des Spinoza*)中他曾写道:"eben so wenig konnte ich die Aussicht einer *ewigdauernden Fortdauer* ertragen"(我也同样无法忍受一种永恒持续的延续的前景)。

参见 *Friedrich Heinrich Jacobi's Werke*, bd. 1-6, Leipzig 1812-25, ktl. 1722-1728; bd. 4,2, 1819, s. 68.

13. **在拉丁语中"有老茧"意味了"彻底地懂得什么"**]拉丁语 callere 作为不及物动词意味"生老茧",但是作为及物动词则意味了"聪明,懂得什么"。

根据编辑的建议,译者对这句句子稍有改写,原文直译为:"一个强壮的男人,只是因为每次在他证明不朽性时在布道坛或者讲课桌上敲打而手上生老茧,他不会有任何这样的恐怖,然而他却确实懂得不朽性,因为,在拉丁语中'有老茧'意味了'彻底地懂得什么'。"

14. **加图式的枯燥方式**]来自罗马政治家马尔库斯·加图(老加图,亦被称作"监察官加图",公元前234-前149年)的故事。在很长一段时间里,老加图一直坚持着以同样的言辞来终结所有他在罗马议会中的演说:"Præterea censeo Carthaginem esse delendam"(拉丁语:另外,我认为,迦太基应当被毁灭)。

15. "一个人天天都在全体会员大会上说着(……)因为他甚至在睡梦里也好像他在大会上时一样地谈论'时代的要求'。"这三句在原文中是一句长句,译者按编辑的建议对译文稍作改写,直译的话就是:

"一个人天天都在全体会员大会上说着,并且不断地总是说着时代所要求的东西，但却不是加图式地枯燥地通过重复来说，而是持恒地以一种令人感兴趣而刺激的方式来跟上这瞬间并且从不说同样的话；item（拉丁语：同样地）在社交聚会上他也是必到的客人，并且时而以分毫不差的，时而以盈余的尺度来测量自己滔滔不绝的言辞，不断有人向他鼓掌致意；至少一星期一次可以在报刊上读到一点什么关于他的东西；甚至在夜里他也会有益助于他人，就是说，他的妻子，因为他甚至在睡梦里也好像他在大会上时一样地谈论'时代的要求'。"

时代的要求］海贝尔常用的一个表述。在海贝尔的受黑格尔影响的关于"历史之必然前进"的观念中，他想使哥本哈根的公民意识和品位达到各大欧洲进步城市的水准，这样一来，他就常常谈论"时代的要求"。

——海贝尔(Johan Ludvig Heiberg，1791 - 1860 年)，丹麦作家、刊物出版者、编辑、评论家、剧评家和(从 1824 年起)黑格尔主义的哲学家。1828 - 1839 年，为皇家剧院的剧作家和翻译家，之后为剧院的审查者，直到 1849 年成为剧院院长。1822 - 1825 年在基尔的大学任丹麦语讲师。1829 年获得教授头衔，1830 - 1836 年在皇家军事高校中任逻辑、美学和丹麦文学讲师。海贝尔在当时是居领导地位的美学审品者。1831 年与女演员约翰娜·露易丝·佩特姬丝(Johanne Luise Pätges，1812 - 1890 年)结婚。他们在布雷德街的家，以及此后在克里斯蒂安港的家，成为当时的一个时代公民教育中心。

16. 在丹麦语原文中，这个"悔"是动词不定式。
17. "后……"就是说"后臀"或者"屁股"。丹麦文原文是"R-"，译者曾困惑于这个"缩写字母"，后来经丹麦的一些克尔凯郭尔研究者指点，了解到这个"R-"可以解读为对"Røv"(丹麦语"屁股")的缩写，也就是说，因为"屁股"一词不雅，所以作者以"R-"取代。
18. **彩票揭彩……揭彩的男孩**］1771 年，数字彩票在丹麦由私人 G. D. F. Koes 建立，但是因为高利息的缘故在 1773 年由国家接手，直到 1851 年通过法律被取消。在技术上说，数字彩票可由购彩票者在一系列数字，比如说 1 到 90 间，获得一个或者更多数字。揭彩时抽出不多的几个数字，比如说，五个数字。赢彩票的人最多能够赢到自己所购彩票钱的六万倍的数目。对于下层社会，数字彩票很流行。哥本哈根彩票的揭彩是由皇家教养院的男孩来抽数字，这些孩子也可以从彩票中获得可观的收入。最早揭彩是在新集市的哥本哈根市政厅前，但是后来搬到附近的

Vandkunsten。城市管乐团的人为揭彩提供音乐，这样每次抽数字的时候都会有喇叭和鼓声。

19. **托尔的锤子**]来自北欧传说。托尔的武器是一把名叫缪尔尼尔的锤子，所有被它击中的东西都被毁掉，它自己会回到其主人那里。

20. **像地米斯托克利那样想要能够忘却**]地米斯托克利是一个希腊政治家(死于约公元前 460 年)。按西塞罗的描述，有一个人拜访地米斯托克利，说他能够教地米斯托克利“记住一切”的艺术。地米斯托克利回答说，如果这人能够教会他忘却他想要忘却的东西，那么他就会更高兴。

    参见 *M. T. Ciceronis Opera Rhetorica*, udg. af C. G. Schütz, bd. 1-3, Leipzig 1804-08; bd. 2 (*Libros tres ad Q. Fratrem De oratore*), 1805, ktl. 1234, s. 219.

21. ……不愿意再看见一个“令他们想起某事件”的地点。

22. **consilia evangelica adversus casus conscientiæ**]拉丁语：针对良心之情形的福音教导。在罗马天主教教会中，福音教导是一系列关于贫困、顺从和贞操的规定。但是福音教导似乎与此处的文字没有什么关联。

    这里文字中所谈的是把记性当作针对回忆的工具来使用，就是说让自己深入于往昔的“感觉不好的处境”之中并且记住其所有细节，直到那与回忆关联在一起的坏感觉或者懊恼被驱逐掉。在判断的关联上可以是指向耶稣在《马太福音》(5:29 - 30)中的教导：“若是你的右眼叫你跌倒，就挖出来丢掉。……若是右手叫你跌倒，就砍下来丢掉。”

23. 按原文直译是“因而使得回忆的理想性被驱逐掉”。

24. 在原文中作者把“对回忆的榨取”看成是对葡萄汁的榨取，所以原文直译是“必须是由每一个人自己用脚去踩”。

25. **对那对于我是真正地 memorabile(拉丁语：值得想起或谈论的)的东西的 ἀπομνημόνευμα(希腊语：关于值得想起的言行的叙述)**]这里的希腊语和拉丁语的关联暗示希腊作家色诺芬(约公元前 430 -前 355 年)关于苏格拉底的回忆录，其希腊语书名为 *Απομνημόνεύματα* (*Apomnēmoneúmata*)，拉丁语为 *Memorabilia*。

26. ……但是不管怎么说，我还是不能够决定在尚未确保自己有一个严谨地写下的“对‘那对于我是真正地值得想起或谈论的东西’的关于‘值得想起的言行’的叙述”的情况下就将之放开。

    简化地解读就是：

……但是不管怎么说,在尚未审慎地为自己写下那些真正值得写下的旧事的情况下,我仍无法决定将之放开。

27. 在原文中,这一"和平"为"它",为避免混淆,这里以"它"所指的"和平"取代"它"。

这句话也蕴含了这意思:因为在下午没有"那奇妙的"在场,所以人就能直接感觉到(而不只是在灵魂里隐约地感觉)这和平。

28. **在戈里布森林里有一个地方,叫作八路角**]戈里布森林(Gribskov)在北部西兰岛,哥本哈根西北偏北 40 公里左右,有 56 平方公里,是西兰岛的最大的森林(丹麦第二大森林)。在十七世纪,森林里有垂直的星形的路径网,八路角是这些路径交会的地方,位于森林的南头。在北面也有相应的"角",被称作"星"或者"七星"。1913 年,在这里立起了一块克尔凯郭尔的纪念碑。

29. **根据仅仅只是三条路的相交命名的:平凡琐碎(Trivialitet)**]丹麦语的"平凡琐碎"(Trivialitet)出自拉丁语 trivium,亦即,三条路。

30. **不幸之围**]从八路角向西南到格德旺(Gadevang),通向一个现在已经被铲平的坡,以前叫作"不幸之坡",在八路角西南一公里处原先有着一幢房子叫作"不幸之屋"。有可能"不幸之围"是围住坡地或者房子附近一部分森林的围栏,但也有可能是为森林和公路分界的石墙。

31. **lente festinans**]拉丁语:慢慢赶着路地。原出自一个翻译成拉丁语的叫作"festina lente"的希腊谚语:慢慢地赶快。罗马皇帝奥古斯都(公元前 63 - 公元14 年)将之取作自己的表述。罗马历史学家斯维通(Sveton)在他所写的《十二凯撒生平》中的奥古斯都传记之中引用了这句:"你慢慢地努力奔向目标"。

32. 因为在前文中没有出现对"那逃亡的旅行者"描述,而指示代词"那"(hiin)有着回指前文曾提及的某对象的指向性,所以,这里把"那逃亡的旅行者"后面的译作"他"只是译者的假定(假定一个旅人)。如果这"逃亡的旅行者"是指前面的"小小的昆虫",那么,这个"他"就该是"它",但这样一来,这里意思显得有点别扭。译者对此尚无明确解读。

33. **没有人知道这风,它从哪里来,它要到哪里去**]见《约翰福音》(3:8):"风随着意思吹,你听见风的响声,却不晓得从哪里来,往哪里去。"

34. ……他也没有"一个身处'无人行走的八条路交界处'的人"那么孤独。

35. 这一句的直译是"这无疑就好像是世界已死绝,而那幸存的人被推入一种‘不会有人来埋葬自己’的尴尬处境”。

36. 丹麦语“Folkefærd”，种族、民族。Hong 将之译作 tribe(部落、部族)。

37. **bene vixit qui bene latuit**]拉丁语：隐藏得很好的人，活得很好。这是对于罗马诗人奥维德的《哀怨集》第三卷 4-25 的随意引用。原文是“bene qui latuit bene vixit”。原本是希腊哲学家毕达哥拉斯的一句感叹。

38. 克尔凯郭尔有奥维德的著作：*P. Ovidii Nasonis opera quae exstant*, udg. af A. Richter, bd. 1-3, stereotyp udg., Leipzig 1828, ktl. 1265.

世界以及世界之中所有的一切]由西兰岛主教巴勒(Nicolaj Edinger Balle,1744-1816 年)与巴斯特霍尔姆(Christian B. Bastholm,1740-1819 年)合作编写的《福音基督教中的教学书，专用于丹麦学校》(*Lærebog i den Evangelisk-christelige Religion, indrettet til Brug i de danske Skoler*)(简称《巴勒的教学书》)中的用词。在第一章“论上帝及其性质”第一节第二小节有：“在世界的名下通常包含了天和地以及之中所有的一切。”《巴勒的教学书》1791 年被官方认定，并且，直到 1856 年一直是学校的基督教教学和教堂的坚信礼(再受洗)预备的官方正式课本，并且传播和影响都是很大的。克尔凯郭尔有一本 1824 年的版本(ktl. 183)。

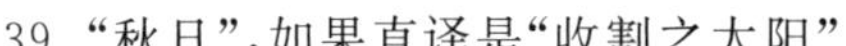

39. “秋日”，如果直译是“收割之太阳”。

40. “奔向黄昏的午后时光”，直译是“正晚”，指三四点钟的下午时分。

41. “秋日挽住那奔向黄昏的午后时光”是译者对丹麦语“Høstsolen holder Midaften”翻译。这句丹麦语可以有各种不同的解读：“秋收时的太阳挽住正晚时分”，或者“秋日安排着下午的茶点”。Hong 的英译是“秋日用着下午餐”，德译是“八月的太阳朝着夜晚半倚半靠地站立着”，法译是“秋日欢庆着晚祷时分”。

这一段的丹麦文原文是：

...men skjønnest synes det mig nu, naar Høstsolen holder Midaften og Himlen blaaner smægtende; naar Skabningen aander efter Heden, naar Kølingen giver sig løs, og Engens Blad zittrer vellystigt medens Skoven vifter; naar Solen tænker paa Aftenen for at svale sig i Havet, naar Jorden skikker sig til Hvile og tænker paa Taksigelsen, naar de før Afskeden forstaae hinanden i den ømme Sammensmelten, der mørkner Skoven og gjør Engen grønnere.

Hong 的英文译文为：

...but it seems most beautiful to me now when the autumn sun is having its midafternoon repast and the sky becomes a languorous blue when creation takes a deep breath after the heat, when the cooling starts and the meadow grass shivers voluptuously as the forest waves, when the sun is thinking of eventide and sinking into the ocean at eventide, when the earth is getting ready for rest and is thinking of giving thanks, when just before taking leave they have an understanding with one another in that tender melting together that darkens the forest and makes the meadow greener.

德文版是：

... am schönsten aber dünkt es mich jetzt, wenn die Augustsonne halb gegen Abend steht und der Himmel schmachtend verblaut; wenn die Schöpfung aufatmet nach des Tages Hitze, wenn der kühlende Hauch ze wehen beginnt und die Wiesenbreite wollüstig zittert unter dem Fächeln des Waldes; wenn die Sonne auf den Abend sinnt, um im Meer sich zu kühlen, wenn die Erde sich zur Ruhe schickt und auf die Danksagung sinnt, wenn sie vor dem Scheiden sich verstehen in dem zarten Verschwimmen, welches den wald dunkeln lässt und die Wiese noch grüner macht.

法文版是：

...et à présent il me semble qu'il fait plus beau que jamais lorsque le soleil d' automne célèbre l' heure des vêpres et que le ciel bleuit languissamment; alors que toute créature reprend haleine après la chaleur, que la fraîcheur se donne libre cours et que les feuilles de la prairie vibrent voluptueusement, tandis que la forêt s'évente; lorsque le soleil pense au soir où il peut se rafraîchir dans la mer, lorsque la terre se dispose au repos et pense à l'action de grâces; au moment où, avant les adieux, ils se comprennent l'un l'autre dans la tendre étreinte qui assombrit la forêt et rend la prairie plus verte.

42. **我正是饮自这沉默之海**］在北欧神话里，雷神托尔在穿越约顿海姆的旅途中受巨人乌德皋斯洛克之邀以巨人的饮之角喝水；托尔拼命喝都无法把

角里的水喝干。事后乌德皋斯洛克透露出来，这饮之角是连着世界之海的，当然因为托尔喝着水，海面就明显地下沉了。

参见 J.B.Møinichen *Nordiske Folks Overtroe*，*Guder*，*Fabler og Helte*，s. 436-438.

这故事在欧伦施莱格尔的长诗《托尔去约顿海姆的旅行》中又被重新描述。

（"Thors Reise til Jothunheim. Etepisk Digt i 5 Sange" i *Nordiske Digte*，Kbh. 1807，ktl. 1599，4. sang，v. 23 - 41，s. 82 - 88，og 5. sang，24，s. 111.）

43. **自沸**]这个词关联到一种自动煮水器，也就是一个饮茶机，那种俄式的茶饮，凉水在其中煮沸。会发出嘶嘶的响声。

44. 舌下系带：连接舌下部和口腔底部的一小段组织。

45. "沉默所具备的纯洁的环境，如果它被侵犯的话，不管以什么借口都无法得到容忍，借口是没用的，正如在少女的端庄被侵犯的时候，任何解释都是没用的"，这一句，在原文里是比较短的，因为在做比较的部分省略掉诸多会重复的用词："... Taushedens kydske Omgængelse，naar den krænkes，taaler ingen Undskyldning eller hjælpes ved den，saa lidet som Blufærdigheden ved Forklaringer"（直译为："沉默所具备的纯洁的环境，如果它被侵犯的话，不管以什么借口都无法得到容忍，借口是没用的，正如在少女的端庄之于各种解释，同样是行不通的"）。

Hong 的英译是："... the chaste association of silence，if violated，tolerates no excuse nor is helped by it any more than modesty by explanations."

46. 厄若斯（Eros）是爱神，也是阿佛洛狄忒之子。但 Eros 这个词意思也是"性爱，情欲"。

47. **任何靠近了西乃山的动物都受到了诅咒**]指《出埃及记》（19：12 - 13）。上帝对摩西说，任何触及西乃山的人或者动物都会失去生命。

48. **在《唐璜》中最孤独的处境是泽尔丽娜的处境**]指向莫扎特的著名歌剧 *Il dissoluto punito ossia Il Don Giovanni*（《堂·乔瓦尼》，在丹麦译作《唐璜》（*Don Juan*）。克尔凯郭尔称之为《唐璜》）。在 1787 年被谱成曲，文字是Lorenzo da Ponte（1749 - 1838）所写。丹麦文版是克鲁塞 1807 年翻译的 *Don Juan. Opera i tvende Akter bearbeidet til Mozarts Musik*。

1811 年和 1822 年又出版了这一翻译的新版本，个别地方作了改动，1811 年版保留了同样的标题，但没有分场；1822 年版的标题是 *Don Juan. Opera*，又重新有了分场。

在第一幕第十七场，农民们的合唱在唐璜的宫殿里消失，大家都到里面去酣饮；女孩泽尔丽娜就被留在花园里。在第十八场的开始，正庆祝自己与农人马瑟多的婚礼的泽尔丽娜躲在树丛里避开贵族唐璜的追求。但是他看见她并且捉住她。

49. 这个“它”是指“回忆的工作”。

这句“正如回忆的工作总是得到祝福，它也有着这一祝福”，就是说：“正如回忆的工作总是得到祝福，在这里，回忆的工作在其所得到的各种祝福之中，也有着这一祝福。”

七月底的一天，晚上十点钟，参与者们聚集到了晚宴上。日子和年份，我忘了；这样的细节只是记性而不是回忆所关心的东西。回忆的对象则只是心境以及那归属于心境之下的东西；正如高贵的美酒要越过赤道[1]才能得到，因为那些水分子必须被蒸发掉，同样，回忆也要通过记性之水分子的丢失而得到：然而，正如高贵的美酒不会变成一种幻想，回忆也不会因为这样的蒸发过程变成一种幻想。

参与者有五个：[2]约翰纳斯别名诱惑者[3]、维克多·艾莱米塔[4]、康斯坦丁·康斯坦丁努斯[5]，以及另外两个，我倒不是忘记了这两个人的名字，忘记倒是一点关系也没有，而是我不曾得知他们的名字。就仿佛这两个人没有 proprium（拉丁语：本名）；因为他们一直只是以 Epitheton（拉丁语：别名）被提及。一个被称作：年轻人。[6]他至多二十多岁，细高个身材，脸色相当阴暗，面部表情是沉思状，但比这更令人喜欢的是他的脸神，可爱而专注地铸刻出一种灵魂的纯洁，这与他整个形象的几乎女性化的浓郁的柔软和透明达成完全的谐和。但是我们却马上会因下一个印象而忘记这外在的美，或者，只有在我们观察一个只得到了思想的教育的少年的时候，或者换一句更细腻的表达，在我们观察一个只得到了思想的抚育、以其灵魂自身的内容作为营养、不曾与世界发生任何关系，既不曾被唤醒也不曾有过激荡也不曾有过骚动也不曾受到过打扰的少年人的时候,我们才会在心中保留着这种外在的美。就像一个梦游者,他有着他的行为本身的自在法则,他可爱而友善的脸神与任何人都没有关系,而只反映出灵魂的基本心境。另一个被他们称为时尚店主,这是他在社会中的职业。要得到他的一个完整的印象是不可能的。他按最新的时尚来穿戴自己,头发卷曲,洒有香水,散发着科隆花露水的气味。他的表现刚好在一瞬间里不无矜持,但到了下一瞬间,他的步履马上就有某种翩翩的欢悦、某种由他坚实的体魄恰恰到位地为之设下了一种限定的飘荡。甚至在他说话最恶毒的时候,他的声音也一直有着店铺的舒适感、装饰品的甜美感,这无疑让他觉得非常厌恶,并且只能使他的对抗之心得到满足。在我现在想着他的时候,我无疑比在我看他跨出马车并且禁不住发笑时更明白地理解他。然而,矛盾仍然留在那里。他对自己施了巫术或者魔法;借助于他意志的魔术,他把自己变幻成了一个几乎是很蠢的形象,但却没有因此而使自己完全得到满足,这就是为什么反思有时候就会窥视过来。

现在,在我想着这个的时候,我觉得这几乎就是荒谬:这样的五个人安排出了一个酒宴。也许,如果没有康斯坦丁·康斯坦丁努斯的参与的话,那么这也就不会成为一件事了。他们有时候在一家糕饼店[7]的一个单间里相会,有一次他们就在那里谈起这件事,但是一到"这事该由谁负责"这个问题上,马上就又没有了着落。大家都表示了年轻人不适合,而时尚店主没有时间。维克多·艾莱米塔固然没有以"他已经娶了老婆或者买了两头牛要去试一下"[8]作借口来推托,但是他说,虽然他会破例来参加,但他还是谢绝大家"让他负责"的这种客气,"并且在此及时说出来"。[9]约翰纳斯觉得这话说得恰到好处，因为在他看来，能够安排一场酒宴的只有一个人，这人是那块能够在人们说“张开”的时候自己张开并且摆上一切的桌布。[10]急匆匆地享用一个女孩，这做法不见得总是对的，但是一场酒宴则是他所无法等待的，通常会在酒宴到来之前很久就觉得没劲了。然而，如果这事真的要严肃地办的话，那么他要求有一个条件：要安排成 auf einmal einzunehmen[11]（德语：一次吃下）。这一点所有人都同意。整个环境要重新构建，一切都要销毁，是的，在人站起来离开桌面之前，大家都必须意识到要准备进行毁灭。没有什么东西会被留下，时尚店主说，甚至不会像“在一条裙子被改做成帽子后所剩下的”那么多；什么都不留下，约翰纳斯说，再也没有什么比感伤纪念更令人不舒服的东西了，最让人厌恶的事情就是：知道在什么地方有着一个“肆无忌惮地想要作为一种现实”的环境。

这时，随着谈话变得越来越热烈，维克多·艾莱米塔突然站起来，走到空地上站住，就像一个发命令的人那样地挥着手，就像一个举起高脚杯的人那样向外伸直手臂，仿佛是在摇动着一盏大杯子，他说：这杯子，它的醇香已经迷醉了我的感觉，它的凉火已经燃烧起我的血液，我拿这杯子向你们问候，亲爱的酒友，向你们表示欢迎；我拿着这杯子祝愿你们胃口大开，并且确信仅仅是讨论酒宴就已经让每一个人都得到相当的满足，因为，我们的主先满足胃而后满足眼，[12]而想象则正好相反。于是，他把手插进口袋，掏出雪茄盒，拿出一支雪茄就开始抽上了。在康斯坦丁·康斯坦丁努斯抗议他的这种“把已设计好的酒宴转化成一个幻觉的生命的残片[13]”的绝对权力时，维克多宣布，他根本不相信这酒宴是可以被实现的，无论如何，这酒宴在事先就成为谈论的对象，这是一个错误。一样东西要是好的，就必须是马上；因为“马上”是一切范畴之中最神圣的，并且应得殊荣，如罗马古语 ex templo（拉丁语：当场，马上），因为这是神圣的东西在生命中的出发点，所以那不是马上发生的东西就是出自“那恶的”。然而他却没有兴致对之进行讨论；如果别人想要有不同的说法、做法，他一句话都不会说，但是，如果他们想要让他进一步展开论述，那么大家就必须允许他作长篇演讲，因为，他并不认为引起一场讨论是什么至福。

他也确实得到了这允许，而在别人要求他马上讲演的时候，他就这样演说起来。一场酒宴就其自身而言是一件麻烦事，因为，尽管人们带着各种品味并凭着才能来进行安排，却还是需要某样东西，也就是，幸福。在这里，我并不是说那种让一个担忧的主妇马上会想到的东西，而是某种别的东西，某种没有人能够绝对地做出保证的东西：一种由心境和由酒宴的诸多细节境况所达成的幸福协作，那种精细飘渺的音弦振荡，那种我们无法在城市演奏家那里预订的内在音乐。所以，看吧，要开始的话，风险是很大的，因为，如果出错的话，也许甚至从一开始起就马上会有问题，于是，从心境的角度看，人在酒宴中就会变得沮丧，需要很长时间才恢复过来。只有习惯和思想匮乏才是大多数酒宴的父亲和教父，而之所以没有批判出现，原因是在于人们一直没有发现在这之中其实一点想法都没有。首先，在一场酒宴上绝不应当有女人在场。In parenthesi（拉丁语：在括弧中）说，我使用“女人”这个词，因为我从来就不喜欢“女士”这个词，而现在，既然格隆德维在他的格隆德维式的漫谈之中用到了这个词，[14]那么好吧，……不过这件事倒是与

此无关。只有在希腊风格里，女人才会被用作女舞者们的合唱。[15] 既然酒宴中本质的方面是在于吃喝，那么女人就不该在场；因为她无法满足人的需求，就算能够满足，那也是不美的。一旦有女人在场，吃喝就应当被贬降为无关紧要的事情。吃与喝至多只能作为一种小小的女性化的劳作，这样，一个人就有了可以用得上自己的手的事情。尤其是在乡下，这样的小小一餐（甚至最好是将之安排在决定性的正餐时间之外）会是极其令人欣悦的，并且，如果事情真是这样的话，那么这就应当归功于这异性的在场。像英国人那样，在真正的酒饮开始的时候让异性退场，[16] 这做法就不伦不类，因为每一个方案都应当是一个整体方案，单就“我在桌前坐下拿起刀叉”这样的细节，也是与整体有着关系的。同样，一场政治酒宴也是一种很不美观的模棱两可。酒宴的元素被我们贬降为无关紧要的事情，还有就是，我们也不允许各种讲演 inter pocula[17]（拉丁语：在酒盏之间）获得任何重要性。在这一点上无疑我们都同意，而我们的人数，如果我们的酒宴真的会成一回事的话，也选得很好，按照那美丽的规则：不多于缪斯，不少于美惠。[18] 我现在要求安排出一切可想象的奢侈中最丰富的一种。哪怕一切并非都是现成的，其可能性也必定马上会到位，甚至这可能性诱人地在桌面之上飘浮，比实在的景象更具诱惑感。千万不要把酒宴弄得像几根火柴棒[19] 或者像一块所有人一起舔着的糖块上的荷兰人。[20] 相反，我的要求是难以满足的，因为这餐宴本身必定是被预期了要去唤醒和刺激出每个尊贵的成员身上所具的那种莫名的渴慕。我要求让大地的肥沃为我们服务，让它在欲求需要时就马上在同一刻萌发出一切。我要求比靡菲斯特只因为需要就在桌上钻一个洞而能得到的还要更丰盛的美酒盈溢。[21]我要求一种比山怪们把山抬到柱子上并且在火焰的海洋里跳舞时所具的还要更为辉煌的光照。[22]我要求最刺激感官的东西,我要求芳香美味的清爽,比一千零一夜中的那种更美好。我要求以快感点燃欲望并使之降温成为“得到了满足的欲望”的凉意。我要求喷泉不停息地嬉戏。如果梅塞纳斯不听着泉水的拍击声就无法睡觉,[23]那么我没有它就无法吃东西。不要误解我,我能够不用它而吃下干鱼,但是我没有它就无法在一场酒宴上吃东西,我能够不用它而喝水,但是我没有它就无法在一场酒宴上喝酒。我要求一大群仆人,都是特选的,有着俊美的形象,就仿佛我是坐在诸神的餐桌上,我要求酒宴音乐,强烈的和压抑的,我要求它在每一刻都是我的伴随者;而关系到你们,我的朋友们,我则是在提出不可思议的要求。看!基于所有这些要求,而所有这些要求同样也是这么多个反对的理由,我认为,一场酒宴是一种 pium desiderium(拉丁语:虔诚的愿望;没有可能的希望),并且在这方面我绝不是想要谈论一种我所设想的重复,[24]在第一次这就已经是根本不可能的了。

唯一没有参与这交谈,也没有对取消酒宴的建议有所表述的,是康斯坦丁·康斯坦丁努斯。如果没有他,这就只是空谈而已。他得出了另一个结果,并且认为对于其他人的最成功的突袭就是让这个想法很好地得以实现。然后过了一段时间,大家都忘记了酒宴和关于酒宴的谈话,直到有一天,参与者们突然都收到了一张来自康斯坦丁的请柬,请大家去参加当晚的酒宴。康斯坦丁为聚会所取的名号叫作:in vino veritas(拉丁语:酒中真相),因为人们肯定要讲演,不仅仅只是交谈,但是如果不是 in vino(拉丁语:在酒中)的话就不会有讲演,并且,如果真相不是 in vino 的话它就不会被听见,因为酒是对真相的捍卫而真相是对酒的捍卫。

地点被选在森林地带,哥本哈根外八公里左右的地方。[25]聚餐的沙龙装饰一新,并且以所有方式来使人无法认出它原先的样子;一间被过道从沙龙分隔开的小一点的房间是专门为一个小乐队准备的。在所有窗前都安置了百叶窗板和窗帘,而在它们背后的窗户则是打开着的。康斯坦丁觉得序幕应当是大家在夜晚坐马车到来。尽管人们知道是坐马车去酒宴,因此在这一瞬间幻想着酒宴的奢华,但自然环境的印象却实在太强有力,使得它无法不大获全胜。康斯坦丁唯一害怕的就是事情并非如此,因为正如没有什么力量是能够像"幻想"这样地擅长于美化一切,同样也没有什么力量能够像如此的事实那么地能够打扰一切:在一个人要触及现实的时候一切就出了问题。但是,在夏季夜晚坐车行驶,这不会把幻想带往奢华,而是恰恰相反。尽管一个人不看不听,幻想还是会情不自禁地构建出晚间温馨舒适的渴慕;于是人们看见女孩子和小伙子们离开田间农活漫步回家、听见收割的农车迅速的沙沙声,人们甚至把远处原野里咆哮也解说成一种渴慕。以这样一种方式,夏晚引诱出田园牧歌,甚至以自身的静谧来使得渴望之心获得清爽,甚至感动那飞翔的幻想带着来自大地的乡愁徜徉于大地,作为人的渊源的大地,[26]教会不知疲倦的心意为一小点东西而感到满足,使人心平气和,[27]因为在晚间,时间静止不动而永恒徜徉。

这样,他们在晚间时分到达:受邀的客人;康斯坦丁多少早了一点到达。待在附近乡间的维克多·艾莱米塔骑着马来到,而其他人则是坐马车,并且就在他们的马车靠边的时候,一辆霍尔斯坦

大马车[28]驶进大门:由四个工匠组成的兴高采烈的小团体,他们得到很好的款待,以便作为拆卸队随时准备着出现在关键的瞬间,就像消防人员们因为相反的原因在剧院里在场,以便在着火的时候马上能够灭火。

只要一个人还是孩子,他就有足够的幻想,甚至哪怕是在黑暗的房间里待一小时,都有足够的幻想能够保持使自己的灵魂处在顶峰状态、处在期待的顶峰;在一个人成年之后,幻想很容易会使得一个人在看见圣诞树[29]之前就已经对圣诞树感到厌倦。

双重门被打开;灿烂的灯光效果、流向客人的凉爽、香气刺激的陶醉、摆设上的品位在一瞬间里使得正走进来的客人们愕然不知所措,与此同时从乐队那里传来《唐璜》中舞会[30]的调子,这时,进入者们的形象变得明亮,并且,就好像出于对一个环拥他们的无形精灵的敬畏,他们在一瞬间里停下,就好像是一个被钦佩唤醒并且为钦佩而起身的人。

谁知道什么是幸福的瞬间,谁明白了这瞬间的快感,谁不感觉到那种“突然会有什么发生”的恐惧——仿佛突然会有什么最微不足道但却又强有力到能够打扰一切的事情发生!谁把灯拿在手中[31]却又不感觉到快感的晕眩,因为你只需去许下愿望!谁把那吸引人的东西抓在了手中而不曾学会让手腕有弹性地马上放开这东西!

这样,他们全都一起站在了那里。只有维克多站得稍远一点,陷于自己的思绪;一道颤栗传过他的灵魂,他几乎打了一下抖;然后他又重新打起精神以这些话来做出带有预示的问候：你们这些隐蔽的、欢庆的、诱惑人的音调，将我从一种宁静青春所具的庙宇般的孤独中拉出来，用一种丧失来欺骗我，仿佛这是一种回忆，令人惊恐不安，就仿佛爱尔薇拉不曾被诱惑，而只是欲求着被诱惑！不朽的莫扎特，你是我亏欠一切的人；但却不，我还没有欠你一切。但是，在我变成一个古稀老人的时候，如果我有一天变成古稀老人的话，或者在我又长十岁的时候，如果我有一天又长了十岁的话，或者在我已经变老的时候，如果有一天我变老的话，或者在我要死的时候，因为这一点我知道，我会死的，那时，我就要说：不朽的莫扎特，你是我亏欠一切的人，这时，我要让这敬慕，它是我灵魂最初和唯一的敬慕，让它全力地迸发出来，让它杀了我，而这常常也确是它的愿望。于是我安顿好了我的居所，于是我考虑到了我的爱人，于是我坦白了我的爱，于是我确定我亏欠你一切，于是我不再属于你，不再属于世界，而只属于死亡的严肃想法！——现在，从乐队传来邀请之声，其中欲情以最大的声响欢呼着，天地轰鸣地转向爱尔薇拉[32]痛苦的致谢。[33]约翰纳斯稍稍把身子转向在场的人们，重复说：viva la liberta（意大利语：自由万岁）。——et veritas（拉丁语：真理〈万岁〉[34]），年轻人说。但首先是 in vino（拉丁语：在酒中），康斯坦丁打断他们说，同时他自己在桌边的位子上坐下并且要求其他人入席。

弄出一场酒宴是那么容易，然而康斯坦丁却还是强调说，他绝不想再冒这风险了！钦佩是那么容易，然而维克多却还是强调说，他再也不会为自己的钦佩给出说辞了，因为一场失败比在战争中成为残废更可怕！在一个人有着一根愿望的占卜杖（Ønskeqvist）[35]

的时候,去欲求是多么容易,但有时却会比"因匮乏而死"更可怕!

大家围着酒桌入座。在同一瞬间,就仿佛是一下子突然一跳,这一小小的集体就处在了享受之无际汪洋的中央。每个人,他的所有想法、所有欲望都进入了酒宴之中,每个人都让自己的灵魂启航进入享受,这是丰富地提供的享受,而灵魂就在之中流溢。表明一个驾车者是熟练的驾者的标志就是,他知道怎样让这一组喷鼻的马一下子跑起来并且保持使它们相谐;表明一匹马是得到良驯的坐骑的标志就是,它在一跳之中绝对明确地站立起来:也许客人中的某一位并非如此,而那样的话,康斯坦丁则是一个好东道主。

然后他们进餐。一会儿,"交谈"就在客人们周围编织出自己的美丽花环,于是他们坐在花环的装点中;一会儿"交谈"爱上食物,一会儿爱上美酒,一会儿爱上它自身,有时仿佛它有着什么意义,有时又仿佛没有任何意义。有时候突发奇想冒出来,那种昙花一现的美妙想法、那种弱不禁风倏然消隐的念头;这时,一个进餐者突然呼叫:这些块菌美妙极了;然后主人喊道:这 Chateau Margaux![36]有时候宴乐在噪音中消失,有时候又重新奏响。一会儿,在一道新菜上桌或者一瓶新打开的葡萄酒在酒名呼叫声中被端向客人的时候,侍者站定如同在关键瞬间中 in pausa(拉丁语:处于停顿),[37]一会儿又马上重新忙碌起来。有时,沉默在一时刻间进入,然后音乐那令人兴奋的精神又重新弥漫向客人。现在,个别人带着大胆的想法让自己成为谈话者们的领导者,而他们则听随他,几乎忘记进食,音乐在后面跟着,就像是它跟着轰鸣的欢呼声发出的回音,接着就只听见杯盏和盘子的声响,进餐过程在沉默中发生，只有音乐陪衬着，这音乐先行而后又重新引发出“交谈”。——他们就以这样的方式进餐。

相对于声音的确实是空空如也却又如此有意味的骤然共鸣，比如说在一场酒宴上，一场舞台创作都无法再现出的酒宴上的骤然共鸣，语言是多么贫乏，并且，在对之进行再现时，语言只能给出几句话！而比起语言在描述现实时所能够做的，语言为人的愿望所提供的服务又是多么地丰富呵。

康斯坦丁总是处在无所不在的状态中，而人们在这种状态中却并不感觉到他的在场，只有那么唯一的一次，他出离了自己的这种状态。“为了怀念那个男人女人在酒宴中同坐的温馨愉快的时期”，他在一开始就马上让他们同唱一首在那些旧酒谣中找出的歌。这个建议产生出了一种纯粹模仿搞笑的效果，也许这种效果就是事先预计好的，并且，在时尚店主想要让人们唱“如果我在什么时候要上新娘的床，费拉里，费拉拉”[38]的时候，这种效果几乎占了完全上风。在吃完了几道菜之后，康斯坦丁建议，在酒宴结束时，每个人都做一场讲演，但大家必须保证，这些讲演不可以过于漫无边际。他提出两个条件。首先，在餐食结束之前不能有讲演，并且，任何人，在尚未喝得酣然而不胜酒力之前，或者进入“能够说出许多自己平时不愿说的东西”的状态（这样，讲演和思维所具的连贯性就不至于持恒地因打嗝而被中断[39]）之前，都不能讲演。因此，每个人在讲演之前都必须庄严宣告自己是处于这一状态。由于每个人的酒量各有不同，因而不可能确定出一个量的标准。约翰纳斯对此提出反对。他永远也不可能喝醉,并且如果他达到了某个特定点之后,他反而越喝越清醒。维克多·艾莱米塔则有着这样的一种看法:"一个人要着意关心去入醉"的这种实验性的反思,阻碍着这个人入醉。如果一个人要入醉,那么他就必定是直接入醉。现在,大家谈论着各种话题,关于"酒与意识的不同关系",以及关于"对反思得很多的个体们来说,'喝了很多酒'这一事实不可能表现为任何明显的 impetus(拉丁语:冲动;动力,刺激力,推动),相反倒是表现为明显冷冰冰的清醒理智"。关于讲演的内容,康斯坦丁建议,大家应当谈论关于情欲之爱(Elskov)或者关于男女间的关系,但不可以讲述各种爱情故事,不过,把各种故事作为解读的依据,则完全是可以的。

这些条件都被接受下来了。——一个东道主所提出的所有公正而合理的要求都得到了满足:他们进餐,喝酒并且喝酒,并且酣醉,[40]正如希伯来语所说的,就是:他们喝得坚强。

甜食被端了上来。如果维克多到现在还没有让自己的"听见喷泉的啪嗒声"的要求得以满足的话(对于他来说,幸运的是,他在刚才的交谈之后又已经把这要求忘到了脑后),那么,现在,香槟酒则在泛溢之中冒着气泡。钟声敲响十二点;于是康斯坦丁要求大家安静,举杯向年轻人致意并说出这些词:quod felix sit faustumque(拉丁语:好运气并且成功),[41]并且请他第一个做讲演。

年轻人站起来,宣告道,他感觉不胜酒力;大家也很明显地看得出这一点;因为,血脉在他的太阳穴里强烈地撞击着,他的外表不像饭前那么英俊了。他如此说道:

如果在诗人们的言词之中有着真理的话，亲爱的酒友兄弟们，那么，不幸的情欲之爱（Elskov）无疑就是最沉重的痛楚了。如果这还需要什么证明的话，那么，请看恋人们的说辞吧。他们说，它是死亡，确定的死亡，第一次，他们相信它十四天；第二次他们说它是死亡，第三次他们说它是死亡，最后有一次他们死去，——因不幸的情欲之爱而死；因为，“他们死于情欲之爱”，这一点是毫无疑问的，并且，“情欲之爱要努力三次才夺走他们的生命”，这正如牙医拔三次才把固定的臼齿拔出来。但是，以这样一种方式，不幸的情欲之爱是确定的死亡，而我则是多么幸运，从不曾爱过，并且但愿还能够只死一次，并且幸运地不是因不幸的情欲之爱而死！然而，也许这恰恰是最大的不幸；我有多么不幸！情欲之爱的意味想必是（因为我是像盲人在谈论颜色），想必是它的极乐至福，对此的表达则又是：情欲之爱的终止是爱者的死亡。我将此理解为一种想象实验，这想象实验把生命与死亡设置进其相互间的关系之中。但是，如果情欲之爱只应是一个想象实验的话，那么，那些真正投身于恋爱的恋人们就无疑是可笑的。而如果反过来它是现实的东西，那么，现实就必定会去肯定恋人们就之所说的那些。现在，尽管我们听人们说及它，但在现实中我们是不是听见或者感觉到它的发生呢？在这之中，我已经看见了情欲之爱把人纠缠进的诸多矛盾中的一个；因为，它对于恋人类属中的成员是否有所不同，这我不知道，但对于我来说，它看上去就是在把一个人卷进那些最古怪的矛盾之中。人与人之间的其他关系都不像情欲之爱这样要求这理想性，但人们却又从来不认为情欲之爱会具备这理想性。因为这个原因我就已经惧怕情欲之爱了，因为我惧怕它也会有这样的力量使得我去滔滔不绝地空谈一种我所感觉不到的极乐至福和一种我所感觉不到的痛楚。我在这里这样说，因为我被告知要谈论情欲之爱，尽管我对此并非内行，我在这样一个就像是希腊式酒宴讨论会那样地吸引着我的环境里这样说；因为，否则的话我并不愿意谈论这个话题，不愿意去在什么人的幸福中打扰这人，而只是满足于我自己的各种想法。也许这些想法在恋人类属成员们的眼中只是些痴愚和幻相，也许我的无知可以由此得到解释：我从不曾也从不想要向什么人学习一个人怎样去爱，我从不曾(因为这是青春气盛)用目光去挑逗过一个女人，相反总是垂下双眼，不想在我完全弄明白我所屈从的这力量有着什么意味之前就让自己投身于一种印象。

这时，他就被康斯坦丁打断。康斯坦丁直接向他指出，他通过“承认自己从不曾有过任何爱情故事”来把自己排除在“能够演讲”之外。年轻人声称，在任何其他时间里他都会很高兴地遵从一个“要求沉默”命令，因为他太频繁地感觉到“说话”中无聊的成分，但是在这里，他想要捍卫自己的权利。这“不曾有过任何爱情故事”恰恰就也是一个爱情故事，并且，如果一个人能够这样说，那么这个人就恰恰有权谈论爱欲(Eros)，因为他在自己的想象中可以说是与整个异性发生着关系，而不是与那些单个的异性个体发生关系。这赋予他演讲的许可，并且他继续：

既然现在我的“做讲演”的正当权利受到了怀疑，那么，这一怀疑就理应让我得免于你们的取笑，因为我当然知道，正如一个没有烟斗的人在农夫们那里不算真正的汉子，在男人群里则是一个没有经历过情欲之爱的人算不上汉子。如果有人要笑，那么就让他去笑吧，这想法在我这里是并且继续是首要的事情。或者，是不是情欲之爱也许就有着作为唯一的“人不能在事先而只能在事后对之进行考虑”的东西的特权？如果事情真是如此，那么，假如我，爱者，突然在事后想着“那是事后了的”，这时又会有什么样的事情发生呢？看！因此我选择在事前对情欲之爱进行考虑。固然，爱者们也说他们事先对之进行考虑，但却并非如此。他们预先设定出了这样的前提：“去爱”在本质上是属于人的一部分，但是这很明显不是“对情欲之爱进行考虑”，而是“预设情欲之爱”，以便考虑让自己得到一个爱人。

因此，在任何地方，只要我的反思[42]想要把握情欲之爱，我就只保留了这矛盾。有时候我感觉就仿佛是有什么东西在避开着我，但这东西是什么，我就无法说了，相反我的反思则又马上向我展示出矛盾。看，因此这就是我对于厄若斯(Eros)的看法：它是人所能够想象的最大矛盾，并且是喜剧性的。这一个对应于那一个。“那喜剧的”总是处于矛盾的范畴中，对这说法我无法在此进行论述；[43]而我在这里能够展示的则是：情欲之爱是喜剧性的。在这里，我对于情欲之爱的理解是介于男人和女人间的关系，而不是想着希腊意义上的厄若斯(Eros)，就是说，以一种方式，如同它在柏拉图那里所得到的如此美丽的赞誉；[44]但是在柏拉图那里也绝不是说“爱女人”、说“它只能够在过去的事物中被谈及”，并且，与“爱一个年轻人”相比，它甚至是被看作是不完美的。我说，情欲之爱对于第三个人来说是喜剧性的，我不再说更多。是不是因为这个原因爱者们总是恨第三个人，我不知道；但是我知道这个：反思一直就是第三个人，并且因此我不可能去爱而同时却不在我的反思里也作为我自己的第三个人。这一点对一般人来说并不会显得奇怪，因为每个人都对一切做出了怀疑，[45]而我只是在情欲之爱的方面尝试着对一切进行怀疑，相反我觉得很奇怪：人们怀疑了一切而又重新找到了确定性，但却从不曾有过一句话是提及了与我有关的各种麻烦，这些麻烦束缚住了我的想法，以至于我不时充满渴求地想要得助于一个人，请注意，一个首先考虑了这些麻烦并且不是在睡梦里得到了“去怀疑并已怀疑了一切”的想法（我再说一下）并在睡梦里得到了“去解说并已解说了一切”的想法的人，来使我得到解放。这样，请把你们的注意力集中到我这里，亲爱的酒友兄弟们，如果你们自己是爱者的话，也一样请不要打断我，请不要因为你们不想听这解说而来哄劝我；哪怕你们扭过头去，转过脸背对着[46]来听我所要说的东西，听这我在此刻一旦开始了之后就有兴致要说的东西。

首先，我觉得这就是喜剧性的：所有人都爱并且想要爱，而同时一个人却从来就无法搞明白那可爱的东西、那作为情欲之爱的真正对象的东西是什么。“去爱”这个词，我让它靠边，因为这个词什么也没说，而一旦话题开始出现了，那么首先的问题就是：人所爱的东西是什么。对此没有任何别的回答，答案只会是：人爱那可爱的东西。如果我们用柏拉图的话来回答，就是说，人应当爱“那善的”，[47]那么，我们只一步跨出就跑到了整个“那爱欲的”的范围之外了。但是，然后人们也许回答说：人应当爱“那美的”。如果我这时要问，这“去爱”是不是就是去爱一个美丽的乡村地区、一幅美丽的画，那么人们马上就能够看出，“那爱欲的”并非是作为类型去与“情欲之爱”的领域发生关系的，相反它是某种完全特殊的东西。

于是，如果一个爱者，为了要真正表述出在他身上有着许多情欲之爱，去做出这样一个讲演：我爱美丽的乡间地区，以及我的拉拉葛，[48]以及那个优美的舞者，以及一匹漂亮的马，简言之，我爱所有美的东西；那么，拉拉葛，尽管她本来是对他很满意的，就不会对他的赞美演说感到满意，虽然她是美的；而现在如果假设拉拉葛不美，那么他是不是还爱她呢？阿里斯托芬说诸神把人一分为二，[49]就像比目鱼们那样，而这被分开的部分相互寻找对方，这时他说到了一种"分裂"；如果我在这时把"那爱欲的"导入这种"分裂"的关系中，那么，我就又会碰上某种我无法弄明白的东西，在这样的情况下我能够求助于阿里斯托芬，他在他的讲座中（恰恰因为对于思想来说没有理由停下来）继续思想下去，并且想着：这样的事情完全有可能发生在诸神身上，为了更大的娱乐而把人分成三个部分。[50]为了更大的娱乐；难道不是如我所说那样吗，情欲之爱使得一个人可笑，如果不是在别人眼里，那么，在诸神的眼里是如此？然而，我还是要假定，"那爱欲的"在"那男性的"和"那女性的"间的关系之中有着其力量和可能性，那又怎样呢？如果那爱者想要对他的拉拉葛说：我爱你，因为你是一个女人，我能够同样地爱每一个其他女人，哪怕是丑陋的索娥；[51]那样的话，美丽的拉拉葛就会受到侮辱。那么，什么是那值得爱的东西呢？这是我的问题，但灾难性的是：没有人曾经能够回答这个问题。单个的爱者持恒地从自身的角度出发相信自己知道这个，但是他却无法让任何别人明白他，并且，如果一个人倾听了诸多爱者的说法，那么他就会经历到，没有任何两个是有着同样说法的，尽管他们全都谈论同样的东西。不考虑各种完全痴愚的解说，这些解说终结于让人去做一些碰壁的傻事,就是说,到最后得出这样的说法,说"情欲之爱"的对象其实是爱人美丽的双脚或者被爱男子令人钦叹的八字胡,如果我们撇开这些解说的话,哪怕我们是在听一个爱者以一种很高雅的风格说,他首先提及各种特殊不同的单个细节,但到最后他说:是她的整个可爱的个性,并且,在说话说到高潮的时候,他说:是那我不知道怎样对自己描述的那种不可解说的东西。并且,这说法尤其是会让那美丽的拉拉葛感到愉快。它无法使我感到愉快,因为我一句话都不明白,而只觉得这说法包含了一种双重的矛盾,部分地是因为它终结于"那不可解说的",部分地是因为它在"那不可解说的"那里终结,因为,如果一个人想要终结于"那不可解说的",那么他其实最好是以"那不可解说的"作为开始并且根本就不用再说什么别的以免让人觉得可疑。如果他以"那不可解说的"作为开始并且不说任何别的话,那么,这并不是证明他的无能无奈,因为,在否定的意义上,这倒是一种解说,但如果他是以别的东西作为开始而终结于"那不可解说的",那则是证明他的无能无奈。

这样,"去爱"——与之相应的是"那可爱的",而"那可爱的"是"那不可解说的"。这做得到,但这无法让人理解,正如那情欲之爱用以攫取其猎物的不可解说的方式。如果周围的人们一次次非常突然地倒下并死去,或者,突然抽搐起来,但却没有人能够说出原因,这样的话,又有谁会不觉得惊惶呢?但是,情欲之爱正是以这样的方式干涉进生活,只是人们没有因此而变得惊惶,因为爱者们自己将之看作是最高的幸福,却又因之觉得好笑,因为"那悲剧的"和"那喜剧的"持恒地相互呼应着。今天你和一个人交谈,能够大致地明白他;明天他却在各种各样的舌头中说话[52]、在古怪的身姿手势中说话，——他坠入了爱河。如果“情欲之爱”的表达是：去爱“那最初的”、“那最好的”，那么，一个人无法进一步为自己做解说，这是可以理解的，但既然“情欲之爱”的表达是“去爱唯一的一个、在整个世界里的唯一的一个”，那么，这样一个异常巨大的区分行为似乎在其自身之中必定包容有一种“依据之辩证法”，然而对此我们不得不谢绝；我们不去听这种“依据之辩证法”，不是因为它什么都没有解说，而是因为它听上去实在会是太繁复。不，爱者根本就无法解说任何东西。他曾见过一百个女人、又一百个女人，也许他已经变老了，不曾感觉到过任何东西，突然，他看见了她，她，那唯一的——卡特琳娜。这不是喜剧性的吗？那要把光环和美丽赋予整个人生的东西，情欲之爱，并不像是一粒将要长成一棵大树的芥菜种，[53]甚至更糟，就其根本而言它什么都不是，难道这不是喜剧性的吗？因为没有任何先行的标准可让我们来假设，就好像，比如说，到了一定的年龄这现象就出现了，没有任何先行的理由可让我们来说明为什么他选择了她，在整个世界里唯一的她，并且，这与“正如亚当选择夏娃因为没有别人”[54]绝不是同一回事。或者，难道那些爱者们所给出的解说不是同样地喜剧性的吗？或者更确切地说，这解说不是恰恰在强调“那喜剧的”吗？人们说，情欲之爱使人盲目，并且，他们就以此来解说这现象。如果一个人，他进入一间黑房间去拿什么东西，在我忠告他带上一盏灯时，他回答说：这一切都只是一种无关紧要的东西，所以我不带灯；哦，这样的话，我就会完全地理解他。相反，如果同一个人，把我拉到一边，并且以一种神秘的方式对我私下说，他要进去取的这样东西是非常重要的，所以他只能够在黑暗中取；——哦！我的虚弱的凡人头脑到底有没有能力去跟随着这一说法中的抑扬顿挫？尽管我为了不使他觉得受到冒犯而不想笑出来；一旦他转过身去，我就很难忍住要笑出来。但是没有人笑"情欲之爱"；我对此是有准备的，我会进入与那个在讲完故事之后说"有人笑吗？"的犹太人相同的窘境。但是我却不像那个犹太人那样不提其中的核心问题；至于说我自己笑了，那么，我的笑绝不是想要去冒犯什么人。正相反，我鄙视那些愚人，他们自欺欺人地以为自己的情欲之爱有着如此出色的理由以至于让他们能够去取笑别的爱者；因为，既然情欲之爱是让人完全无法解说的，那么，在这样的意义上，这一个爱者就与那另一个爱者同样地可笑。一个男人骄傲地在女孩子们的圈子里顾盼想要找到配得上自己的女孩，或者一个女孩骄傲地甩着脖子拒绝，这在我看来是同样地愚蠢而傲慢，因为这样的一些人都是在一种无法解说的预设前提之中为有限的想法忙碌着。不，我所专注的是就其本身而言的情欲之爱，那让我觉得可笑的，正是它，并且因此我怕它，我不想让自己对我自己而言变得可笑，或者，在诸神眼里变得可笑——是他们把人类铸就得如此。就是说，如果情欲之爱是可笑的，那么，不管我得到一个公主还是女仆，这都一样地可笑，而如果这不可笑，那么去爱一个女仆就也没有什么可笑，因为"那可爱的"是"那不可解说的"。看，因此我怕情欲之爱，但在这里我又看见了"情欲之爱是喜剧性的"的一个证明，因为我的畏惧成为了一种如此奇怪的悲剧性的类型，以至于它恰恰阐明了"那喜剧的"。在人们拆卸掉墙上的砖时，人们挂出一块牌子，并且，我绕道而行；如果一根路障杆要上油漆，人们安置出一个路障；如果一辆马车差一点快要撞上一个人了，这人就会叫喊"小心"；如果一个地

方有霍乱，那么外面就安排一个士兵，[55]等等；我的意思是，在有危险存在的时候，这危险可以被标示出来，并且，人们通过留意各种标签就能成功地避开它。现在，既然我怕因为情欲之爱而变得可笑，那么，我就当然将之视作一种危险，那么现在，我该做什么来避开它呢，或者说，我该做什么来避开“一个女人爱上我”的危险呢？让我成为一个让每个女孩子都爱上的阿多尼斯[56]的话（relata refero〔拉丁语：我讲述别人对我讲述的东西；第二手的知识〕，因为我不知道这说明什么），这对于我绝不是什么自豪的想法，诸神保佑我；但既然我不知道“那值得爱的”是什么，那么我就根本无法知道，我应当怎样去做才能够避免这危险。另外，既然相反的东西可以是“那值得爱的”，既然到最后“那无法解说的”是“那值得爱的”，那么我就处于这样一种处境，完全如同让·保罗所说的那个人：这人一只脚站着读着招贴上的文字——“这里放着一只捕狐夹”，[57]并在同时不敢把腿收回来或者让脚落在地上。在我把情欲之爱的想法全部都讨论完之前，我不会去爱什么人；这是我所无法做到的，相反我得出了这样的结果：它是喜剧性的；于是，我不想爱，哦，但危险却并不因此而得以避免，因为，既然我不知道，“那值得爱的”是什么，不知道它怎么在我身上发生或者怎么相对于我而在一个女人身上发生，那么，我就无法确定地知道我是否避开了这危险。这是悲剧性的，在某种意义上甚至是深度悲剧性的，尽管没有人关心这一点，或者没有人关心对于思者而言的这一苦涩的矛盾：有着某样东西，它到处都施展着自己的权力，但它却是让人无法想象的，它甚至也许就在那徒劳地试图要想象它的人的背后突然出现。然而，这之中的“那悲剧的”，它的深刻的根本却是在上面所指出的“那喜剧的”之中。也许任何一个别人都会对我把一切都反转过来,并且根本不觉得那我认为是喜剧性的东西是喜剧性的,相反却会认为那我在之中找到我的“悲剧的东西”的东西是喜剧性的;但这一点本身表明了,我在某种程度上是对的;并且,如果我成为牺牲品的话,“我会为什么而成为一个悲剧性的或者喜剧性的牺牲品?”这个问题就很明了:是为了,在我相对于“那意义重大的”说出“让它过去”的时候,想要去对我所做的一切进行思考并且不去自欺欺人地以为自己是在对生活进行思考。

人是由灵魂和肉体构成,这一点是大多数最有智慧和最出色的人们所都同意的。现在,如果我们把情欲之爱的力量安置在“那女性的”和“那男性的”之间的关系中,那么“那喜剧的”就会再一次在这种以“‘那最高的灵魂性的’在‘那最感官性的’之中表达出自己”的方式发生的反转之中显现出来。我由此想到所有情欲之爱的极其古怪的姿势和神秘的标记,简言之,想到这全部的共济会式的神秘仪式,[58]它就是那最初的“不可解说的东西”的一种持续。这里,情欲之爱把一个人卷入矛盾,这矛盾是:“那象征性的”根本就不意味了什么,或者换一句话说出同一个意思:没有人能够说出这意味了什么。两颗爱着的灵魂相互向对方保证,他们相爱直到永远永远;于是他们相互拥抱,并以一吻来为这誓言盖上永恒的封印。我问每一个思想者,他是否曾想到过这个。并且这一切在情欲之爱中就是以这样一种方式不断转换的。“那最高的灵魂性的”在最极端的对立面之中得到自己的表达,并且“那感官性的”则想要去标示“那最高的灵魂性的”。Posito(拉丁语:假设)我坠入爱河。那么,我所爱的人要永永远远地属于我,这对于我是极其重要

的。我明白这个，因为在根本上说，我在这里只谈论一种希腊式的情欲之爱，在之中一个人所爱的是美的灵魂。[59]于是，在我所爱的人向我保证了这一点之后，我就会相信这一点，或者，如果会有什么怀疑留下的话，就会想办法去与之搏斗。但是，事情怎样呢？因为，如果我坠入爱河，那么我的行为就会像所有其他人的一样，除了相信她之外，我还会寻找别的保证，然而很明显，“相信她”却是唯一的保证。在这里我又面对着“那无法解说的”。在卡卡杜好好地坐着突然开始像一只吞咽过度的鸭子那样挺胸凸肚并且打嗝般地说出“玛丽安娜”这个词的时候，[60]所有人都笑了，我也笑了。也许观众们觉得“那喜剧性的”是在于：这个根本不爱玛丽安娜的卡卡杜进入了这样一个与她的关系中；但假设现在卡卡杜爱玛丽安娜的话，难道这就不是喜剧性的吗？对于我这完全是同样地喜剧性的，并且“那喜剧性的”是在于：这情欲之爱变得可测量并且要被看成是“对于一种这样的表达是可测量的”。是否在世界的最初始就有着这样的习俗，这与事情本身无关，“那喜剧的”有着永恒的公认权利去存在于矛盾之中，而这里是一个矛盾。在一个木偶人身上其实没有什么喜剧性的东西；因为木偶人做出各种古怪的动作，这不是什么矛盾，既然有人在拉着绳。但是去作一个为某种不可解说的东西服务的木偶人，这是喜剧性的，矛盾是在于：一个人一忽儿在这条腿上被拉一下绳，一忽儿在另一条腿上被拉一下，我们看不出有任何理性的依据。如果我现在不能向我自己解释出我所做的事情是什么，那么我就不愿去做它，如果我无法明白那将我置于其控制之下的权力，那么我就不愿让自己被置于它的控制之下。如果情欲之爱是这样一种神秘的法则，把各种极端的对立面联系在一起，那么，又有谁来为我担保，在之中不会突然有混乱困惑冒出来。然而，这倒不是我特别关心的。比如说，我当然听说过，一些爱者觉得另一些爱者的所作所为是可笑的。我并不明白，这样一种笑在事实上意味了什么，因为如果那法则是自然法则，那么它对所有爱者们来说就当然是一样的，而如果它是自由的法则，那么，那些笑着的爱者们按理就无疑能够解说一切，但他们却又解说不了。就这一点而言，我更理解这样的事实，在一般的情况下完全就是这样：这一个爱者笑那另一个，因为这一个一直就觉得那另一个是可笑的而他自己不可笑。如果去吻一个丑女孩是可笑的，那么去吻一个美丽的也同样可笑，并且这种自欺欺人的想法，以为自己按一种特定方式的做法就理应有权去笑别人按另一种方式的做法，这只是傲慢和一种阴谋，这阴谋也还是没有把这样的特别显著的人物带出普通的可笑，这可笑在于：没有人能够说出它意味着什么但它却要去意味一切并且意味“相爱者永远地相互属于对方”；并且更好笑的是，它让相爱者相信他们的确永远地相互属于对方。如果一个男人，好好地坐着，突然把头靠向一边，或者突然摇起头，或者突然向外踢脚，在我问他为什么这样做的时候，他会这样回答：我实在不知道，我只是碰巧就这样做了，下一次我会做什么别的，因为这是一种情不自禁的事情；哦！这样的话我肯定会理解他。但是，如果他说出爱者们就那各种姿态所说的那些话，说在他所做的这动作之中有着所有至福，那么，我又怎么会觉得这不是可笑的呢？正如我同样也觉得前面所谈及的那些有多么可笑，诚然是在某种多少有所不同的意义上，如果这人不做出“这些姿势其实并没有任何意味”的说明的话，这种可笑的感觉就不会被消除掉。

就是说，以这样的方式，那作为“那喜剧的”之根本的矛盾就被取消掉了；因为，用“没有任何意味”来解说“那不意味任何东西的”，这彻底不是可笑的；而相反如果用“意味着一切”来解说的话，则无疑是可笑的。至于“那情不自禁的”，其实矛盾在之中也是存在的，正如这说法：在一个自由的理性生物的身上，我们不期望“那情不自禁的”。比如说，如果我们假设：教皇在他要为拿破仑加冕的时候[61]正好就开始咳嗽了，或者，新娘新郎在婚礼仪式的庄严瞬间正好就开始打喷嚏，那么，“那喜剧的”就显现出来了。特定场合越是强调“自由的理性生物”，“那情不自禁的”就越变得具有喜剧性。同样，各种爱欲姿态的情形也是如此：人们通过把绝对的意义赋予这些爱欲姿态来解释那矛盾，于是“那喜剧的”就再一次出现。我们都知道，小孩子们对于“那喜剧的”很容易有感觉，在对这方面做出证明的时候，我们常常拿小孩子的感觉来作为依据。通常小孩子总是会忍不住去笑爱者们，并且，如果我们安排让小孩子们来讲述他们所见的，那么肯定不会有人不笑出来。也许这是因为小孩子会忽略掉核心问题。这是多么地奇怪呵，在犹太人忽略掉核心问题时，没有人会笑，而这里则正相反：如果你忽略了核心问题，那么所有人都会笑；但是，既然没有人能够说出核心问题是在哪里，那么它就肯定是被忽略了。爱者们什么都没有解说，赞美情欲之爱的人们，什么都没有解说，但却进行了反复考虑，就像王法所要求的那样，说出所有让人舒服讨人喜欢的一切。但是如果一个人是进行着思考的，那么他就会为自己的各种范畴做出阐释，并且，如果一个人对情欲之爱进行思考，他就也马上会对那些范畴进行思考。但相对情欲之爱，人们却并不这么做，并且，人们还缺少一门牧师科学,[62]因为,尽管一个诗人在一种牧歌之中尝试着让情欲之爱进入存在,但一切却又是借助于另一个人而被偷运进来:那相爱者们在这另一个人那里学着怎样去爱。[63]——就这样,我在各种爱欲的反转之中看见"那喜剧的",在这些爱欲的反转中,一个层面里最高的东西无法在这层面里找到自身的表述,相反倒是在另一个层面里的纯粹相反的东西里找到这表述。情欲之爱的高远翱翔("想要永永远远地相互属于对方")总是进入一个像"食品储藏室中的萨夫特"[64]那样的结局;而更具喜剧性的是:事情的这一结局要成为最高的表达。

在任何地方,只要有矛盾,就也会有"那喜剧的"在场。我不断地追随这一踪迹。如果听我这么说下去让你们觉得不舒服,亲爱的酒友兄弟,那么就转过脸去听我说下去,[65]说到底,我自己也像是在眼前蒙着纱那样说话,因为,既然我只看见"那神秘莫测的",那么我就无法看,或者我其实什么都没看见。后果是什么呢?如果它无法以某种方式被置于与那"它是其后果"的东西的同一之下,而同时它却仍要被当作一个后果来看,那么这就会变得可笑。比如说,如果一个人要洗澡,他跳进浴缸,而在他晕晕乎乎地重新起来的时候,他抓向浴衣来让自己站稳,但却失手抓住了一根掀翻淋浴桶的绳子,这时桶里的水就完全被晃动得翻起来,并且带着所有可能的依据倾泼在他身上,[66]于是这后果是完全恰如其分的。"那可笑的"是在于,他抓错了,但是,如果我们拉绳子,淋浴桶里的水也会倾泼下来,在这个事实中却没有任何可笑的成分,相反,如果水不倾泼下来的话,这倒是可笑的事了,就好像这样:一个人聚精会神地准备好了并且完全有能力去承受这一惊悚,带着做出了

决定后的兴奋抓住绳子,——而这一桶淋浴水却没有浇下来。让我们现在看一下,情欲之爱的情形如何。爱者们想要永永远远地相互属于对方。他们以那种古怪的方式通过在瞬间的真挚之中相互拥抱来表达这一点,并且在相拥之中应当有着所有情欲之爱的至福之欲望。但所有的欲望都是自私的。现在,爱者的欲望相对于那被爱者固然不是自私的,但是两者的欲望结合起来则是绝对地自私的,在这样的程度上,他们在结合与情欲之爱中构建出一个自我。然而他们却被骗了;因为在同一个瞬间种类战胜了各个个体,在个体被归简为"为种类服务"的同时,种类胜利了。我觉得这比那阿里斯托芬觉得是那么可笑的东西还要更可笑。因为,"那可笑的"在那对开的一半中是处在矛盾之中,这在阿里斯托芬那里没有得到足够的强调。如果我们看一个人,那么我们还是应当相信,他就其自身而言是一个完整的整体,我们也确实相信是这样,直到我们在情欲之爱的占有之下看见:他只是一个"一半",跑来跑去寻找自己的另一半。在半只苹果之中没有任何喜剧性的东西,而只有在一只完整的苹果是半只苹果的时候,"那喜剧的"才会显现出来;在前一种情形中没有矛盾,但在后一种之中则无疑有矛盾。如果我们认真地看这句俗话,"女人真是一个'一半的人'",那么,她在情欲之爱之中就绝不会是喜剧性的了。但是男人则相反,如果他享有了被当作是一个"完整的人"的社会地位的话,那么,在他突然东跑西跑并且因此而暴露出他只是一个"一半的人"的时候,他就变得是喜剧性的了。如果我们越是往这方面想,事情就越是可笑;因为,如果这男人真的是一种完整,那么他无疑就不是在情欲之爱中成为一个整体,而是:他和女人就变成了"一个半"。诸神发笑，尤其是笑这男人，这又有什么奇怪的？然而，我回到我的"后果"问题上。如果爱者们相互发现了对方，那么我们则就会以为他们是一个整体并且这之中蕴含了这样的真相：他们永永远远相互为对方而活。但是看吧：他们并不是开始相互为对方而活，他们是为族类而活，并且，他们根本就没有想到过这一点。

什么是后果？如果我们在它出现的时候无法在事物中看见它，[67]那么，一种这样的后果的情形就是可笑，而这后果发生在什么人的身上，这些人就是可笑的。现在，如果那些被分裂的"一半"们相互找到了对方，那么这无疑就是完美的满足和安宁，不过紧接着这满足安宁而来的是一种新的生活。"爱者们喜欢找到对方"对于他们成为一种新的生活，这是可以理解的，但是，对另一个人，一种新的生活从此开始，这就是无法让人理解的。然而，这一导致后果的后果要比产生出这后果的前因更重大；如我们上面所谈及的爱者们所具的结局，这种结局则必然地标志了：任何进一步的后果都是无法想象的。有没有任何别的欲望类似于此？相反，"对欲望的满足"本来就一直是意味了一种静止状态，并且，尽管有一种提示着"一切欲望都是喜剧性的"的 tristitia(拉丁语：悲哀)[68]出场，这样的一种 tristitia 仍会是一种简单的后果，虽然任何别的 tristitia 都不像情欲之爱的 tristitia 那样地见证一种如此高度的"先行的喜剧因素"。反过来，我们所谈论的情形，也就是说，关于这样一种巨大的后果，则是另一回事；关于这样一种后果，没有人知道它的来源是什么或者它会不会出现，然而，如果它出现，它就是作为一种后果而出现的。

谁搞得明白这个？然而对于那些局中人[69]来说，如果什么东

西是情欲之爱的最高欲望，那么它就也是最意义重大的东西；它是如此意义重大，以至于爱者们甚至取下各种由那后果衍生出来的名字，够古怪的，它有着在事后生效的力量。现在，爱者被称作父亲，被爱者被称作母亲，并且，这些名字对于他们自己是最美的名字。然而还有这样的人，对于他，这些名字更美；因为，又有什么东西能够比孝敬（Pieteten）[70]更美？在我看来，这是一切之中最美的，并且幸亏我能够明白它的想法。人类学着儿子应当爱父亲的道理。我明白这个，我甚至根本感觉不到任何矛盾，我觉得自己被至福地绑在"孝敬"的美丽的爱之绳带之中。我相信，"欠另一个人生命"是至高无上的事情，我相信，这一债务无法进行清算，也无法借助于任何账单来偿清；因此我觉得西塞罗所说的是对的——"对于父亲，儿子总是不对的"；[71]正是"孝敬"教会我相信这个，教会我根本就不想去挖掘出父亲那里隐藏的东西，相反宁可让它继续保持隐藏着。无疑我很愿意去做另一个人的最大债主，但是事情要反过来看。在我决定让另一个人成为我的最大债主之前，我无疑要自己在心里清楚，因为，在我的想象中，在"去做另一个人的债主"与"使得另一个人成为自己的债主因而永远都无法将自己解放出来"这两者之间是没有可比性的。那"孝敬"禁止儿子去考虑的东西，就是"爱"让父亲考虑的东西。现在矛盾就又出现了。如果儿子如同父亲是一种永恒的本质存在（et evigt Væsen），[72]那么，"作为父亲"又意味了什么呢？在我想象我自己是父亲的时候，我无疑必定会笑我自己，而与此同时，儿子则在想到自己与父亲的关系时极深地被打动。我很理解柏拉图的妙语：一种动物生殖出同类型的动物，一种植物生殖出同类型的植物，同样人生殖出人；[73]

但是这并没有说明任何问题,想法没有得到满足,只唤醒了一种朦胧的感情;因为一种永恒的本质存在无法被生殖出来。一旦父亲按儿子的永恒本质存在来看儿子——这无疑是最本质的看法,那么,他肯定就会笑自己,因为他绝不可能坚持所有让儿子在孝敬之中感到欣悦的那些美丽而意义重大的东西。相反,如果他按儿子感官性的本性来看儿子的话,那么他就又得微笑,因为,"作为父亲"对此而言实在是一个过于意义重大的表达。如果我们最后可以这样设想:父亲对儿子有着影响,以至于父亲的本质存在成为一种前提条件,而儿子的本质存在无法将自身从这前提条件中解放出来,这时矛盾就从另一个方面出现了;因为这样一来,这想法是如此可怕,以至于在世上就没有什么能够像"作为父亲"那么可怕的了。在"杀死一个人"和"给予一个人生命"之间没有什么比较性,前者只是相关于时间决定这人的命运,而后者则是相关于永恒决定他的生命。于是,矛盾在这里又一次让人同时既为之而笑又为之而哭。"作为父亲"是一种幻觉(尽管这幻觉不是"玛格德萝娜在《埃拉斯姆斯·蒙塔努斯》中对耶罗尼姆斯所说的那种幻觉"[74]的意义上的幻觉),抑或是一切之中最可怕的?它是最伟大的善举,抑或是欲望的最高享受?它是世上发生的事情而已,抑或是至高的任务?

看,正因此我放弃所有情欲之爱,因为对于我,我的想法是一切。如果情欲之爱是最受祝福的欲望,那么,我放弃它,既不想冒犯什么人也不想妒羡什么人;如果情欲之爱是最高善举的条件,那么我拒绝"可能得到它"的机会,但是我的想法得到了拯救。我并非没有对"那美的"的眼光;在我读着诗人的那些歌的时候,我的内心并非不为所动；在我梦进那种关于情欲之爱的美丽想象时，我的灵魂并不是没有忧郁。但是，我不愿不忠实于我的想法；这样的机会对我又有什么用，如果我无法使自己的想法得救，如果我尽管得到这情欲之爱却会渴望着这想法直至绝望（我不敢离开这想法而去和一个妻子守在一起，因为它对于我是我的永恒本质存在，因而比父母更有价值[75]并且也比一个妻子更有价值），那么，对于我，在情欲之爱之中还是不会有什么至福。[76]无疑，我能够认识到，如果有任何东西是神圣的话，那么这东西就是情欲之爱，如果有任何地方“不忠诚”是卑劣的话，那么这地方就是情欲之爱，如果有任何“欺骗”是可鄙的话，那么那就是情欲之爱中的欺骗；但我的灵魂是纯净的，我从不曾因欲求一个女人而看她[77]，在我盲目地闯进或者昏厥着倒向那最关键的东西之前，我不曾漫无边际地飘忽。如果我知道什么是“那值得爱的”，那么，我会很确定地知道，我是否犯下了“诱惑什么人”的过错，但既然我不知道什么是“那值得爱的”，那么我只能够确定地知道，我不曾意识到自己曾想要去那么做。设想我放弃自己的立场，设想我开始笑，或者设想我在恐怖之下瘫倒，因为我没有可能找到那条窄路，爱者们在这条窄路上轻松地走着，就仿佛它是宽阔大道，[78]他们不受任何内心冲突（Anfægtelse）的打扰，似乎对所有这些内心冲突有过思考，既然我们的时代思考透了一切，他们因此而就很容易明白我下面的话的意思是什么："直接地做出行为"是胡说八道，在一个人做出行为之前，他必须完全彻底地做出所有可能的反思；——设想我放弃自己的立场。这样，如果我笑的话，那么我岂不是不可救药地冒犯了那被爱者，或者，如果我瘫倒，那么我岂不是不断地使得她陷入绝望？因为，我无疑是认识到了这一点,一个女人无法具备如此彻底的反思,并且,如果一个女人觉得情欲之爱是喜剧性的(能够如此看情欲之爱的,只有诸神和男人,正因此女人是一种想要诱使他们变得可笑的诱惑),那么她会流露出各种预先的警觉,[79]绝不会对我有所理解,而如果一个女人弄明白了那恐怖,那么她就会失去她的可爱但却仍无法理解我,她会被毁灭,而只要我的想法拯救着我,我则绝不会被毁灭。

没有人笑吗!既然我开始想要谈论情欲之爱中“那喜剧的”,那么你们也许就会期待笑的出现,因为你们全都笑口常开正如我自己是一个笑友,然而,刚才你们也许并没有笑。我的讲演达到了另一种效果,而这效果却恰恰证明:我谈论了“那喜剧的”。如果没有人笑我的讲演,那么现在就稍稍笑一下我吧,亲爱的酒友兄弟们,这不会让我感到诧异;因为,我偶然地听你们谈及关于情欲之爱,我不明白,——也许你们都是局中人[80]吧!

于是年轻人坐下,他几乎变得比餐前时更俊美了;现在,他坐下,望着自己的前方,根本就不关注其他人。诱惑者约翰纳斯马上想要对年轻人的讲演内容提出反对意见,但被康斯坦丁打断了;康斯坦丁警告不能有讨论,并且命令道:人们只能做讲演。这样一来,约翰纳斯提出保留自己最后做讲演的权利。这又导致了关于他们应有怎样的讲演顺序的争议,而康斯坦丁则又通过提出自己当下就做讲演来止住了这争议:他可以马上讲演,而作为交换,人们必须承认他有“依次要求别人做讲演”的权限。

康斯坦丁如此讲演。

静默有时，言语有时，[81]现在看来是到了简短讲演的时候，因为我们的年轻朋友讲了很多并且讲得很古怪。他的 vis comica（拉丁语：喜剧性的力量）将我们带进了一种 ancipiti proelio（拉丁语：在胜负不决的斗争中）进行斗争的处境，因为他的讲演就像他自己一样地不确定，正如他现在又坐在那里：一个迷惘失措的人，不知道自己是应当笑还是应当哭还是应当让自己坠入爱河。当然，如果我预先对他的讲演内容有所知，知道他的讲演是像他所要求的那样地谈论情欲之爱，那么我就会禁止他讲演，但现在说已经太迟了。那么这样吧，我向你们提出这要求，亲爱的酒友兄弟们，“在这里你们应当兴高采烈”；[82]而如果我不能够提出这要求的话，那么我就对你们这样说：尽快地忘记掉每一个讲演，一说完就忘记掉它，用一口酒把它咽下去。

现在则是关于女人，我将要谈论的对象。我也有过深思，我弄清楚了她的范畴，我也曾探寻，我也找到了，并且达成了绝无仅有的发现，[83]在这里我要向你们转达这发现。她只能够在“玩笑”（Spas）的范畴之下被解读。“是绝对的”、“绝对地做出行为”、“表达‘那绝对的’”，这些都是属于男人的事；女人则处于“相对”之中。在这两种不同的质地之间不可能有真正的交互作用发生。这一错误关系恰恰就是“玩笑”；随着女人，“玩笑”进入世界。然而这却是自然而然的事情，男人必须知道怎样保持让自己处在“那绝对的”之下，因为，否则的话就不会有什么显示出来，就是说，某种非常一般的情形显现出来：男人女人相互适合对方，他作为半男人，[84]她作为半男人。

“玩笑”不是审美的范畴，而是一个萌芽中的伦理范畴。它对思想发生影响,正如听一个男人庄严地开始讲演、以这样一种风格背诵一句句子的一个或者两个部分然后说"嗯唔!"——然后沉默,这样的事情会对心情发生影响。[85]女人的情形就是这样的。你以伦理的范畴来瞄准她,你闭上眼,你在各种伦理的要求之中想"那绝对的",你想着"人",你睁开眼,你把目光焦注在那在你的实验想象中要去实现这要求的端庄少女[86]身上;你变得不好意思并对自己说:啊,这当然是一个玩笑。玩笑正是这:运用范畴、将她置于这范畴之下,因为严肃永远无法成为严肃,而这恰恰就是玩笑;因为,如果你敢要求她这个的话,这就不是玩笑。把她放在一个抽气机下并从她身上抽出空气,那会大煞风景并且根本不好玩;但是给她充气,让她胀大为一个超乎自然的尺寸,让她达到一种十六岁的小小少女能够自欺地以为自己是想要去达到的全部理想,则是表演的开始,并且是一场极令人赏心悦目的表演的开始。任何少年都不会有一半像一个年轻女孩所具的那么多自欺的理想性;但是话又说回来,裁缝曾说过,羊毛出在羊身上,这也没有什么不对,因为她所具的一切就是幻觉。[87]

如果我们不以这样的方式来看女人,那么她就会造成不可救药的灾害;而借助于我的解读,她就变得无害而有趣。对于一个男人来说,再没有比将自己搅和进扯淡的事情更可怕的事了。这样一来,所有真正的理想性都被消灭了;因为,人可以为"作一个恶棍"而悔,人可以为"不曾把自己说出的任何一句话当过真"而后悔,[88]但是,做出了扯淡的事情,确确实实扯淡的事情,而且还把一切都当真了,然后,看吧:结果,这全都是扯淡!甚至悔也对之感到厌恶。女人的情形则不一样。她身具一种本原的殊荣,能够在二十四小时之内被改造为最无辜和最可原谅的胡扯；因为她正直的灵魂绝不是想要去欺骗什么人；她对她所说的所有东西都是认真的，现在她则说完全相反的东西，然而又带着同样可爱的衷心坦诚，因为她现在想要为这相反的东西而死。如果一个男人完全严肃地投入到情欲之爱中，那么，他能够说他是有了很好的保险，当然，如果他能够在什么地方得到保险的话；因为对于像女人这样的易燃元素，总是会使得保险公司的人对事情进行反复斟酌。他所做的会是什么呢，他认同于她，如果她在除夕夜像爆竹一样炸响，那么他也随着她一起炸响，而如果不是那样，那么他就进入了一种与"危险"的相当密切的姻亲关系。他会丧失什么呢？他会丧失一切；因为，相对于"那绝对的"，只有一种绝对的对立面，而它就是"扯淡"。他不应当通过结交道德堕落的人来寻找逃避，因为他没有在道德上堕落，根本不，他只是被以归谬法化简并且在胡扯之中获得了至福，他成了一个笑料。在男人和男人之间这样的事情绝不会发生。如果一个人以这样的方式在胡说八道之中爆炸开，那么我就鄙视他；如果他用他的聪明来愚弄我，那么我就只消把伦理的范畴用在他身上，危险是非常微不足道的。如果事情发展得过分，那么，好吧，我就一枪打穿他的脑袋，但是，挑战一个女人，那是什么事啊，谁都知道，那是开玩笑，正如薛西斯让人鞭打大海。[89]如果奥赛罗杀死苔丝狄蒙娜[90]而就算她在事实上是有辜的话，那么他也并没有赢得什么，他是并且继续是笑料而已；因为，尽管他杀死她，他也只是在对一个从一开始就已经使得他可笑的结果做出一种承认；[91]相反，爱尔薇拉则能够是完全地带着庄严的情感以匕首武装起来为自己报仇的。[92]莎士比亚把《奥赛罗》解读为悲剧性的（就算不考虑“苔丝狄蒙娜是无辜的”这一不幸灾难也是如此），这只能够以一个事实来解释，并且也绝对只能以这一事实来使之合理化：奥赛罗是一个有色的男人。[93]因为，一个有色的男人，亲爱的酒友兄弟们，是不可能被看作精神之代表的，亲爱的酒友兄弟们，这样，在他愤怒的时候（这是一个心理学的事实），他脸上发绿，一个有色的男人当然会因为被一个女人欺骗而变得具有悲剧性，正如在女人被男人欺骗的时候，她就会在自己的这一边获得悲剧的全部激情。一个因怒而脸上发红的男人也许可能会变得有悲剧性，但是如果我们敢去向一个男人要求精神，那么这个男人，他要么不变得嫉妒，要么就会在他变得嫉妒的时候变得具有喜剧性，尤其是在他拿着一把匕首跑来的时候。可惜莎士比亚并没有写出一部这样的作品，在这作品之中，那种在一个女人的不贞之中所包涵的索债要求遭受到“反讽”所提出的抗议；[94]因为并非是每一个认识到其中的喜剧成分[95]的人都理所当然地也能够发展这喜剧成分并且将之戏剧化地表现出来。但是让我们想象一下，苏格拉底意外地（因为设想苏格拉底在本质上关注粘西比[96]的忠诚，甚至去监视她，这就已经不符合苏格拉底的精神了）in flagranti（拉丁语：当场）撞破粘西比的不贞，我想，那微妙的微笑，那使得雅典最丑陋的人变得最美丽的微笑，[97]将会第一次变成一阵大笑。另一方面，既然阿里斯托芬有时候想把苏格拉底描述成一个可笑的形象，[98]很难理解他为什么就不会想到让苏格拉底奔跑着入场，高喊着：她在哪里，她在哪里，我会杀了她（这个她就是不贞的粘西比）。因为不管苏格拉底有没有被戴上绿帽子，这都与这事件无关了，从这方面看，粘西比所要做的所有事情都是徒劳的努力，就好像是在口袋里

打响指，[99]苏格拉底还是知识的英雄，哪怕他戴着绿帽子；但是他会变得嫉妒，他会想要杀了粘西比，那么这时，啊哈，粘西比就完全搞定了他，做成了这整个希腊城邦国家和死刑所做不到的事情，——使得他变得可笑。因此，一个戴绿帽子的男人在与妻子的关系之中是喜剧性的，但可以在他与其他男人的关系中被看作是悲剧性的。在这里几乎有着西班牙人所解读的荣誉。[100]然而，"那悲剧的"在本质上却是这个：他无法得到任何名誉上的补偿；并且他苦难中的痛楚其实是：他的苦难是毫无意义的，这一点就够可怕的。射杀一个女人、挑战她、鄙视她，所有这些做法只会使得这个可怜的男人更可笑，因为女性是更弱的性别。[101]而这一观点则又到处出现并且混淆一切。如果她做出了伟大的事情，人们钦敬她更高于男人，因为人们不曾敢有对她提出如此要求的想法。如果她受了欺骗，那么所有激情都会站在她的这一边；如果一个男人受了欺骗，那么，只要他在场，人们会有一点同情，和一点耐心，以便等他走了以后可以笑出来。

你看，这就是为什么现在是把女人看作是笑话的最好时机。这娱乐性是无价的。人们把她看作是一种绝对的量，而使得自己成为一种相对的量。人们不与她在说法上相悖，绝不，因为这样做只是在帮她。恰恰因为她无法限定自己，所以在有人与她在说法上稍有相悖时，那么，说老实话，她恰恰就显示出自己的最佳状态。人们从不怀疑她所说的，绝不，人们相信她说的每一句话。带着一种在不可言说的崇敬和至福的迷醉中的蹒跚着的目光，人们在一种崇拜者的舞步之中围绕着她：人们跪倒，人们在渴慕之中憔悴，人们抬起目光仰望她，人们在渴慕之中憔悴，人们重新深吸一口气。人们按她所说的一切去做,就像一个顺从的奴隶。现在我们就到了最关键的点上了。一个女人能够说话,亦即,verba facere(拉丁语:做言辞),这无需证明。很不幸,她没有足够的反思来保证自己在长时间里,亦即,至多在八天内,不说出什么与自己相悖的言辞,如果男人不通过说出与她相悖的言辞来调节着帮助她的话。结果就是,在很短的时间里困惑就全面地出现了。如果人们没有去按她所说的做,那么这困惑就会不被注意到,因为她当即就又忘记了,正如她当即说出来。但是她的崇拜者做了一切,并且以所有的方式来为她服务,于是这困惑就变得可以感知了。女人越有天赋,事情就越好玩。越有天赋,她也就越有想象力。越有想象力,她的感情在那一瞬间也就越激烈,在下一个瞬间也就会显示出越多的困惑。在生活之中有乐趣的事情很罕见,因为这种"盲目服从一个女人的突发奇想"的情形是非常罕见的。即使我们能够在一个为伊人憔悴的牧羊人那里遇上这情形,他却又会缺乏"去看见这乐趣"的能力。在事实上,无论是诸神还是人类,都不具备这小小少女在幻想瞬间所具的理想性,但这样一来,去相信她并且在火上浇油地纵容她,事情就会更好玩。

正如在上面所说,娱乐性是无价的,是的我知道这个,有时候我在夜里睡不着,只是因为我考虑着:通过爱人的手和我顺从的服务热情,我将会体验到怎样的一些新出现的困惑呢?[102]因为没有一个玩彩票的人能够比那心灵激荡地投身于这一游戏的人更多地体验到更古怪的组合了。无疑,每一个女人都有这一可能性,去上升并让自己被崇高地转化为荒唐,带着一种可爱,带着一种无拘无束,一种适合于虚弱性别的自信。作为一个正直可敬的爱者,人们在被爱者那里发现每一种魅力。现在，在人们与这天才特征相遇的时候，人们并不让它作为一种可能性留在那里，而是将之发展成精湛的艺术造诣。更多我就不用说了，进一步是无法在一般的意义上说的，任何人都明白我的意思。正如一个人通过这样的方式来得到乐趣：在鼻子上放一根棍杖使之处于平衡状态，甩摆一只杯子而不让杯中所装的东西流出来，在鸡蛋间跳舞，以及其他类似的既有娱乐性又有用的常规实践，——如此并且不是以其他方式，爱者在与被爱者的共同生活中就有着无法估量的乐趣和最有趣的研究课题。在爱欲的意义上，人们不仅仅绝对相信，她对一个人是忠诚的（这种忠诚游戏很快就令人厌倦了），而且人们还绝对地相信各种剧烈的爆发，那些出自一种不可动摇的罗曼蒂克的剧烈爆发：在这种罗曼蒂克之中她也许会死去，如果人们不准备好一道安全阀的话；因为，叹息以及烟和罗曼蒂克之咏叹调[103]都要通过这安全阀奔涌出来，并使得崇拜者获得至福。人们崇拜地将她置于一个朱丽叶的顶点上，[104]差异之处只是，没有人想到过要去伤害罗密欧，甚至不会想到要去弄弯他的一根头发。在智力的方面，人们相信她有着所有各种各样的能力，并且，如果人们幸运地找对了人，那么人们一二三一下子就有了一个急着要下蛋却又找不到地方的[105]女作家，并且人们带着钦敬用自己的手遮盖起自己的双眼，一边惊奇地感叹着这个小黑母鸡另外还贡献了一些什么。[106]真是不可思议，苏格拉底可以进入这样一种角色而不去与粘西比口角，但他却并不选择这个角色，然而现在再看一下，当然，他想要像一个骑师[107]一样地演习，尽管骑师有着最驯服的马，却知道以这样一种方式来逗它，以至于他能够有足够的理由来驯服它。

我接着要以稍稍更为具体的方式来说下去,来阐明一个单个的相当有趣的事例。人们谈了很多女性的忠诚,但很少以一种正确的方式来谈论它。纯粹从审美的角度来看,它是属于诗人那里的一个幻影,一个走过舞台去找那被爱者的幻影,那坐在手纺车旁等着被爱者的幻影,[108]——因为,在她看见了他并且他已经到达的时候,审美就不知道进一步还能够做什么了。她的可以直接地与之前的那种忠诚联系在一起的不贞在本质上被看作是属于伦理的,这时,嫉妒就作为一种悲剧的激情而在场。事例有三个,并且,这关系对女人是有利的,因为两个事例展示忠贞,第三个事例展示不贞。只要她无法确定她所爱的人的感情,那么她忠贞的程度就会处在一个令人不解的高度;而如果他回绝她这忠贞,那么她忠贞的程度就还会处在一个同样令人不解的高度;第三个事例是不贞。一旦一个人有足够的精神和无偏向性[109]去进行思考,那么他就会很容易在这已说及了的东西中找到"玩笑"(Spas)这范畴的合理依据。我们的年轻朋友,他最初的开始以一种方式将我引上了歧途,他做出了要从这里开始的表情,但却被麻烦吓坏而半途而废。然而,如果一个人确实要认真地去把不幸的爱情和死亡置于它们的相互关系之中,如果一个人有这种严肃认真去坚持这一想法,那么这解释其实并不麻烦;人应当总是有着如此之多的严肃认真,——为了玩笑的缘故。这里所谈的一切自然是来自一个女人或者一个女性化的男人。人们马上就认出它来,因为它是那些绝对的感情爆发中的一次,这一类感情爆发是带着这瞬间中的最大从容被表述出来的,它们确定地知道在这瞬间之中会有雷动的掌声;尽管这是一个关于生和死的讲演,在这一瞬间里,它还是被算准了是要拿

来给人享用的，就像那种名叫“西班牙风”的蛋白酥皮糕饼；尽管它关系到整个生命，它对垂死者却完全没有任何义务，相反它只是使得听者在同一瞬间有了马上要赶紧去帮助那垂死者的义务。如果一个男人要做一个这样的讲演，那么这就根本不好玩，因为他太可鄙以至于人们无法笑他。相反，女人则是天才，在其天才特征之中是可爱的，自始至终都是好玩的。于是，爱者死于情欲之爱，这是确定无疑的，因为，她不是自己已经这么说了吗？这里有着她的悲怆；因为这女人是男人，她至少有足够的男人气来说出几乎没有什么男人有足够的男人气去做的事情。男人是她所是的。在我这样说的时候，我是从伦理的角度出发来针对她的。请按照我的方式做吧，亲爱的酒友兄弟们，并且领会一下亚里士多德。[110]他准确地注意到，女人是无法真正被用在悲剧之中的。[111]当然也很明显，她的归属是在于情感丰富而严肃的娱乐剧，不是在五幕的剧中，而是在戏剧性的半小时逗笑剧中。因而，她就死了。但是，难道因此她就会无法再去爱了吗？为什么不；只要人们能够使得她重新活过来。如果她重新活过来的话，那她当然就是一个新人，而一个新人，一个“另一个人”，开始，第一次爱，在这之中没有什么特别令人注目的地方。哦，死亡，你的力量强大；任何催吐剂，甚至最强烈的催泻剂都无法起到像你一样强烈的清洗作用。

只要人们小心留神并且不遗忘，那么困惑就是非常美丽的。一个死者是人在生命中所能够遇上的最好玩的形象之一。奇怪的是，这形象并没有更频繁地被用在舞台上。[112]在生活中，人们有时候能够看见一个这样的形象。一次曾经的假死在根本上有着一种喜剧性的怪异，一个真正的死者则给出一个人能够合情合理地对

“为乐趣做贡献”所要求的全部东西。人们只是得小心留神;我自己真正对此留意是因为有一天和一个熟人一同走过那条街。我们遇上了一对走过的夫妇。根据我那位熟人的脸部表情来推断,我估计他认识他们,并且,我向他问及他们。“哦”,他回答,“我认识他们,而且对他们很熟悉,尤其是那女士,因为她是我的故世者”。“什么故世者?”我问。“哦,我故世的初恋;是的,这是个古怪的故事;她说,‘我死了’,在同一瞬间她就故世了,就像很自然的死亡情形,本来人们还能够去支付寡妇抚养金保险。[113]太晚了;她死了,一去不返,而‘现在我踯躅徘徊’,就像诗人所说的那样,‘徒劳地寻找爱人的坟墓以求能为她洒下我的泪。’[114]”这就是那个深刻沮丧的男人的情形,他一个人孤独留在这个世界,虽然他得到了这样一种安慰:他发现故世的爱人已经远远离去,尽管没有怀上另一个人的孩子,但也已经与另一个人走在一起了。我想着,对于那些女孩子们,幸亏她们无需在每次死去的时候都被埋葬;如果作父母的迄今一直认为男孩子们是最贵的,那么,女孩子就很容易变得更贵。一次简单的不贞就根本不是什么好玩的事情,我是说,这不同于一个女孩爱上了另一个人并且对自己的丈夫说:我实在是情不自禁,请将我从我自己这里救出来吧;但是,因为无法忍受爱人远离她去西印度群岛旅行、无法让自己接受“他离开”的事实而死于悲哀,然后,在他回家的时候不仅仅是没有死去而且还永远地与另一个人结合在一起,对于一个爱者,这才真正是一种古怪的命运。[115]于是,这沮丧的男人以一支旧歌谣中的副歌部分来安慰自己,这又有什么奇怪的呢:我说为你和我喝彩吧,这一天永远都不会被忘记![116]

请原谅,亲爱的酒友兄弟们,如果我讲得太长的话。现在,让我们为情欲之爱和为女人干一杯吧。她是美丽的，并且可爱，如果我们从审美的角度观察她，这一点是无法否定的。但是正如人们常常所说的，我也想说：人们不应当就此而停留着不动，而是继续向前。[117]于是，从伦理的角度看她，从那里开始，你就得到这“玩笑”。甚至柏拉图和亚里士多德都认定了，女性是一种不完美的形式，[118]由此可以说，一种非理性的量，它也许能够在某一世更好的生命中被导回到男性的形式；但今生在这一辈子里，人们只能够把她看成是她所是的形式。这是什么，人们马上会看到，因为她并不就“那审美的”而得以满足，她继续向前，她要得解放，[119]她有足够的男人气来这么说。于是，这样的事情就发生了，于是“玩笑”就会超越所有界限。

在康斯坦丁说完了之后，他马上邀请维克多·艾莱米塔开始讲；后者所讲如下。

如我们所知，柏拉图为四样东西而感谢诸神，[120]而其中的第四样就是，他感谢他能够被生在苏格拉底的同时代。他所提的其他的三样已经被一个更早的希腊哲学家提出来[121]感谢诸神；我总结说，这是值得让人说感谢的东西。啊！但是，哪怕我要像那些希腊人一样地感谢的话，我也还是无法为命运拒绝给我的什么东西而说感谢。[122]于是，我想集中我灵魂的力量来为那已经给予我的一样东西而感谢：我成为了男人而不是女人。

“作一个女人”是某种如此奇怪、如此混杂、如此复合的事情，以至于没有什么谓词能够表述这件事，并且，如果人们想要使用许多谓词的话，那么，这些谓词就会以这样一种方式相互矛盾，以至于只有一个女人能够忍受，而更糟的是，她还会对此津津有味。她在现实之中不如男人重要，这不是她的不幸，如果她知道这一点，则更不是，因为这无疑是可以忍受的；不，不幸是：她的生活在罗曼蒂克的意识中变得毫无意义，这样，她在这一瞬间意味了一切而在下一个瞬间意味了彻底乌有，但却又无法在任何时候知道她自己到底有什么真正有意义的地方；然而这仍然不是不幸，在本质上，不幸是这一不幸：她无法知道这一点，因为她是女人。就我自己而言，如果我是女人，我宁可在东方作女人，在东方作女奴；因为"作为女奴"，既不多也不少，与"作为呼嗨和乌有"相比，还多少总算是件事情。

尽管一个女人的生活不具备这样的一些对立面，她所享受的这份荣誉（并且，人们也是合情合理地认定了这份荣誉是她作为女人所应得的荣誉），一份她无法与男人共享的荣誉，则已经蕴含了它的毫无意义。[123]这一荣誉是"殷勤礼"的荣誉。对女人殷勤有礼，是适合于男人做的事。现在，很简单，殷勤礼的构成是在于：人们在各种奇幻的范畴[124]中解读这个"人们对之殷勤有礼"的人。因此，"对男人殷勤有礼"就是一种侮辱，因为他不要人对他使用各种奇幻的范畴。相反，殷勤礼是一种对于女性[125]的礼敬，一种在本质上应属女性的荣誉。唉！唉！唉！如果现在我们只是在说一个单个的绅士，他是殷勤有礼的，那么事情就不会这么麻烦了。但事实却不是如此。在根本上每一个男人都是殷勤有礼的，他情不自禁地如此。于是这就意味了，以此殊荣来厚待女性[126]的，是生存本身。另一方面，女人则是情不自禁地接受它。这又是不幸；因为，如果是一个单个的女性这么做，那么这事情就必须以另一种方式来解释。在这里，这又是生存本身的反讽。如果殷勤礼是有着真相的，那么它就必定是互惠的，并且这殷勤礼必定就是对于那美色和权力之间、诡计和力量之间的给定差额的兑换率。然而事情并非如此，殷勤礼在本质上是应属女性的，并且，这“情不自禁地接受它”可以用“大自然对更弱者的关怀”来解释，这是大自然对受到继母般不公正残酷待遇的人的关怀，对于这样的人，幻觉给予的比应得的补偿更多。但这一幻觉则恰恰是这个人命中的劫难。这样的事情并不少见：大自然通过这样一种方式来安慰一个畸形者，赋予他一种“他是最英俊的”的自欺。这样一来，大自然对一切做出了补偿，他拥有的甚至比一个理智的要求所能够想要的东西还要多。但是，在一种自欺之中拥有这个，不是在悲惨之中被奴役而是在一种自欺的幻觉中被愚弄，这则是一种更巨大的嘲讽。现在，在这种“像一个畸形者一样”的意义上，女人绝不是 verwahrloßt（德语：被忽视了），但是在另一种意义上则当然，只要她一直走不出生存用来安慰她的这种幻觉，那么事情就是如此了。

如果人们总结一个女性的存在，[127] 在它的整体内指出各个决定性的环节，那么，每一个女性的存在[128]都给人一种完全奇幻的印象。她在与男人完全不同的另一种意义上有着她生活中的转折点；因为她的转折点把一切都颠倒翻覆过来。在蒂克的那些浪漫主义剧作之中，人们有时候会看见这样一个人物，他，美索不达米亚的前国王，现在是哥本哈根的杂货商。[129] 如此奇幻的恰恰正是每一个女性的存在。[130] 如果这女孩叫作尤丽安娜，那么她的生活就是如下：“情欲之爱的广阔的郊区原野中的前女皇以及所有荒唐言行之夸张的名义上的女王目前在澡堂子巷的角上的彼得森女士。”

作为孩子，女孩子不像男孩子那样被人看重。稍稍年长一点，人们无法真正知道该拿她怎么办；最后，那使得她成为统治者的决定性时期到来了。带着崇拜，男人向她靠近，他是个求婚者。带着崇拜，因为每一个求婚者都是如此，这不是一个狡猾的欺骗者的发明。甚至连刽子手，在他放下 fasces[131]（拉丁语：束棒）去求婚的时候，都弯下腿，尽管他一心想着要尽可能快地投身于执行家规惩罚，他觉得这家规惩罚是很自然的，以至于他绝不为“公共刑罚变得如此罕见”寻找借口。有教养的人的做法也是如此。他跪下，他崇拜，他在各种最奇幻的范畴里解读他所爱的人，然后他很快地忘记自己下跪的姿势；而在他下跪的时候，他就完全清楚地知道，这是奇幻性的。如果我是一个女人的话，我宁可像在东方那样让我父亲以人家出的最高价钱把我卖掉，因为无论如何一场交易说起来还算是有意义的。作为女人，是怎样的不幸啊，而这不幸在根本上是：如果你是女人，你就不可能明白这一点。如果她抱怨，她不抱怨前者，却抱怨后者。如果我是女人，我首先会回绝任何形式的求婚，在“是更弱的性别”这一现实中认命，如果我是这更弱的性别的话，但我会小心留意不走到真相的界限之外，——但是如果一个人想要感到骄傲的话，这[132]是最重要的。这是她不怎么关心的。尤丽安娜在九天之上而彼得森女士在自己的命运之中认命。

所以我感谢诸神，因为我成为了男人而不是女人。然而反过来看，我所放弃的是什么呀！从饮酒歌谣到悲剧，诗是对女人的神圣化崇拜。对她和对钦敬者来说，这是最糟糕的了，因为，如果他不留意小心的话，那么，就在仍站在那里的时候，他会突然大失所望。那美的、那出色的、那男人的壮举是因为女人，因为她启迪和鼓舞着他。女人是启迪鼓舞者；有多少柔情的笛手曾经演奏过这个主题？有多少牧羊女曾倾听？我的灵魂确实是没有妒忌而只有对神的感恩；因为我宁可作男人并且作为稍稍小一点的量并且在现实的意义上作男人，而不是作女人并且作为一个不可确定的量并且在自欺的幻觉中获得极乐至福；宁可去作一个意味了一些什么的具体，也不作一个意味了一切的抽象。这也确实完全对：理想性因为女人而进入生活，如果没有她，男人会是什么？许多男人因为一个女孩子而成为了天才，许多男人因为一个女孩子而成为了英雄，许多男人因为一个女孩子而成为了诗人，许多男人因为一个女孩子而成为了圣徒；——但是男人不因为他所得到的女孩而成为天才；因为，和她在一起他只会成为议员；[133]他不因为他所得到的女孩而成为英雄；因为，因她的缘故他只会成为将军；他不因为他所得到的女孩而成为诗人；因为，因她的缘故他只会成为父亲；他不因为他所得到的女孩而成为圣徒；因为，他根本没有得到任何人并且只想要他所没有得到的那唯一的一个，正如那些其他人中的每一个，他们因为他们所没有得到的女孩的帮助而成为天才、成为英雄、成为诗人。如果女人的理想性就其本身而言是起着启迪鼓舞作用的，那么，这启迪鼓舞者无疑就必定是那一生与他捆绑在一起的人。生存则以另一种方式来表述。它会说：在一种否定的关系中，女人使得男人在理想性中变得有创造力。[134]以这样的方式来理解的话，她是起着启迪鼓舞作用的，但是，要强调女人在理想性中是直接地有创造力的话，那么这就是一种只有作为女人才会去忽视的逻辑谬误。或者，又有谁曾听说过什么人因为自己的妻子而成为诗人？只要男人不拥有她，她就是在启迪鼓舞。作为诗歌和女人的自欺幻觉的基础的就是这一真相。他不拥有她，要么意味了他还在为她而奋斗。比如说，一个女孩启迪鼓舞了这男人并且使得他成为了骑士。但是又有谁曾听说过什么人因为自己的妻子而变得勇敢的？他不拥有她，要么意味了他根本无法得到她。比如说一个女孩启迪鼓舞了这男人并且唤醒了他的理想性，如果他本来就有着可施展的理想性的话。但是，一个也许是有着许多东西可施展的妻子，却不大可能会唤醒理想性。他不拥有她，要么意味了他追求着理想。也许他爱着好几个，但是这"爱着好几个"也是一种类型的不幸爱情，并且，他灵魂的理想性其实还是在这种追求和渴望中，而不是在那些由于诸多单个者的贡献而达成了 summa summarum（拉丁语：总体数字，最终结果）的魅力之碎片中。

女人能够在男人身上唤醒的最高的理想性，其实是"唤醒不朽性之意识"。这一证明的关键在于那可以被人称作是"一句台词之必要性"的东西中。正如人们就一部戏所说的，如果某某人和某某人不得到一句台词的话，它就无法结束，以同样的方式，理想性说，生存无法以死亡结束：我要求一句台词。人们常常在《地址报》[135]上正定地[136]做出这一证明。我觉得这完全是很有道理的，因为，如果这证明要在《地址报》上被做出，那么这就必须是正定的论证。彼得森女士生活了如此如此许多年，直到在 24 和 25 日间的这个夜晚，上天突然看上了她，等等诸如此类。[137]因此机缘，彼得森先生突然心血来潮，求婚期间的旧事在心中重现，如果以一种完全特定的方式来表述的话：只有"重见"才能够安慰他。为了这一至福的重见，他同时准备好了要娶另一个妻子，因为，尽管第二场婚姻根本不像第一场那么富有诗意，但不管怎样它还是一次很好的盗版重印。这是正定的证明。彼得森先生不满足于要求一句台词，不，还要这之后的再见。大家都知道，仿金属有时候会用上真金属的光泽，这是那短暂的银光闪烁。对于仿金属来说，这是悲剧性的，因为这时仿金属不得不接受“是仿非真”的事实。彼得森先生的情形则不同。理想性是每个人都应有的；而我取笑彼得森先生，不是因为他（如果他在现实的意义上就是仿金属的话）只有一道银光闪烁，而是因为这道银光闪烁暴露出这一事实：他成为了仿金属。于是，尖矛市民性看上去最可笑的时候恰恰就是这样的时候：在以理想性打扮了自己之后，它给出一个机缘来用霍尔堡的话说：那头母牛是不是也穿着阿德里安娜长裙。[138]这里的事情是这样的：如果女人在男人身上唤醒理想性并且由此唤醒不朽性之意识，那么她总是以否定的方式来唤醒它们的。如果一个人真正地因为一个女人而成为天才、成为英雄、成为诗人、成为圣徒，那么他在同一时刻抓住“那不朽的”。如果“那理想化的”在女人身上是正定地在场的话，那么，那在男人那里唤醒不朽性之意识的就必定是妻子并且只能是妻子。生存所表述的东西则恰恰相反。如果她真的要在丈夫身上唤醒理想性，那么她就必须死去。然而她还是没有在彼得森先生身上唤醒理想性。如果她通过自己的死而唤醒了丈夫身上的理想性，那么她就是在做着“诗歌所说的一切关于她的伟大的东西”，但是请注意，她正定地为他所做的事情，并没有唤醒理想性。然而她活得越久，她的意义就变得越可疑，因为她已经真正开始了想要具备正定的意义。这证明越是在正定的意义上展开，它所能证明的东西就越少，因为，这样一来渴慕就会是在追求某种已经体验过的东西,其内容则在本质上必须被看作是枯竭的,因为它已经被体验过了。如果渴慕之对象是婚姻意义上的琐屑小事,诸如,当年他们一起在鹿苑,[139]那么这证明就变得最具正定意义。这样一来,一个人也突然会获得一种“想要一双他曾经穿得很舒服的旧鞋”的渴慕,但这一渴慕绝不是灵魂之不朽性的证明。这证明越多地是在否定的意义上做出,那就越好,因为,“那否定的”要高于“那正定的”,它是“那无限的”并且以这样一种方式是“那唯一正定的”。[140]

女人的全部意味是否定的,与此相比,她的正定方面就是什么都不是,也许甚至不如说是败坏性的。生存向她隐藏起的正是这个真相,并且以一种自欺的幻觉(这幻觉超越了所有能够在任何男人的脑子里冒出来的东西[141])来安慰她,并且像父亲一样地以这样一种方式安排了生活,[142]使得语言和一切都在这自欺的幻觉里给予她力量。甚至在她获得了一个与“作为启迪鼓舞者”相反的解读时,被解读成“那作为败坏之源的人”时,[143]不管是“通过她罪进入世界”[144]还是“她的不贞毁灭了一切”,[145]这解读也总是带有殷勤的恭维。就是说,在一个人听见这样的说法时,他肯定就会认为,女人真的是有能力变得比男人无限多地更为有辜,这可是一种异乎寻常的认可。唉!唉!唉!事情的关联完全不是这样。有一种女人所不明白的秘密阅读法;因为,在下一个瞬间,整个生存就会认同那“使得男人对自己的妻子有责任”的国家[146]所给出的解读。人们在道义上审判她,而人们从不曾以同样的方式道义地审判过任何男人,因为他只得到现实意义上的判决,然后,这结果并不是“她获得一个更温和的判决”,因为那样的话她的全部生活倒也就不是

幻觉了，而是：人们驳回这案子并且让公共机构，也就是说，让生存来支付各种费用。在一个瞬间人们觉得她应当去拥有所有可能的狡诈，在下一个瞬间人们则取笑那被她欺骗的人，这无疑是一种矛盾，并且，甚至在波提乏的妻子[147]的头上都盘旋着一种可能性，这可能性能够给出“她被勾引了”的表象。这样，女人有着一种任何男人都不具备的可能性，一种巨大的可能性；但是她的现实性则是处在与之的关系中，并且，一切之中最可怕的是这幻觉之奴役，在这幻觉的奴役之中她感到幸福。

让柏拉图为他与苏格拉底同时代而感谢诸神吧，我羡慕他；让他为他成为一个希腊人而感谢吧，我羡慕他；但是在他为成为男人而非女人而感谢的时候，我则全心全意地一同参与进这感谢。如果我成为一个女人并且能够明白我现在所能明白的东西，那多么可怕；如果我成为一个女人并且因而甚至无法明白这东西，那就更可怕了！

但是，如果事情就是如此，那么我们所得出的结论就是这个：人们要避免进入任何一个与她的正定关系。不管在什么地方，只要有女人参与，那么人们马上就会获得那个不可避免 Hiatus(拉丁语：裂隙；洞；两个元音相遇之下的怪音)，它使得她获得极乐至福(因为她感觉不到它)，并且要了男人的命(如果他发现它的话)。

一个与一个女人的否定关系能够起到无限化的作用，这句话应当不断地被说出来，并且为了女性的荣誉而被说出来，并且，应当能够被完全无条件地说出来；因为在本质上这不依赖于相应的女人的特别个性，不依赖于她的美好，也不依赖于她的美好之持久性。它所依赖的关键是：在理想性得到自己的审视能力的时候，她在这恰当的瞬间显现出自己来。这是一个短暂的瞬间，然后她很成功地再次消失。因为与女人的正定关系在最大可能的程度上有限化男人。[148]因此，一个女人为一个男人所能做的至高之事就是在适当的时候出现在他眼前，然而这却是她所做不了的，这是命运的好意，但是现在，接下来是她为他所能做的最伟大的事情，这就是：去对他不贞，而且越早越好。第一个理想性想要帮助他去强化理想性，并且他是绝对地得到了帮助的。固然，这第二理想性的代价是最深刻的痛楚，但它也是最大的极乐至福；无疑，在事情发生之前，他绝不可能去想要让这事情发生，但是，正因此，他为这事情的发生而感谢她；从人之常情上说，既然他并没有很充分的理由去表示出如此多的感恩之情，那么就一切都很好。但是，如果她继续对他忠贞，唉，就让我们为他难过吧！

于是我为我成为男人而非女人而感谢诸神；于是我为这件事而感谢诸神：没有任何女人通过一种毕生的献身来使我陷于“不断要在事后有考虑”的义务。

婚姻又是一种什么样的古怪发明啊？更稀奇古怪的是：它应当是直接的一步。然而却没有哪一步能够像它这么具有决定意义；因为相对于一个人的生命，没有哪一步是像婚姻这样任性而刚愎自用的。因而，某种如此具有决定意义的事情是人们应当直接地去做的。然而，婚姻却不是什么简单的东西，而是极其复杂而多义的。正如龟肉有着各种可能的肉味，婚姻也是这样有着一种一切东西的味道，正如龟是一种很慢的动物，婚姻也以同样的方式是如此。坠入爱河确实是某种简单的事情，但一场婚姻不是！它是某种异教的东西，抑或某种基督教的东西，抑或某种神性的抑或某种尘俗的抑或某种市民的抑或所有东西样样都有一点？它是对于那种不可解释的情欲、那种志同道合的灵魂的Wahlverwandschaft（德语：有择之亲和力）[149]的表述？或者它是义务？或者它是伙伴关系？或者一种生活中的方便或者在某些国家的习俗，或者它是所有东西样样都有一点？人们是在城市乐手那里还是在风琴手那里点音乐，或者在两边都点上一些？那做讲演并且将他们的名字铭刻进生活的（或者地区的）登记簿的，是牧师还是警察士官？[150]婚姻是在梳子上[151]被听见，抑或它听着那听上去有点像是“仙女们的声音出自夏夜的洞窟”[152]的窃窃私语？每一个当上了丈夫的人在他进入婚姻时都认为自己演奏了一支如此复合的曲子，一段如此复合的段落，如此无与伦比地复杂，并且，在他过着丈夫的生活时也都认为自己是在演奏着这曲子和段落。但是，我亲爱的酒友兄弟们！我们是不是应当在缺少其他新婚礼物和贺词的情况下为重复的漫不经心而给予婚姻中人每人各一个脚注并且给予这婚姻两个脚注。在自己的生活中表述出一个单个的想法，这会是相当费劲的，但是，去想某种如此复合的东西，并且还要在之中达成统一，表述某种如此复合的东西，以至于让每个单个的部分都获得其应有的位置并且所有部分都一下子到位都在场，是啊，这样做的人真的是令人敬佩的。然而每个当上了丈夫的人却都这样做了，并且，他这样做，这是无疑的，难道他没有说他是直接地就这样做的？如果这是直接地做出来的，那么这就必定是依据于一种更高的渗透了全部反思的直接性。但这样的说法并不存在。这说法也不值得让我们花工夫去问一个结了婚的男人。如果一个人曾经犯过一次愚蠢的错误，那么他就会不断地被这错误的后果骚扰。这愚蠢的错误是"进入了所有这一切",所遭的报复是:他在事后将看见他所做了的事情是什么。他一忽儿吠叫,并且变得心灵激荡,并且相信自己通过结婚而做出了什么非同寻常的事情;一忽儿夹紧尾巴;一忽儿他出于为自己辩护而赞美婚姻;——但是,一个把各种最为异质的人生观的 disjecta membra(拉丁语:四分五裂的残肢)[153]保持在一起的思想统一体,则是我只能徒劳地等待着的东西。

去作一个纯粹的"当上了丈夫的人"则是垃圾,去作一个诱惑者也是垃圾,去想要为娱乐的缘故而拿女人来做实验也是垃圾。在根本上,上面所说的后两种方法包含了男人对女人的各种高度的承认[154],正如婚姻是对女人的高度承认。诱惑者想要通过欺骗来提高自己,但是,这"他欺骗","他想要欺骗","他愿意欺骗",也是他对于女人的依赖的表达,那实验者的情形也是如此。

如果要想象出一个与女人的正定的关系,那么这关系就必须是有着这样的反思性,以至于它因此而不能成为某种与她的关系。作一个出色的丈夫但仍在暗中诱惑每一个女孩,看上去像一个诱惑者而隐藏起自己身上的所有罗曼蒂克热忱,这也可以算得上是一件事情吧;第一次幂中的承认[155]则总是在第二次幂中[156]被消灭。然而男人却只在一种双重性[157]之中具备自己真正的理想性。每一个直接的存在都必须被消灭掉,并且这消灭持恒地必须通过一个虚假的表述来得到保证。这样的双重性是女人所无法明白的,它使人不可能去向她说出男人的本质。如果一个女人能够在一种这样的双重性之中具备自己的本质,那么任何与她的情欲关系都是无法想象的,既然她的本质明显就是这样,那么,这情欲关系就是受到了男人之本质的打扰,而这男人之本质就是不断地在对"那种

‘女人在之中具备其生命’的东西”的消灭之中具备自己的生命的。

这样，我也许是在宣讲修道院，倒是很适合于被称作艾莱米塔[158]吧？不，绝不。去掉修道院吧。它也只不过是对于精神的直接表达，而精神是无法被直接地表达出来的。到底有人使用金子还是银子还是纸币，其实都无所谓，但是，如果一个人一向就连一枚白币[159]都不愿拿出来（当然假钱除外），那么这个人就明白我的意思。如果对于一个人来说，每一个直接的表达都是虚假，那么，他，并且只有他，是得到了更好的保障，尽管他日日夜夜在公共马车[160]里旅行，还是比他去修道院里待着、比他成为隐士有着更安全的保障。

维克多还没有完全说完，时尚店主就已经跳起来，打翻了他面前的一个酒瓶，并且，他当即就这样开始了他的讲演。

讲演得太好了，亲爱的酒友兄弟们，讲演得太好了，我听你们讲得越多，我就越是确定，你们都是些同谋者，我把你们当作这样的同谋者来问候，我把你们当作这样的同谋者来理解，因为一个人在远处也理解同谋者。然而，你们知道什么呢？你们的这点理论是什么呢？你们为这点理论给出经验的外表，你们的这点经验，你们又把这点经验翻新成一种理论，最后你们还不时地在一瞬间里相信、在一瞬间里被蒙骗。不，我认识女人——从她虚弱的一面，这就是说，我认识她。在我研究中的恐怖面前，我从不畏缩，我不避忌任何手段来使自己对自己所理解的东西感到确定；因为我是一个疯狂的人，并且，要理解她，你就必须疯狂，如果你以前不疯狂,那么在你理解了她之后,你就会变得疯狂。正如强盗在熙熙攘攘的公路旁有着自己的藏身点,蚁狮在松散的沙堆旁有着自己的漏斗,[161]私掠船[162]在波涛汹涌的大海里有着自己的隐蔽处,同样,在人群簇拥处,我也有着我的时尚店铺,[163]对于女人有着难以抵挡的诱惑,正如维纳斯山[164]对于男人的意义。这里,你在一家时尚店铺中与她认识了,很实际,并且从根本上说没有任何理论上的扬弃。[165]是啊,如果时尚除了意味着一个女人在欲望的搔撩之下弃自己的一切不顾,那么它就多少总还算是件事情。但事情却并非是如此,时尚不是公开的情欲,不是得到了容忍的放荡,而是"不得体性"偷偷摸摸地做着的生意,只是被授权当作了"正当得体性"。正如在异教的普鲁士,到了适婚年龄的女孩戴着一只铃铛,[166]它的铃声是给男人们的信号,这样,一个女人在时尚方面的存在就是一场永恒的钟琴曲,不是为放荡者们,而是为垂涎的风月客们奏响。人们以为幸运是一个女人,哦!确实,它是变化无常的;然而,它却是在某些东西中变化无常,因为它能够给出许多东西,在这种意义上说,它就不是一个女人。不,时尚是一个女人,因为时尚是无聊之中的无常,它只知道一个结果,它总是变得越来越荒唐疯狂。如果有人想要认识女人的话,那么在我店铺里的一小时会比在外面的好多年好多天更值;在我的时尚店,因为它是在皇城的唯一一家,没有关于竞争的想法;如果一个人像主教一样地完全投身于并且继续投身于这一偶像崇拜之中,那么又有谁敢与这样的一个人争锋呢?不,任何一次高档的社交集会都不会没有我的名字在那里作为第一个和最后一个,[167]并且,在任何一次市民的社交集会上,如果我的名字被提及,都毫无例外地会唤起神圣的敬畏,如同国王

的名字，并且，任何服装都不会有如此疯狂的式样，[168]只要这服装是出自我的店铺，在它穿行沙龙时绝不会不引发出人们的窃窃私语；任何一个出自名门的女士都不会胆敢走过我的店铺而不进门，任何一个市民家庭的女孩在走过我的店铺的时候都难免叹息地想着：如果我能够买得起这些，那有多好。但是她也并没有受骗。我不骗任何人；我以最便宜的价格向顾客们提供最精致的和最昂贵的货物，我甚至是以低于成本的价钱销售，这样，我并不是想要盈利，不，我每年都要投一大笔钱进去。不过，我还是想要盈利的，我想要，我给出我最后一分钱来行贿，来收买时尚的机构，以便我的游戏能够赢。对于我，把最贵的布料拿出来，裁开，剪出各种真正的布鲁塞尔的花边来缝制一套小丑服，这是不可比拟的一种快感，我以最便宜的价钱来甩卖真正的料子和时尚的服装。你们可能认为，她只是在个别的瞬间想要时尚。绝不是这样的，她是一直想要时尚，并且这是她唯一的想法。因为女人是有精神的，但是这精神被用错了地方，就像那个迷失的儿子身上的钱财，[169]并且女人有着令人费解之高度的反思，因为没有什么东西会是神圣得让她不立刻觉得它是适合于装饰的，装饰的最优雅的表达就是时尚；她觉得这是适合的，这又有什么奇怪，时尚不就是那神圣的东西吗？没有什么东西会是如此微不足道而令她不知道怎样去把它用在装饰上，装饰的最没有想法的表达就是时尚；没有一丁点，在她的全部服饰中没有一丁点是不经过考虑的，哪怕是最细微的带子，对每一个细节与时尚的关系她都有着一种见解，她能够在瞬间之中发现对面走过来的女士是否留意到这细节；因为，如果没有其他女士的话，她又为谁打扮呢？甚至在我的店铺里——她来我店里本来就是为了让自己被时尚地装备起来的,甚至在这里她也是时尚的。正如有特别的浴服和骑马服,同样也有着一种特别类型的服装,穿着它进商店是时髦的。这服装不像晨衣那样松散随便,一个女士很喜欢穿着随便的晨衣在上午早早地被意外打动。这里的关键是她在“被意外打动”之中的女人性和风情媚态。相反,这时尚服则是考虑到要有松散随便的特点,稍稍轻便而又不引起尴尬,因为一个时尚店主与她的这种关系不同于一个殷勤绅士与她的关系。这之中的风情在于:去以这样一种方式将自己展示在一个男人面前(这个男人,基于自己的职业,他不敢向这女士要求在女性意义上的承认,并且他不得不满足于那不确定的并且很大一部分要被用于付账打点的收入),而同时她又无须对此有所考虑,或者说,她根本不会想到“要在一个时尚店主面前作为女士”。因此,这之中的关键就是:在这受人尊敬的女士的高贵的优越之中,“女人性”以一种方式被遗漏掉了,“风情”被弄成了无效的,——如果有人想要暗示一种这样的关系,这尊贵的女士就会一笑置之。在一次意外的来访出现时,她将自己隐藏在晨衣里并且在这隐藏处里泄露出自己,在店铺里她带着极端的漠然态度裸露出自己,因为那只不过是一个时尚店主,——而她是一个女人。现在,披肩落下了一点并且给出一小点裸露,如果我不知道这意味了什么和她想要什么,那么我的名声就丢失了;一忽儿她先天地努嘴唇,一忽儿她后天地打手势,[170]一忽儿她摇摆臀部,一忽儿她照镜子,并且在镜子里看见我那崇敬的脸,一忽儿她咬着舌说话,一忽儿她走着碎步子,一忽儿她飞舞起来,一忽儿她轻浮地让脚打滑,一忽儿,在我以谦卑的姿势向她介绍一种法式的长颈细口香水瓶并且带着我的崇拜之情冷

却她的热气的同时，她软软地瘫坐进沙发椅，一忽儿她调皮地用手敲打我，一忽儿她的手绢掉了，而在我深深弯腰捡起它、将它递出并且获得她屈尊俯就的点头示意的同时，她一动不动，甚至让自己的手臂继续保持着松散下垂的姿势。一个时尚的女士在店铺里的时候，她的行为举止就是这样的。我不知道，在一个女人以一种不怎么正经的姿势躺着祈祷的时候，第欧根尼是不是通过他的关于“她是否相信诸神能够从后面看见她”的问题来打动她；[171]但我所知道的是：如果我要对尊贵的跪地夫人说，您的裙子褶皱不符合时尚，那么，她对此害怕的程度就会更高于她害怕冒犯诸神。唉，可怜的被遗弃者，不明白这个道理的灰姑娘。[172] Pro dii immortales（拉丁语：以不朽的诸神之名），在一个女人不符合时尚的时候，她究竟又是什么呢？per deos obsecro（拉丁语：我对神发誓），[173]在她符合时尚的时候，她是什么呢！

这到底是不是真的？好的，试试看吧：让这样一个情人，在被爱者极乐地沉陷进他的胸膛，一边以无法理解的低语说“你永远的”一边在把头埋进他的怀抱的同时，让他对她说：可爱的卡婷卡，你的发式根本不合时尚。也许男人们不去想这个，但是如果一个男人知道这个并且享有这方面[174]的盛名，那么，他就是王国里最危险的男人。这情人在结婚前与被爱者一同度过怎样的一些极乐时分，我不知道，但她在我的店铺里所度过的那些极乐时分则在他的鼻子下面被错失掉了。如果没有我的国王许可证[175]和我的同意，一场婚礼只会是一次无效的行动，或者也就是一个极其庸众化的平民事件。就让这个瞬间早早地在他们将要走到圣坛前的时候出现吧，让她作为全世界最问心无愧的人出场吧，一切都是在我的店里买的并且在我面前以各种方式进行过试穿，如果我想要冲过去并且说：但是我的上帝，我尊贵的小姐，这桃金娘花环[176]完全放置错了，——那么，也许这婚礼仪式就会被推迟。但是所有这些都是男人们所不知道的，一个人必须作为时尚店主才能够知道这个。要去控制管理一个女人的反思，这要求一种巨大的反思，如此巨大，以至于只有一个献身于此的男人才能够做得到，并且只有在他原本就有天赋的情况下，他才能够做到这个。因此，一个不让自己卷入与任何女人的关系的男人是幸福的，哪怕她不属于任何别的男人，她也还是不属于他，因为她属于那个幻影，那个由“女性的反思与女性的反思的非自然交合”构建出来的幻影：时尚。看，正因此一个女人总是要对着时尚起誓，这样，在她的誓言之中就有了精髓；因为不管怎么说，时尚是她总是想着的唯一的一样东西，是她在所有事物之中都能够联带着想到的唯一的东西。对于所有高贵的女士，我有着这喜悦的福音，它从我的店铺里被发送到那尊贵的世界：时尚命令人们在去教堂的时候使用一种特别类型的帽子，并且，这帽子在晨祷和晚祷时又都必须有所不同。这样，在钟声敲响的时候，四轮马车就停在我的门前。尊贵的女士从车厢里出来(因为这个细节也已被正式宣布了：如果没有我时尚店主，任何人都无法把帽子真正戴好)；我奔向她躬身致意，把她带进我的陈列室；在她柔顺地变得懒洋洋的时候，我把一切都安排就绪。她都准备好了，她照过了镜子；就像诸神的使者那样迅速，我急急地在前面走，打开了陈列室的门并且弯腰，赶紧跑到店铺门前，把我的手臂放在胸前就像一个东方的奴隶，受到一个谦和的屈膝礼的鼓励，我甚至斗胆向她抛出一个崇拜和钦敬的飞吻，——她坐在车厢里，看！她

忘记了赞美诗册，我赶出去并且把它从窗口递进去给她，允许我自己再次提醒她，保持头稍稍向右，并且，如果她在走出车厢时会把帽子弄歪的话，她自己可以稍稍对之进行调整。她驶离并且去接受教堂的陶冶了。

你们可能认为，只有上层的女士为时尚欢呼，不，绝不是这样。看，我的少女裁缝，在她的服饰打扮上，我绝不节省，这样，时尚的各种教条可以从我的店铺里带着强调被宣示出来。它们构成一个半疯狂的合唱，我自己作为主教给出了一个光辉灿烂的榜样，并且挥霍掉一切，只为了借助于时尚来使得每一个女人变得可笑。因为，如果一个诱惑者自夸说，对于真正的收买者，每一个女人的贞洁都是可以被买下来的，那我是不相信他的，但是我相信，每一个女人在短时间里都会被时尚的疯狂而带有传染性的自我反思迷住，这自我反思以另一种方式来败坏她，完全不同于她被诱惑的情形。我尝试了不止一次。如果我无法自己去做，那么我就激起两个与她同属一个阶层的时尚之奴女[177]对她的怒气；因为正如人们训练老鼠去咬老鼠，[178]狂热后的女人这一咬，完全就像狼蛛[179]一样。最重要的是，在有一个男人登场支持着她的时候，这是危险的。我到底是为魔鬼服务还是为上帝服务，这我不知道，但我是对的，我想要让自己是对的，只要我还拥有一分钱，我就想要这样做，只要血还没有从我的手指上激射出来，我就想要这样做。为了展示出妇女使用束腰紧身褡所造成的可怕后果，[180]心理学家描绘出一个受影响的女人体形，同时他在一旁也画出一个正常女人体的形象。这是对的，但只有一个形象具有现实之有效性：她们全都穿着束腰紧身褡。这样，描述一下那时尚上瘾者的悲惨而僵化的狂

热症吧,描述一下这一消耗着她的潜伏的反思吧,描述一下女性的端庄[181]吧(在一切事物中它所知最少的就是关于它自身),好好地描述一下,并且你也论断了女人并且在事实上对她进行了很可怕的论断。如果我在什么时候发现一个这样的女孩,她知足而谦卑,没有被她与各种女人的不正经交往败坏,她也一样会倒下。我把她带进我的各种圈套,现在她正站在牺牲台上,就是说,在我的店铺里。我以那种最高贵的漠然姿态所能用来武装自己的最讥嘲蔑视的目光来打量她,她死于惊骇,出自隔壁房间(我那些训练有素的帮手就在那里)的一声大笑把她消灭了。然后,在我以时尚的方式把她装点打扮好了的时候,在她看起来比一个住在精神病院里的人[182]更疯狂(疯狂得就好像是一个已经根本无法被精神病院接受的人了)的时候,这时,她带着极乐的至福离开了我,没有任何人能够,甚至上帝都无法,使她受到惊吓,因为,正如我们所知:她符合了时尚。

现在你们明白我了吧,你们明白了为什么我将你们称作同谋者,尽管大家所在的地方相距遥远?现在你们明白了我对女人的解读了吧。生活中的一切都是一个时尚事务,对神的敬畏是一种时尚事务,并且,爱情和鱼骨裙[183]和鼻环[184]也是。这样,我将竭尽全力来协助那高贵的想要去嘲笑所有动物中之最可笑者的天才。[185]如果女人把一切都归简为时尚事务,那么我就想借助于时尚来把她当娼妓卖掉,这是她应得的;我无休无止,我,时尚店主,在我想着我的任务时,我的灵魂就狂怒起来,她还要在鼻子上戴一个鼻环。因此,不要去找什么爱人,把情欲之爱作为最危险的居住区那样放弃掉吧,因为你们所爱的人也将会在鼻子上戴一个鼻环。

随即,约翰纳斯诱惑者这样说:

尊敬的酒友兄弟们,撒旦在骚扰你们吗?你们讲演得简直就像殡仪馆里的人,你们的眼睛因为泪水而不是因为葡萄酒而发红。你们几乎也令我感动得流泪,因为一个不幸的爱人在生命中承担着一种非常悲惨的命运。Hinc illæ lacrymæ(拉丁语:由此这些泪水)。[186]现在我是一个幸福的爱人,并且只想要继续不断地是如此。也许这是维克多所如此害怕的一种对女人的承认[187]吧?为什么不?它是一种让步。我拧开这香槟酒瓶上的铁丝套,这也是一种让步,我让它的泛泡的液体斟入酒杯,这也是一种让步,我把酒杯移向嘴唇,这也是一种让步,——现在我喝干了它——concedo(拉丁语:我承认)。现在则相反,酒杯空了,这样我没有做出任何让步。[188]女孩子的情形也是如此。如果一个不幸的爱人以太贵的价钱买下一个吻,这只向我证明了他既不懂出手,也不懂放弃。[189]我从来不会以太贵的价钱买下它;我把这事留给女孩子们去处理。这意味了什么?对于我,这意味了那最美丽的,那最美味的,那最有说服力的和那几乎最令人信服的 argumentum ad hominem(拉丁语:以人身为据的论证法),[190]但是,既然每个女人在她一生中至少有一次会拥有这种进行论辩的本源性,我为什么不让我自己被说服呢?我们的年轻朋友想要对此进行思考。他完全可以为自己买下一个"甜食店之吻"[191]并且去注视着它。我想要享受。没有什么废话。因此有着一支关于吻的老歌谣:Es ist kaum zu sehn,es ist nur für Lippen,die genau sich verstehen(德语:这几乎不是让你看的,这只是为嘴唇们准备的,它们相互准确地明白对方),[192]它

如此准确,以至于反思只能算是一种鲁莽和愚蠢。如果一个人在二十岁的时候不明白有这样一个绝对命令[193]叫作"去享受",那么这个人就是一个傻瓜,而如果一个人不知道去抓住机会,他就会变成一个克里斯蒂安斯菲勒人。[194]但是,你们是不幸的爱人,因此你们想要改造女人。让诸神禁止这做法吧。她是作为她自己所是而让我欢喜的,她完全就像她自己所是的那样。甚至康斯坦丁的玩笑也包含了一个秘密的愿望。相反我是殷勤有礼的。为什么不?殷勤礼不花费一分钱而带来一切,并且是所有爱欲享受的条件。殷勤礼是情欲和快感在男人女人之间的神秘仪式。[195]这是一种自然语言,正如总体上的情欲之爱之语言。它不是由声音,而是由不断地变换着所扮角色的隐藏着的欲求构成的。一个不幸的爱人很缺乏殷勤礼,以至于想要把自己的艰难转换成可在永恒之中使用的兑换券,[196]这我当然可以理解。然而,我还是不理解,因为,对于我,女人有着很多可兑换货币。我向每个女人保证这一点,并且这是一个真相,并且很肯定,我是唯一的一个不因这一真相而被欺骗的人。一个被毁了女人是不是比男人更不值,这不在我的价目表上。我不摘残花,[197]我将之留给那些作丈夫的人们去用于装点狂欢节[198]的桦树枝。比如说,爱德瓦尔德是否会重新考虑并且重新爱上考尔德丽娅[199]或者内在地重复他的恋爱,这我让他自己去决定,为什么我要去多管与我不相干的事情呢?关于她,我所想的,我在当时已经向她解释清楚,事实上她也使我确信了,绝对完全地使我确信我的殷勤礼是恰如其分地到位的。Concedo. Concessi(拉丁语:我承认。我已承认)。如果有一个新的考尔德丽娅来到我眼前,那么我就上演《戒指》第二。[200]但是,你们是不幸的爱人并

且是同谋者，并且，比起那些女孩，你们受了更大的欺骗，尽管你们天分都很高。但是决断，欲求之决断是生存中的要点。我们的年轻朋友总是置身事外。维克多是一个狂想者；康斯坦丁为自己的理智付出了太高的价钱；时尚店主是个疯子。这又有什么用！你们四个人全加起来对一个女孩子，结果就会是一场空。一个人有足够的狂想去理想化，有足够的品位加入享受的欢快的碰杯中，有足够的理智去突然中止——完全就像死亡突然中止这一切，有足够的狂怒去想要再次享受这一切，这样，他才是神和女孩子们的宠儿。[201]然而，这泛泛之谈又有什么用。我并不想要找人来皈依。这里也不是找人皈依的地方。当然，我喜欢葡萄酒，当然，我喜欢酒宴美食的丰盛，这很好，但是如果有一个女孩子陪着我的话，那么，我就会讲演。于是我要说，谢谢康斯坦丁，谢谢这餐宴和美酒以及这出色的安排；不过，这些讲演则只能说是不怎么的。但是为了避免就这么收场，那么，我想，就讲演一下吧，作为对女人的赞美。正如那要谈论神圣的人必须获得神圣赋予的灵感才能够谈得有价值，这样，他就从神圣那里得知了他该说些什么；对女人的谈论也是如此。因为，神不是一个男人头脑中的一时怪想，不是一个人自己想出来并争论 pro et contra（拉丁语：赞成和反对）的白日梦，女人则就更不是。不，只有从她自己这里，人们才能够弄明白怎样去谈论她。到女人那里去学，越多个女人越好。第一次你是在学，第二次你就已经获益，正如人们在学术性的论文答辩会上利用上一个辩论对手的礼貌来对付下一个辩论对手。但不管怎么说，你不会失去任何东西。因为正如一个吻不是一种嘴里的味道，正如拥抱不是一种努力，同样这种学习也不会就像数学定律的证明一样地一次性证毕(尽管你填上其他字母,这定理的证明仍是走同一个过程)。那种一次性证明可以用在数学和幽灵们那里,但是不能用在情欲之爱和女人这里,在这里每一个新的对象都是一个新的证明,它以另一种方式证明同一个定理的正确性。我的喜悦是在于,女人这一性别绝非比男人更不完美,相反,它是最完美的。然而,我还是想把我的讲演置于一个神话外衣中,并且,因为那被你们如此不公正地冒犯了的女人的缘故,我很高兴看见这讲演审判你们的灵魂,让各种享受显现出来,但却避开你们,正如那些果子避开坦塔洛斯,[202]因为你们避开了它们并且因为你们冒犯了女人。就是说,只有以这样的方式,人们才是在对她进行冒犯,尽管她因此而在极大程度上被抬高了,并且每一个敢这样做的人都受到了惩罚。我没有冒犯任何人。把我说成是冒犯者,这只是那些已婚男人们的杜撰和诽谤,因为恰恰相反,我比那作丈夫的人在远远更高的程度上承认重视她。

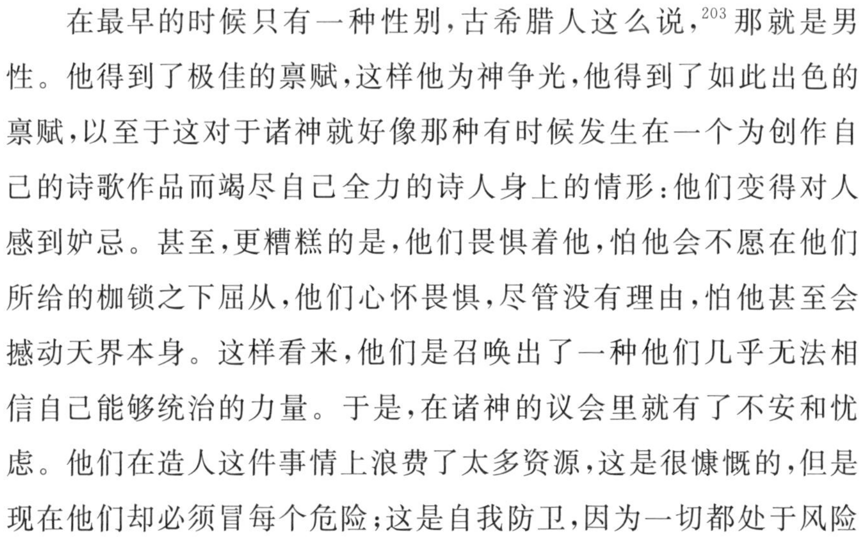

在最早的时候只有一种性别,古希腊人这么说,[203]那就是男性。他得到了极佳的禀赋,这样他为神争光,他得到了如此出色的禀赋,以至于这对于诸神就好像那种有时候发生在一个为创作自己的诗歌作品而竭尽自己全力的诗人身上的情形:他们变得对人感到妒忌。甚至,更糟糕的是,他们畏惧着他,怕他会不愿在他们所给的枷锁之下屈从,他们心怀畏惧,尽管没有理由,怕他甚至会撼动天界本身。这样看来,他们是召唤出了一种他们几乎无法相信自己能够统治的力量。于是,在诸神的议会里就有了不安和忧虑。他们在造人这件事情上浪费了太多资源,这是很慷慨的,但是现在他们却必须冒每个危险;这是自我防卫,因为一切都处于风险之中——诸神这样认为。诗人的想法可以被收回，人却是无法被收回的。权力无法强迫人，因为否则的话，诸神自己就已经强迫了他，而这种做法恰恰是他们所不认同的。[204]如果他要被抓住和被强迫，那么这捕捉和强迫者必须是一种比他自己的权力更弱但却又更强而强得足以去强迫的权力。这得是怎样奇妙的权力啊？然而，迫切的需求教会了诸神甚至在创造能力方面超过自己。[205]他们寻找并且思考并且发现了。这一权力是女人，受造物之奇迹，甚至在诸神眼里都是比男人更大的奇迹，一个让处于自身的天真之中的诸神禁不住要赞美自己的发现。[206]又有什么能够比这个说法在更大的程度上称颂她的荣耀的：她将能够做诸神认为自己都不能做的事情；又有什么能够比这说法意味更多：她有这个能力做得到；有能力做到这个，她必定会是多么奇妙啊！这是诸神的诡计。巫女被造就出来了，充满诡诈，在她对男人施出了魔法的同一刻，她就变化自己并且在有限性的所有冗繁之中俘虏了他。这正是诸神所想要的。但是，还有什么东西比这诸神为了维护自己的统治而想出来的，作为能够引诱男人的唯一者的东西更有味道，更给予人快感，更有魔力呢？真的是这样，女人是天上地上的唯一的和最具诱惑性的。在男人和女人被以这样一种方式来比较的时候，男人确是非常不完美的。

诸神的诡计成功了。但这不是一直成功的。在任何时代总会有一些男人，个别的，留意到这骗局。固然这些人看见了她的美好，比任何别人更清楚地看见，但是他们隐隐感觉到这之中的关联。我将这些人称作“爱欲之人”，并且把自己算作是他们之中的一分子；男人称他们为“诱惑者”；女人没有为他们起任何名字，一个这样的人对于她来说是不可命名的。这些爱欲之人是幸福的人们。他们活得比诸神更奢侈豪华,因为他们一向就只吃比 Ambrosia(希腊语:不朽性,仙馐)更贵重的食物,只喝比 Nektar(希腊语:可能是"死亡之毁灭者")[207]更美味的饮料:他们只吃诸神的最聪明的想法中最具诱惑力的突发怪念,他们一向就只吃诱饵,哦!无与伦比的快感,哦!怎样一种极乐的生活方式,他们一向就只吃诱饵,——他们从来就不被捕获。其他男人上前去吃诱饵,就像农民吃凉拌黄瓜,[208]并且被捕获。只有"爱欲之人",知道怎样估量诱饵,无限地估量它。女人对这一点有着隐约的感觉,因此在他与她之间有着一种秘密的理解。但是他也知道,这是诱饵,他把这一秘密保留给自己。

人们不可能想象得出任何东西能比一个女人更奇妙、更有味道、更具有诱惑力,对此,诸神做出了担保;而诸神所面临的困境,那使这发明创造能力得以强化的困境,则又担保了诸神会去做他们所做的事情:保证他们是为此冒了一切风险,并且在构建出她的存在(Væsen)[209]的过程之中启动了天上地上的各种力量。[210]

我离开这神话。男人的概念对应于他的理念。因此人们能够设想一个唯一的男人对应于理念,而无需更多。相反,女人的理念则是一种无法由任何一个女人来一次性地完全体现的概括性。她不是与男人 ebenbürtig(德语:相平的),而更准确地说,她是男人的一个部分,但却比他更完美。不管是诸神在他睡觉的时候从他身上取出一个部分,[211]唯恐取多了会惊醒他,还是诸神将他分成两半而女人是其中一半[212]:那被分的到底还是男人。这样,在被分出的部分之中，她首先是与男人平等的。她是一种欺骗，但是，要到第二个瞬间并且要在那被欺骗者面前，她才是这欺骗。她是有限性；但是在她的最初状态中，她是在所有“神圣的和凡人的幻觉”的具有欺骗性的无限性之中得到了强化的这种有限性。欺骗性尚未在场。但是，稍稍再过一瞬间就有了欺骗，并且你就被骗了。她是有限性，这样，她是一个集合名词；这一个女人是那诸多女人。只有“爱欲之人”明白这一点，并且他因此就知道怎样去爱许多个，从不受欺骗，但却吮吸着诡计多端的诸神有能力准备出的所有快感。因此人们不可能以任何公式来一下子概括所有女人，她是一种由无限多有限性构成的无限性。如果一个人要想她的理念，那么这对于他来说就好像是一个人凝视进一片由诸多不断地形成着的雾的画面构成的大海，或者好像一个人忘情于注目浪涛，之中有泡沫女孩不断地促狭，[213]因为她的理念只是一个可能性的作坊，而在爱欲之人那里，这一可能性则又是爱情狂想的永恒源泉。

于是，诸神造出她来，纤柔飘忽如同出自夏夜的雾，然而却丰满如同成熟的果实；轻快如飞鸟，尽管她身负世上的全部欲望，而轻快是因为各种力的参与全都统一在了一个否定关系的无形中心，[214]她在这中心里使自己与自己发生关系；袅娜地开放出来，被刻画出确定的轮廓，但在人们的眼前却以美所具的波浪曲线成长着；完美，然而却仍不断地让人觉得她仿佛是此刻刚被完成的；凉爽，美味，为人带来清新感，就像新落下的雪花，但却又在宁静的透明之中泛出红晕；幸福得如同一句让人忘记一切的俏皮话，又像渴望所指向的目标一样地令人感到安慰，并且通过让自己作为渴望[215]的刺激物而为人带来满足。诸神预计了到时候那处境会是这样的:在男人看见她的时候,他会惊叹,就像一个人看见了自身,然而他又似乎对这眼前所见的景象很熟那样;他会惊叹,就像一个人在完美的反射之中看见自身那样;他会惊叹,就像一个人看见了自己从不曾预感到过的东西,却又仿佛看见了那必然会发生在他身上的事情,看见了那在生存中是必然的东西,但仍将之看作是生存之谜那样。一方面,他的惊叹把他推得越来越近,以至于他情不自禁地看见,情不自禁地觉得自己对之有着一种熟悉的感觉,然而,尽管他情不自禁地想要,[216]却仍不敢真正地靠近,另一方面,恰恰是上面这种惊叹之中的矛盾,爱抚出这种"想要"的欲望。

诸神在如此地考虑了她的形象之后,他们自己怕了,唯恐自己会表达不出这形象。但是他们更怕的是她本身。就是说,出于对一个"有可能会败坏这诡计的知密者"[217]的害怕,他们不敢让她知道她有多美。于是,这一创造工作就被完成了。诸神造出了她,但这时他们在无辜性[218]的无知之中对她隐藏起一切,并且在羞怯性[219]的无法穿透的秘密之中再一次对她隐藏起这一切。她被完成了,并且胜利是确定的。她是诱人的,现在,因为她矜持,她是诱人的,因为她回避,她是摄人心魄的,因为她自己一直就是对抗者,她是无法抗拒的。诸神欢欣雀跃。在这世上还没有人想出过什么比女人更厉害的诱惑物,没有什么诱惑物能像无辜性的诱惑这么绝对,没有什么诱惑能像端庄羞怯[220]之诱惑这么摄人魂魄,没有什么欺骗能像女人这么绝无仅有。她什么都不知道,然而这羞怯包含有一种天性的预感;她被从男人那里分出来,并且羞怯性之隔墙比阿拉丁用来分隔开他和古尔纳尔的剑[221]更具决定性;但是一个像皮拉姆斯那样地把自己的头靠向羞怯性的隔墙[222]的爱欲之人通过

隐约模糊的征兆还是感觉得到那里面的所有渴望之情欲。[223]

女人就是以这样的方式来引诱的。人类安排出最美好的东西来作为诸神的食物，他们不知道还能够给出什么更好的供奉；以这样的方式，女人是一颗用来作装饰的果子，诸神不知道有什么东西能够拿来与她作比较。她在，她在场，在场于此时此地，紧靠着，然而她却又无限地遥远，隐藏在羞怯性之中，直到她自己泄露出自己的隐藏处，怎样泄露？这则是她所不知道的；那狡猾的告密者不是她，而是生存本身。她是调皮的，就像游戏中从隐藏处向外偷看的孩子，然而，她的调皮是无法解释的，因为她自己对此也一无所知，并且她一直是神秘的，她在藏起自己的眼睛的时候是神秘的，她在发送出目光的信使的时候她是神秘的，这信使是任何思绪都追赶不上的，更不用说任何言词了。然而，如果目光是灵魂的“解译者”，[224]那么，当解译者自己说的都是令人无法明白的话时，又哪里会有什么解译呢？她是很安宁的，就像没有任何树叶抖动的夜晚的宁静，安宁得如同一种尚未对任何东西有所知的意识，她的心脏的跳动是如此有规律，就仿佛它不存在，然而，那有着听诊器般准确的听力的爱欲之人还是发现情欲的狂热节拍，像是一个无意识的伴奏者。无忧无虑如同风的喘息，心满意足如同深海，但却充满思念渴慕，正如“那不可解说的”也是如此。我的朋友们！我的内心获得了抚慰，获得了不可描述的抚慰；我明白了，我的生活也表达了一种理念，尽管你们不理解我。我也窥视到了生存的秘密，我也为某种神圣的东西服务了，[225]很肯定，我并不是在为乌有服务。正如女人是一个来自诸神的欺骗那样，真实的表达是：她想要被诱惑；正如女人不是一个理念那样，真相就是：爱欲之人想要去爱尽

可能多的女人。

享受欺骗而不被欺骗，这是怎样的情欲快感啊，这只有爱欲之人明白。被诱惑，这是怎样的极乐啊，这只有女人真正知道。我从女人那里得知了这个，尽管我尚未给出时间来向我自己解说它，但坚持了我的立场并且通过一场像死亡之断裂一样突然的断裂来为理念服务；因为一个新娘（Brud）和一场断裂（Brud）[226]就像男性和女性那样相互对应。只有女人知道这个，并且与她的诱惑者一同知道这个。这一类东西是婚后男人所无法明白的。她也从来不会对他讲这些。她安分于自己的命运，她隐约感觉到，事情必定是这样：她只能够被诱惑一次。因此，她从来没有真正地对自己的诱惑者感到愤怒。也就是说，如果他真正地诱惑了她，并且表达了那观念。一个被打破的婚姻诺言和其他类似于此的东西自然都是胡言乱语而不是什么诱惑。因此对于一个女人来说，“被诱惑”不是什么大的不幸，并且如果她被诱惑了的话，这是她的幸福。一个被出色地诱惑了的女孩能够成为一个出色的妻子。如果我自己没有这个能力去作诱惑者的话，那么，在如此看待自己的时候，尽管我会深深地感觉到我的卑微，但如果我想要成为一个丈夫的话，我总是会选择一个已被诱惑过的女人，这样我就不会自己去开始诱惑我的妻子。婚姻也表达一种理念，但是相对于这个理念，“什么东西相对于我的理念是‘那绝对的’”这个问题就是完全无所谓的了。因此，一场婚姻绝不应当带着一个开始被建立出来，就仿佛这是一个诱惑故事的开始。至少这一点可以确定，对于每一个女人，都会有一个诱惑者与之相应。她的幸福恰恰是去遇上他。

反过来看，通过婚姻，诸神就胜利了。这时，那曾经沧海被诱

惑的人就与她丈夫肩并肩一同跋涉贯穿人生，时而也会充满思念地回首顾盼，安分于自己的命运，直到她到达生命的边界。她死去，但是她的死不同于男人的死，她被蒸发并且消解成那种诸神用来造她的不可解说的东西，她像一场梦一样地消失，就像一个临时的形象，她的时间已经流逝。因为，除了是一场梦，女人又能够是什么呢？但她却又是最高的现实。爱欲之人就是以这样的方式来理解她的，并且在诱惑的瞬间带领她且被她带领走到时间之外，那里作为幻觉，有着她的归宿。在丈夫那里，她则变成是时间中的，[227]而他也因她而变为是时间中的。

奇妙的大自然，如果我不为你惊叹，一个女人会教我惊叹，因为她是生存之 Venerabile（拉丁语：当受敬畏者）。[228]辉煌呵，你造出了她，而更辉煌的是，你从不曾造出一个和另一个一样的女人。在男人这里，本质的就是本质的，于是总是同一的；在女人那里，偶然的是本质的，且以这种方式永不枯竭地是有差异的[229]。她的辉煌是短暂的，但很快痛楚也被忘却，在同样的辉煌再次被提供给我的时候，我就仿佛根本不曾感觉到过这痛楚。没错，我也看见在以后会显现出来的那不美的东西，但是，在她的诱惑者那里，她不是这样的。

盛宴到了散席的时候了。只需一个来自康斯坦丁的暗示；带着一种军人式的节奏把握，在需要进行向左右转和向后转的时候，参与者们相互配合默契。康斯坦丁仿佛拥有着一根无形的指挥棒，在他手里柔韧随意就像一根愿望的占卜杖（Ønskeqvist）；为了在一种倏然闪过的追忆之中回想这夜宴和享受的心境（这心境部分地被讲演者们的思绪运动压倒），也是为了（如同在共鸣中发生的）让已消失的欢庆之声能够在回声的短暂的"此刻"中回返到客人们中间，他用这无形指挥棒再一次触及了来客们。他举起斟满的杯子向大家说再见，他喝干它，他把杯子扔向后墙的门。[230]其他人也按他的榜样做并且以一种仪式的庄严来完成这一象征性的行为。于是，作为一种应得的结果，这中断的快感出现了，这皇帝的快感，[231]它比任何别的快感都更短暂但却有着别的快感所不具备的解放作用。享受应当以一场奠酒开始，但是这奠酒，人们在祭酒的时候把杯子扔向毁灭和遗忘并且就仿佛是处于致命的危险中一样心灵激荡地将自己从所有回忆之中摆脱出来，这祭酒是祭给地下的诸神[232]的。人们中断，并且这样做需要力量，比砍断一个绳结[233]需要更多的力量，因为绳结的麻烦给予人激情，但是"要中断什么事情"所需要的激情必须是一个人自己给予自己的。结果在某种外在的意义上是同样的，但是从艺术角度看它们是截然相反的：究竟是某事物停止，达到一个终点，抑或它是通过自由之行动而被中止；究竟这是一个事件，抑或这是一个激情性的决定；究竟这是像校长的歌谣那样，在不再有更多东西可唱的时候就消失了，[234]抑或这是借助于快感的剖腹产而被引发出来的；究竟这是一种每个人都经历过的琐屑小事，抑或是那种避开大多数人的秘密。[235]

在康斯坦丁扔掷手中的杯子时，那对于他是一个具有象征意义的行为，然而这一扔掷以一种方式成了决定性的一击；因为，由于这最后的一击，门被打开了，并且，正如那肆无忌惮地敲打了死亡的大门的人，在这大门被打开的时候，看见毁灭的威力，我们也这样地看见那破坏之团队准备就绪了要去摧毁一切，——一种"记

住，死亡必将来临！”的象征，它在同一秒之中把参与者们转变为逃离那个地方的逃亡者，在同一秒之中简直就已经把整个环境转化为一片废墟。

在门前停着一辆待发的马车。在康斯坦丁的邀请之下，他们坐进车厢并且在一种欢欣雀跃的心境之中驶走，因为，背景之中的那幕摧毁场景给予了灵魂一种新的伸缩力。马车在一公里开外的地方停下；在这里，康斯坦丁作为主人向大家告别，对他们说明有五辆马车可供服务，每个人都随心所欲，驶到随便什么他想去的地方；单独行动或者如果他想要和什么人作伴，不管是谁，随他愿意。于是，一支火箭借助于火药的力量一响之下升起，达成一瞬间的宁静，在片刻里保持着完好的整体，然后爆成碎片四散开去。

在准备那些马车的同时，这些黑夜的客人们沿路散步一小段。清新的晨气以其凉爽净化着他们发热的血液，他们完全地投入在这凉爽感的滋补中，而与此同时他们的形象和他们所构成的这个群体为我[236]留下了一个奇妙的印象。因为晨曦洒遍田野草地也照耀每一个受造物，它们在夜里得到了休息，也得到了欢欣着与太阳一同起身的力量，在那之中只有一种有益的相互理解，但是，一群在微笑着的自然环境之中被晨光映出的夜宴参与者几乎会让人觉得是 unheimlich（德语：毛骨悚然的）。这让人想到各种被旭日意外惊醒的鬼魂；想到各种无法找到裂缝的地下生灵[237]（它们要通过这裂缝而消失），因为只有在黑暗之中这裂缝才是有形的；想到各种不幸者，对于他们，日夜间的差异消失在了苦难的单调性之中。

一条小径引他们走过一小片田野到了一个有栅栏围起的花园，在这花园的背后藏有的一幢简朴的乡间宅第，在背景之中显现出来。在花园向着田野出去的尽头有着一座用木头建造出来的凉亭。留意到凉亭里有人,他们全都变得好奇,并且,就像一支攻城部队,用观察者侦查的目光把这友善的藏匿处围了起来,而他们自身则都躲着并且紧张得像要去进行突袭的警察特遣人员。作为警察的特遣人员,这是当然的,他们的外表使得一种混淆成为可能:警察特遣人员完全可以是出来找他们的。每一个人都各就各位以便窥视进去,这时,维克多向后退一步并对自己身旁的人说:哦!我的上帝,这不是法官威尔海姆和他的妻子吗?

他们就像受到突袭一样地感到意外。——这感到意外的不是那两个树叶所藏起的人,那两个幸福的人,他们实在是过分投入于家庭里的欣悦而无法去作为观察者,过于安全而无法想到自己除了是早上太阳注意的对象之外,还会是别的什么人注意的对象;在一阵低声的轻风吹动那些树枝的同时,在乡村简朴的安宁,与所有围绕着他们的一切一样,保护着这小小的凉亭的同时,早上的太阳带着欢愉向着他们瞅进来。这对幸福的夫妻并没有感到惊讶,他们什么都没有注意到。他们是夫妻,这是很明白的事情,唉!如果你和一个观察者有着血缘关系的话,你马上就会看出来。尽管在他们相互坐在一起的时候,没有任何东西,在这广阔的世界里没有任何东西,没有任何公开的东西也没有任何隐藏的东西,会有公开或者隐秘地“想要打扰这对爱人的幸福”的意图,他们却并非是因此就有着安全感的;他们是有福的,然而他们却如此紧紧地相互拥抱着对方不放开,仿佛是有着一种想要将他们分开的力量,仿佛存在有一个他们必须防范的敌人,仿佛他们永远都无法感到足够地安全。结了婚的人们并非就此而感到安全,那对在凉亭里的夫妻

并非就此而感到安全。相反，他们结婚多久了，这则是我们无法带着确定做出假设的。夫人在茶桌前的忙碌蕴含了熟练的踏实感，但在劳作之中却又带着许多几乎是孩子气的真挚，就仿佛她是一个新婚妇，处于这样一种中间状态：她尚未带着确定性知道，这婚姻到底是玩笑还是严肃，“作一个家庭主妇”是一种作为还是一种游戏、一种打发时间。也许她结婚已久，但却并非总是在茶桌前行使家庭职能，也许只是在这里，在这乡下她才做这些事情，或者，也许只是在这个可能对他们有着一种特别意味的早晨，她才做这些事情。对此，又有谁能确定呢？在某种程度上，所有的推测都搁浅于每一个在其灵魂中有着独特性的个体人格，因为这独特性阻止时间留下其标记。在阳光于其所有夏辉之中灿烂的时候，人们马上就想，肯定是有着某种欢庆，在日常生活中事情不可能如此，或者，这是第一次，或者至少是最初几次中的一次，阳光如此灿烂，因为在很长的一段时间里这样的事情是不可能被重复的。如果一个人只看见过一次或者第一次看见这情形，他就会这样想，而我这就是第一次见到法官夫人；如果一个人每天都看见这情形，那么在他又看见这同样的事情时，肯定就不会这样想。然而这则仍然是法官的事情。因而，我们可爱的主母在忙着；她把煮滚着的水倒进一对杯子，也许是为了好好热一下杯子，她把水倒掉，把杯子放进一个托盘，斟茶，放上各种喝茶所需的东西，现在她都弄好了，现在，这是玩笑还是严肃？如果某人本非茶友，那么他就应当去一下法官的这个府邸。在我看来，这一饮品在这一瞬间是最诱人的，而如果要说有什么东西看上去是更诱人的话，那么对于我来说就只有这友善的夫人脸上的诱人表情了。也许她到目前为止不曾有时间说话,现在她打破了沉默。在她端上茶的时候,她说:"赶紧,亲爱的,现在趁茶热着喝,晨气还是有点凉的;这可是我至少能够为你做的事情:稍稍地关心你。""至少?"法官简洁地回答。"是啊,或者是至多,或者是唯一。"法官询问地看着她,而在他为自己准备这享受[238]的同时,她继续道:"你昨天在我要开始说这事的时候打断了我,但是,我又想了一下这事情,我对这事想了很多次,而尤其是此刻,你肯定知道这是由于谁的缘故:确实真是这样,如果你没有结婚的话,那么你肯定会成为世上的某个完全非凡的伟大人物。"杯子仍还在盘子里,法官带着明显的欣愉大口地吮吸了第一口,有着真正焕然一新的感觉,或者也许这是对于可爱的妻子的喜悦。这我相信;相反她则看上去只是在为他喜欢这茶而感到高兴。现在他把杯子放在桌上靠自己这边,拿出一支雪茄说:"我可以用你的炭火锅点一下吗?""当然,"她回答,并且用茶匙捞出一块火炭递向他。他点着了雪茄,在她让自己靠向他的肩的同时,他用手臂搂着她的腰,他把头转向另一边吐出烟气,这时,他的目光带着一种忘我的深情停留在她脸上,仿佛这目光能够解说出这深情,然而他却微笑起来,但在这一喜悦之微笑中混杂有一小点忧郁的反讽,最后,他说:"你真的相信,我的女孩?""你说的是什么?"她回答。他又沉默,在这心境完全严肃的同时,微笑占了上风:"既然你自己已经这么快地忘记了这傻话,那么我就原谅你刚才的糊涂吧,因为你所说的话就像是傻女人们说出的那样[239],——我在这个世界又会成为什么伟大人物呢?"法官夫人在一瞬间里看上去是被这说法弄得有点不好意思,然而她很快地反应过来,并且马上以女人的雄辩力来继续进行展开谈论。法官直视自己前方,他不打断她,但是,

在她继续说下去的同时，他开始用右手的手指在桌上敲打，哼吟起一支曲子。在一个瞬间里，歌谣里的词变得能让人听清楚，就像纺织物上的图案变得能让人辨认出来，并且重新消失，同样，这些词句又在对这歌谣的调子的哼吟声中消失："丈夫走进森林，把枝条们切削成白色。"[240]在这一戏剧性的陈辞（也就是夫人的以法官的哼吟声为其伴唱的解释）之后，台词又入场了："也许你"，他说，"也许你不知道，丹麦的法律是允许一个丈夫打他的妻子的，[241]只可惜法律没有说明在怎样的情况下是允许的。"夫人对他的威胁以微笑置之，并且继续："但是在我谈论这个问题的时候，为什么我从来就是没办法让你变得严肃呢？你并不明白我；相信我，我是真心地这样认为的，在我看来，这是一个非常美丽的想法。当然，如果你没有成为我的丈夫，我就不会敢去这样想，但是，现在我恰恰是为了你和为了我的缘故而去想了这个问题，现在请好好地保持严肃一点，为了我的缘故，并且老实地回答我吧。""不，你是不可能使得我严肃的，你是得不到严肃的回答的；我要么得笑话你，要么就得像以前一样想办法使你忘记它，要么打你，或者，要么你就必须不再谈论这问题，要么就以别的方式使得你沉默。你知道这是一个玩笑，因此有着那么多解决方案。"他站起来，在她的前额上压上一个吻，把她的手臂挽进自己的手臂并且消失在从凉亭通出去的枝叶密集的小径上。

凉亭里不再有人，在这里没有什么更多的事情可做了，这支敌方的占领部队没有得到任何猎物，两手空空地撤退。他们中没有人对这个结果感到满意，但都满足于给出一个恶毒的评价。[242]现在大家都回来了,但缺维克多。他在那个角上转了个弯,沿着花园他来到了花园后的乡间宅第。在这里,一间园景房的几处门都向着一片草坪开着;一扇朝着路的窗户也一样地开着。也许他看见了什么,吸引了他的注意力。他从窗户里跳进屋子,而在他跳出来的时候,其他人都站在附近,他们刚才都在找他。他得意洋洋地拿着一张纸在手上并且叫着:“法官先生的一份手稿。如果我出版了他的其他稿子,[243]那么把这份也出版出来,这只不过是理所当然的义务了。”他把稿子插进口袋,或者更确切地说,他想要将之插进口袋,因为,就在他弯起手臂并且已经把拿着稿子的手一半放进口袋时,我从他那里把它智取过来了。

然而,我是谁呢?谁都别来问这个问题吧。如果没有人在以前曾经想到过要来问这个问题,那么我就得救了,因为现在我熬过了那最糟糕的部分。另外,我也不值得什么人来问;因为我在一切之中是最卑微的,人们来问我这问题的话只会把我弄得很难为情。我是“纯粹之在”,因此几乎比“无”更微不足道。[244]我是那到处在场但却又不被人注意的“纯粹之在”,因为我持恒地被扬弃。[245]我就像那根横线,在横线之上是算术作业的题目,而横线之下是答案;谁会来关心那横线呢?凭我自己,我什么都不能做,因为,甚至“从维克多这里智取稿子”这想法也都不是我自己的突发奇想,我是通过这个突发奇想(按窃贼们的说法)“借”来了稿子,而这一突发奇想在事实上则是从维克多那里“借”来的。[246]现在,在我出版这稿子时,[247]我则再一次又是彻底乌有,因为稿子是法官的,而作为出版者,我在我的乌有性之中只是像一个落在维克多头上的报应,[248]——他一定是觉得自己有权去出版。

注释:

1. **越过赤道**]强化的葡萄酒和杜松子酒被装在木桶里放在多次来回穿行赤道的船上。这样的处理使得酒味更醇。
2. **参与者有五个**]在一个构思中,克尔凯郭尔给出的参与者有七个,参看(*Pap*.VB172,1)。三个有名字的:约翰纳斯诱惑者、维克多·艾莱米塔、康斯坦丁·康斯坦丁努斯。另外三个按特性或职业称呼:回忆的不幸爱人、时尚店主和年轻人。没有关于第七人的信息,他是叙述者,因为叙述者是在完成版中出现,所以参与者有六个;这样就只有回忆的不幸爱人被去掉了。
3. **约翰纳斯别名诱惑者**]《诱惑者日记》的作者。见《非此即彼》上。
4. **维克多·艾莱米塔**]Victor Eremita,拉丁语:胜利的隐士,那在孤独中胜利的人。《非此即彼》的出版者。
5. **康斯坦丁·康斯坦丁努斯**]Constantin Constantius,这名字是指向"constantia"(拉丁语:不变性、质定性)这个词。这个词可能被人格化并且被敬奉为女神,正如罗马的其他崇高美德,诸如"concordia"(拉丁语:同意)。在罗马的凯撒时代,塞涅卡、爱比克泰德和其他知识分子继续斯多葛主义哲学,而斯多葛主义将有美德的人看作是有智慧的人,不允许情感或者激情来统治认识和理性。康斯坦丁·康斯坦丁努斯是《重复》的笔名作者和出版者,除了作为"年轻人的故事"的年长的反思的观察者之外,他自己也拿"对先前经历的重复"(更确定地说就是在柏林的一次驻留)做实验。
6. **年轻人**]《重复》的主人公被称作"年轻人"。但这两个人物并非完全同一。《重复》中的年轻人有着一定的对于爱情的经验,而《人生道路的诸阶段》中的年轻人明确地表述了对爱情一无所知。《重复》中的年轻人爱上一个女孩,与之订婚,而作为坠入爱河的结果,在他身上冒出强烈的诗人创作力,而女孩则几乎变成麻烦。他的本质的一部分想要脱离诗人之存在而重新进入与这女孩的普通爱情关系,但没有成功。《重复》的终结是,在那女孩与另一个人结婚时,他庆祝自己的解放。
7. **糕饼店**:在二十世纪初,面饼房或者糕饼店不仅仅是做面包的店,也是一个让人喝咖啡和茶,吃糕点的地方。
8. **他已经娶了老婆或者买了两头牛要去试一下**]参看《路加福音》(14:19-20):"又有一个说:'我买了五对牛,要去试一试。请你准我辞了。'又有一

个说:'我才娶了妻,所以不能去。'"

9. **并且在此及时说出来**] 牧师在婚礼上说:"如果有人有话要说现在就说出来,否则就此沉默。"

文献参看《丹麦与挪威教堂仪式》:*Dannemarkes og Norges Kirke-Ritual*, Kbh. 1762, s. 316 (denne udg. var stadig gældende på SKs tid).

10. **那张……自己张开并且摆上一切的桌布**] 指民间童话中常有的说法,有时候是"桌子摆设好",有时候是"桌布张开"。参看格林童话《桌子、金驴和棍子》。

文献:fx nr. 36: "Tischchen deck dich, Goldesel und Knüppel aus dem Sack", i *Kinder- und Haus-Mährchen*, udg. af J. og W. Grimm, 2. udg., bd. 1-3, Berlin 1819-22 [1812-15], ktl. 1425-1427; bd 1, s. 179-191; s. 183f.

11. **auf einmal einzunehmen**]德语:一下子吃下。有点像医护用语,吃药:一次服用。

12. **我们的主先满足胃而后满足眼**]丹麦成语。上帝先满足人的胃而才后满足人的眼睛。

文献:N. F. S. Grundtvig, *Danske Ordsprog og Mundheld*, Kbh. 1845, ktl. 1549, s. 29 (nr. 770).

13. **一个幻觉的生命的残片**]《非此即彼》的副标题是:一个的生命的残片,出版者维克多·艾莱米塔。

14. **格隆德维在他的格隆德维式的漫谈之中用到了这个词**] 格隆德维(N. F. S. Grundtvig, 1783-1872),丹麦牧师、诗人、历史学家、政治家等等,他从自己个人的前提条件出发以决定性的方式对丹麦的民间文化和基督教进行了革新。在1843年11月到1844年1月间,格隆德维在哥本哈根的波尔赫学生楼舍讲了一系列关于希腊和北欧神话的课。这些课程对女性或者按格隆德维的说法"女士"开放,甚至是针对女性的,这在当时是很不寻常的。这些课程在1844年以《为女士先生们漫谈希腊北欧神话和古代传说》为标题出版。

文献:*Brage-Snak om Græske og Nordiske Myther og Oldsagn for Damer og Herrer*, ktl. 1548.

15. **只有在希腊风格里,女人才会被用作女舞者们的合唱**]希腊会饮总是由一个男人安排,而客人则是他的男性朋友们。参与的女人是一些妓女,一些除了性活动之外也能够吹笛抚琴唱歌跳舞的妓女。在柏拉图的《会饮篇》中一个女笛手和醉醺醺的阿尔基比亚德在会饮中跑了进来(212c)。苏格拉底倒是提及了一个女歌手迪欧提玛。在色诺芬的《会饮》的第二章中出来了一队,是三个奴隶:一个女笛手、一个女舞者和一个吹笛抚琴的男舞者。

16. **像英国人那样,在真正的酒饮开始的时候让异性退场**]在英国有这样的习俗,在主餐吃完之后,女人们就离开餐桌,然后男人就开始享用波多葡萄酒。

17. **inter pocula**] 拉丁语:在酒盏之间;在一个人拿着一杯好酒坐着的时候。最初用上这说法的是罗马喜剧作家普劳图斯(Plautus,死于公元前184年)。

文献:*Pseudolus*,v. 947.

18. **不多于缪斯,不少于美惠**] 不多于九,不少于三,在希腊神话中有九个艺术和科学的女神。美惠三女神属于罗马神话,但相应于希腊的卡里忒斯,亦即,爱神阿芙洛狄忒的三个婢女。关于宴会不多于缪斯,不少于美惠的规则是海贝尔的母亲托马西娜·居伦堡(Thomasine Gyllembourg,1773-1856年)的短篇小说中的一个叙述者安东所说的。

19. **像几根火柴棒**] 火柴棒转义为"非常少",一种微不足道。如果婚礼像几根火柴棒,就是说办不起婚礼但还是办了婚礼。

20. **一块所有人一起舔着的糖块上的荷兰人**] 从传统看,荷兰人是有名的节俭或者吝啬的人。而几个人一起舔一块糖,则更是节俭或吝啬了。

21. **靡菲斯特只因为需要就在桌上钻一个洞能得到的……丰盛的美酒盈溢**]在歌德的诗剧《浮士德》第一部分的第2073-2336句中浮士德和魔鬼靡菲斯特拜访莱比锡的著名酒吧奥尔巴赫地窖。靡菲斯特通过在桌边钻一个洞并说出一道咒语,就能够给想要酒的其他客人以酒。

文献:J.W. Goethe,*Faust. Eine Tragödie* (1808-1832),1. del,v. 2073-2336. *Goethe's Werke. Vollständige Ausgabe letzter Hand*,bd. 1-60,Stuttgart og Tübingen 1828-1842,ktl. 1641-1668 (bd. 1-55); bd. 12,1828,s. 103-118; s. 113f.

22. **山怪们把山抬到柱子上并且在火焰的海洋里跳舞时所具的……辉煌的光照**]这是关于地下精灵的童话和传说中的常有主题。地怪们所住的小丘有时候会在晚上升出地面被安置到一些红色的柱子上;这时地怪出来欢庆跳舞。

文献:Se fx følgende sagn i J.M. Thiele, *Danmarks Folkesagn*, bd. 1-2, Kbh. 1843; bd. 2: "Troldfolket i Fibierg Bakke", s. 179f., "Skotte", s. 205f., "Ellevilde II", s. 216f., "Ellevilde III", s. 217, "Den gamle Brud", s. 219f. og "Alterbægere II", s. 234-236.

23. **梅塞纳斯不听着泉水的拍击声就无法睡觉**〕罗马哲学家和作家塞涅卡(Seneca,公元前4-公元65年)在《论天意》第三书第十章中讲述了于罗马富人梅塞纳斯,艺术的赞助者,奥古斯都皇帝的朋友,他因为自己美丽而不贞的妻子而嫉妒,因而无法睡觉。他的试图让自己入睡的手段之一就是去听泉水声。

文献:*Lucius Annaeus Seneca des Philosophen Werke*, overs. af J. M. Moser, bd. 1-15, Stuttgart 1828-1835, ktl. 1280-1280c; bd. 3, 1828, s. 351.

24. **重复**〕指《重复》中的主题。

25. **哥本哈根外八公里左右的地方**〕按照克尔凯郭尔的草稿,原本的地点是奥尔德若朴(Ordrup),在哥本哈根北郊八公里左右。

文献:*Pap.* V B 172,3.

26. **作为人的渊源的大地**〕《创世记》(2:7):"耶和华神用地上的尘土造人,将生气吹在他鼻孔里,他就成了有灵的活人,名叫亚当";《创世记》(3:19):"你必汗流满面才得糊口,直到你归了土,因为你是从土而出的。你本是尘土,仍要归于尘土。"

27. 直译的话应当是:"……教会不知疲倦的心意为一小点东西而感到满足,使人心满意足……"为避免用词上的重复,我用"心平气和"来取代第二个"满足"。

28. **霍尔斯坦大马车**〕一种大型的、开放的并且非常笨重的运输马车。

29. **圣诞树**〕在圣诞节把一棵装点好的云杉树放在客厅里的习俗在1810年由一个生于德国的家庭带进丹麦,并在1820年后在哥本哈根变成普遍现象。到了1900年,圣诞树进入了大多数丹麦人的家庭。

30. **《唐璜》中舞会**〕莫扎特歌剧《唐璜》的第一幕第二十场,在唐璜宫殿一间光明的大厅中的盛大晚会。人们跳着小步舞,而唐璜则重新开始他本已中断的对农家新娘泽尔丽娜的追求。

31. **把灯拿在手中**〕是指《一千零一夜》(第531夜到第558夜)中所说的神灯。

根据这故事，丹麦罗曼蒂克作家和诗人欧伦施莱格(A. Oehlenschläger)创作了诗歌剧《阿拉丁》(*Aladdin, eller Den forunderlige Lampe*)。阿拉丁所得到的神灯中的精灵能够实现人所说的愿望。

文献：Adam Oehlenschlägers dramatiske digt, *Aladdin, eller Den forunderlige Lampe*, i *A. Oehlenschlägers poetiske Skrifter*, bd. 1-2, Kbh. 1805, ktl. 1597-1598; bd. 2, s. 75-436. "Geschichte Aladdins oder die Wunderlampe" (531. - 558. nat) i *Tausend und eine Nacht. Arabische Erzählungen*, overs. af Gustav Weil, bd. 1, udg. af A. Lewald, Stuttgart 1838, bd. 2-4, Pforzheim 1839-41, ktl. 1414-1417; bd. 3, 1841, s. 163-313.

32. **爱尔薇拉**]多娜·爱尔薇拉，莫扎特歌剧《唐璜》中的主要人物之一。爱尔薇拉想要对诱惑和背叛了她的唐璜进行报复，但却在她自己生机尚存的爱情和麻痹性的恨之间徘徊。爱尔薇拉成功地打扰了唐璜对农家新娘泽尔丽娜的首次诱惑，然后，她戴着面具混进唐璜宫殿里的晚会。

33. **爱尔薇拉痛苦的致谢**]指莫扎特歌剧《唐璜》中第一幕第二十场中，唐璜在自己宫殿的晚会上向三个戴面具的人表示欢迎。面具背后是被欺骗的多娜·爱尔薇拉，唐璜在之前试图强奸并且杀害其父的多娜·安娜以及多娜·安娜的爱人堂·沃塔维欧。三个戴面具的人(就是说，不仅仅是多娜·爱尔薇拉)答谢说："我们的心静静地承受着驻留之中的谢意。"

34. et veritas 拉丁语：以及真理。因为约翰纳斯用意大利语说了"自由万岁"，年轻人就用拉丁语说"还有真相"，也就是在接上约翰纳斯的话头说"真理也万岁"。

35. **愿望的占卜杖**] Ønskeqvist，占卜杖或者魔杖，常常是丫字形。

36. **Chateau Margaux**] 本原是 Château Margaux，一种波尔多红葡萄酒，质量极高，是根据吉伦德河左岸美克多地区的著名葡萄酒城堡命名的葡萄酒。在十八世纪，这一葡萄酒已被看作是最佳的波尔多，价格也相应很高。1855 年被定以质量级"Classement des Grands Crus de la Gironde"，与另四种红酒一同被定作"Premier Cru"，即最高级葡萄酒。

37. **in pausa**]拉丁语：处于停顿，处于暂停；处于等待状态。在希伯来语语法里，人们使用这一表达，指在文字中较大的停顿之前的一个词的位置。在朗诵的时候，如果遇上这一位置的词，人们通常延长加重语气部位的元音。

文献:J. C. Lindberg Hovedreglerne af Den Hebraiske Grammatik Tilligemed Conjugations-og Declinations-Tabeller, 2. oplag, Kbh. 1835 [1831],ktl. 989,s. 12.

38. **如果我在什么时候要上新娘的床,费拉里,费拉拉**] 本来的歌词为:"如果我在什么时候要上新娘的床,费拉里,费拉拉,红色玫瑰花! 我愿不愿意随便选新娘……"

文献:Visebog indeholdende udvalgte danske Selskabssange, udg. af Andreas Seidelin,Kbh. 1814,ktl. 1483,nr. 216,s. 307.

39. **因打嗝而被中断**] 这里暗喻柏拉图的对话录《会饮篇》(185c - d)。喜剧诗人阿里斯托芬因为有可能要打嗝而不得不放弃讲演。

40. **喝酒并且喝酒,并且酣醉**]参看《创世记》:"他们就饮酒,和约瑟一同宴乐。"

41. **quod felix sit faustumque**] 拉丁语:"愿诸事顺利好运。"在罗马议会里,用于开始谈判的公式化用语,现在在大学的博士信函里可以看见。在克尔凯郭尔的时代被用于发给高中毕业考试后的学生的学院正式信函。

42. "只要我的'反思'想要把握情欲之爱"。是"'反思'想要",不是"'反思想'要"。

43. **"那喜剧的"总是处于矛盾的范畴中,对这说法我无法在此进行论述**] 对这一观点的"论述",就是说更详尽的论述,是在《终结中的非科学后记》(哥本哈根,1846 年)中:"对于'那喜剧性的'的法则是:任何地方,只要有矛盾并且只要矛盾是因为'我们看见它被消除'而没有痛楚,就有它。"在总体上我们可以这样来概观所有这方面的关联:"那悲剧的"和"那喜剧的"是同一样东西,因为两者都是处在矛盾的范畴之中,但"那悲剧的"是苦难的矛盾,而"那喜剧的"则是没有痛楚的。

44. **希腊意义上的厄若斯(Eros),就是说,以一种方式,如同它在柏拉图那里所得到的如此美丽的赞誉**] 在柏拉图对话《会饮篇》(180d - 181d)中,另一个讲演者鲍萨尼亚赞美年长的男人与少年之间的爱。鲍萨尼亚区分两种形式的厄若斯:一个是简单的,出自阿芙洛狄忒·潘德姆斯(Pandemos:普通的),另一个是天堂的,出自阿芙洛狄忒·乌拉尼亚(Urania:天堂的、精神的)。前者涉及的是男女间的关系,而后者则毫不包含女性元素而纯粹指向年轻男人;前者主要是肉体方面的满足,而后者则指向智性快乐的满足。在同一对话录的更后面(208c - 209c),苏格拉底以同样的解读来谈及自己聪明的女友狄奥提玛：厄若斯是向着不朽性的冲动。如果厄若斯在一个男人那里走向肉体，那么这男人就去寻找一个女人以便同她一起生产出肉身的后代。如果这冲动在一个男人那里走向灵魂，那么这男人就去寻找一个有着俊美肉体和高贵灵魂的年轻男人，后者能够引发出前者自身灵魂中的最美好的部分：认识、技艺和创作力、公正和中庸。

45. **每个人都对一切做出了怀疑**］暗喻哲学史上的著名句子："De omnibus dubitandum est"（人当怀疑一切）。出自法国哲学家、数学家、科学家勒内·笛卡尔（1596－1650年）。在他的体系著作《哲学原则》中，在第一部分第一章的标题中就有这句子"Veritatem inquirenti, semel in vita de omnibus, quantum fieri potest, esse dubitandum"（如果一个人寻找真理，那么他就应当在自己的生命中有这么一次尽可能全面地怀疑一切东西）。这个句子表达了笛卡尔试图通过对一切陈述的"工具性怀疑"来深入到一切科学认识的最根本的基础，并且以这样一种方式达到他的哲学体系的出发点。黑格尔在《哲学史讲演录》中引用了这句，并且它也常常被比如说丹麦神学家马腾森（H.L. Martensen，1808－1884年）重复地引用（克尔凯郭尔随着年月对马腾森有着越来越强烈的批判态度）。马腾森在《文学月刊》（*Maanedsskrift for Litteratur*，bd. 16，Kbh. 1836，s. 515-528）评论海贝尔（L. Heiberg）的《1834年11月在皇家军事高校的逻辑课程的引言讲座》（1835）时这样写："De omnibus dubitandumest 的要求不是像它被说出来那么容易满足的。"笛卡尔的句子在马腾森的拉丁语学位论文［*De autonomia conscientiæ sui humanæ, in theologiam dogmaticam nostri temporis introducta*，Kbh. 1837（ktl. 648）］中被反复提及。克尔凯郭尔自己也将之用于未完成的短篇小说《约翰纳斯·克里马库斯或者 De omnibus dubitandum est》的标题中。

46. **转过脸背对着**］参看《创世记》（9：23）。

47. **如果我们用柏拉图的话来回答，就是说，人应当爱"那善的"**］在柏拉图的《会饮篇》（204e－205a）中，苏格拉底引用女友狄奥提玛的话说，爱"那善的"的人们之所以爱"那善的"是因为他们想要变得幸福。

48. **拉拉葛**］希腊女人名，在罗马诗人贺拉斯的《颂诗》第一书中被用来描述恋人。

文献：*Q. Horatii Flacci opera*，stereotyp udg.，Leipzig 1828，ktl.

1248,s. 24f.

49. **阿里斯托芬说诸神把人一分为二**]在柏拉图的《会饮篇》(189e - 191d)中,喜剧诗人阿里斯托芬通过讲述这神话来描述厄若斯(爱欲):人本来是双重的生物,有着四臂、四腿、两张脸和男女两个生殖器,并且有极大的体力和相应的自我意识。但是,为了阻止人冲向诸神威胁他们的地位,宙斯想出了把人一分为二。他像切开比目鱼那样地把人从当中切开!从此之后,人们就不得不通过爱情来重新建立本原的一体。

50. **把人分成三个部分**]参看柏拉图的《会饮篇》193a,阿里斯托芬继续展开自己的关于人的一分为二的神话说,如果我们在诸神面前行为不端的话,有可能会被再一次被切分开。

51. **索娥**] 在古典时代好像没有这个名字,但是是由希腊语形容词"活生生的"衍生出来的阴性名词"生命"。九到十世纪在拜占庭有两个女皇帝的名字叫索娥。

52. **在各种各样的舌头中说话**] 以一种陌生或者无法领会的语言说话。可参看《使徒行传》(2:3 - 4):"又有舌头如火焰显现出来,分开落在他们各人头上。他们就都被圣灵充满,按着圣灵所赐的口才,说起别国的话来。"也可参看《哥林多前书》(14:2)。在弱化的意义上是指:说没有意义的话。

53. **一粒由之将长出一棵大树的芥菜种**]指《马太福音》(13:31 - 32)中耶稣的比喻:"他又设个比喻对他们说:'天国好像一粒芥菜种,有人拿去种在田里。这原是百种里最小的。等到长起来,却比各样的菜都大,且成了树。天上的飞鸟来宿在它的枝上。'"

54. **正如亚当选择夏娃因为没有别人**] 指德国作家穆莎伊斯(J. K. A. Musäus,1735 - 1787 年)在童话《爱之忠诚》中的一个说法。在这故事中伯爵海因里希·冯·哈勒姆温德与能干美丽有才华的玉塔·冯·欧尔登伯格相爱:拥有着这样一个异性珍宝,伯爵很有道理地把自己看成是月亮之下的最幸福的人,带着一种不可损坏的忠诚爱着能干的玉塔,正如人类之父亚当在乐园的无辜世界里爱着所有生者之母,在那个世界里她是唯一者。

文献:Musäus, *Volksmährchen der Deutschen*, udg. af C. M. Wieland, bd. 1 - 5, Wien 1815 - 1816 [1782ff.], ktl. 1434 - 1438; bd. 3, 1815, s. 187f.

55. **如果一个地方有霍乱,那么外面就安排一个士兵**] 在十九世纪出现了一系列蔓延性的霍乱,从印度传来。第一次蔓延(1817 - 1822 年前后)是向着中国和阿拉伯地区。第二次(1826 - 1838 年)蔓延到了俄罗斯和欧洲,在三十年代初,这疾病也传入到德国、瑞典和挪威,并且在霍尔斯坦也爆发出来;但是丹麦本土得以幸免。第三次蔓延(1846 - 1861 年)同时进入了欧洲和北美南美的国家;在丹麦霍乱蔓延期为(1853 - 1857 年)。这病症不是通过空气而是通过病人的排泄物(霍乱细菌在之中繁殖)传染的。到 1883 年人们才知道这一点。之前在欧洲人认为通过军事隔离(有时候是整个城市)能够防止这疾病的传染。在霍乱第二次蔓延向丹麦的时候,政府公布了命令(1831 年 6 月 19 日),严格地规定了对显示出霍乱的房子或者住宅区进行隔离。这一安排到 1832 年被部分地取消。

56. **阿多尼斯**] 一个年轻英俊的男人。在希腊神话中,阿多尼斯是爱神阿芙洛狄忒所爱的美少年。

57. **让·保罗所说的那个人……"这里放着一只捕狐夹"**]让·保罗(Jean Paul)是德国作家约翰·保罗·弗里德里希·里希特(Johann Paul Friedrich Richter,1763-1825 年)的笔名。他写了许多有着一种跳跃、漫谈、蕴含有幽默或讽刺的风格的长短篇小说。他既不是罗曼蒂克作家,也不是古典主义作家(诸如他同时代的歌德),而更确切地说倒是十八世纪感伤时代的最后代表。他取这个笔名是因为要纪念他心目中的精神英雄,让·雅克·卢梭。让·保罗是在十九世纪被人阅读和引用得最多的作家。同时,作为美学理论家,他通过他的著作《美学预科》(*Vorschule der Aesthetik*)而产生影响。克尔凯郭尔所引用到的这个场面是出自短篇小说 *Des Feldpredigers Schmelzle Reise nach Flätz*,在之中主人公讲述,有一次他徒步走向一个猎堡,但却发现一块牌子,牌子上警告小心一支自动射击的猎枪:"jedermann wird hier vor dem *Selbstschuß* gewarnt!"他写下了遗嘱,然后成功地逃离了。后来当地人取笑他并告诉他,这块警告牌在那里有十年了,从不曾有子弹被射出。

文献:*Jean Paul's sämmtliche Werke*,bd. 1-60,Berlin 1826-28,ktl. 1777-1799; bd. 50,1827,citat s. 33.

58. "共济会式的神秘仪式"(Frimureri)。

关于共济会,根据维基百科的解说:"现代共济会出现于十八世纪西欧,自从1717 年英格兰成立第一个总会所,至今其已经遍布全球。共济会是一种类似宗教的兄弟会,基本宗旨为倡导博爱、自由、慈善,追求提升个人精神内在美德以促进人类社会完善。会员包括众多著名人士和政治家,有些要求申请者必须是有神论者,有些则接受无神论者申请。而其反对者则认为共济会主要是富人和权贵的阴谋组织,其有着不为人知的统治世界的秘密计划,比如世界新秩序等。”

59. **一种希腊式的情欲之爱,在之中,一个人所爱的是美的灵魂**]见前面关于柏拉图《会饮篇》的注释。

60. **在卡卡杜……结结巴巴说“玛丽安娜”这个词的时候**]暗指丹麦戏剧家和戏剧史家托马斯·欧瓦斯勾(Thomas Overskou,1798 - 1873 年)和安东·路德维希·阿尔纳森(Anton Ludvig Arnesen,1808 - 1860 年)所写的民间喜剧《卡普里修撒或者在纽伯德尔的一家人》的第二幕。卡卡杜先生在这里是一个贫穷的退休者。他有一种他自己所无法明白的机械性的冲动,每次在年轻海员皮特·卡宁斯多可想要忘记自己的情人玛丽安娜而去想别人的时候,卡卡杜就会向皮特提及玛丽安娜。这部喜剧在 1836 年 6 月 11 日到 1845 年 1 月 11 日间上演了 51 次。被印在皇家剧院的节目单 139 号,哥本哈根 1842 年。上面所描述的场景在第 15 页。

61. **教皇在他要为拿破仑加冕的时候**]拿破仑·波拿巴(1796 - 1821 年)在 1804 年 12 月 2 日在巴黎圣母院受冕为皇帝。教皇庇护七世想要参与典礼,但拿破仑自己为自己加了冕。

62. **一门牧师科学**]本来是说一门关于实践神学和牧师作为(就是说,布道学、教义问答教学、礼拜仪式、教会权和灵魂抚慰)的科学。在克尔凯郭尔的时代,只在哥本哈根的牧师师范学院里有牧师神学课,该学院的神学硕士必须用两个学期的课程来接受神职。在这里作者所用的是一种转义:一种关于对情欲之爱的诸范畴的实践运用的科学。

63. **一个诗人在一种牧歌之中尝试着让情欲之爱进入存在……学着怎样去爱**]所指的是古希腊牧歌小说《达佛涅斯和克洛伊》,朗戈斯(约二世纪)著。小说叙述生活在农村牧人中的两个孩子间的爱情的醒觉,但是教会少年牧人达佛涅斯情欲之爱的技艺的人却是成年女人丽楷妮汶。克尔凯郭尔有着此小说的希腊语版、拉丁语版和德语版。

64. **食品储藏室中的萨夫特**]萨夫特是亚当·欧伦施莱格尔的歌剧《安眠药水》(哥本哈根,1808 年)中的一个贪吃的人物。在剧中,外科医生布劳瑟这样谈论他的助手萨夫特:“鬼知道是怎么回事,他弄到最后总是要么在食品储藏室要么在酒窖里”(第一幕)。此剧在 1809 年 4 月 21 日在皇家剧院首演,然后演了 66 次直到 1843 年 4 月 21 日。

65. **转过脸去听我说下去**] 参看《创世记》(9:23):“闪和雅弗,拿件衣服搭在肩上,倒退着进去,给他父亲盖上。他们背着脸就看不见父亲的赤身。”

66. 旧时,在丹麦有这样的淋浴设备(在丹麦现代游泳池的桑拿房外仍常配有这样的淋浴设备):一个木桶,在桶口表面沿一直径的两个点上以钉钩挂起,这桶以钉钩两点处为支撑点可以摇晃。在桶的一边与直径相对最远的点(与钉钩两点所构成的直径的平行的线和桶圈相切的点)上拴有绳索,一拉绳索,水桶就会晃动,乃至翻覆。桶上面有水管,水从水管流进桶中。水桶里的水满了,沐浴人一拉绳索,水就泼下,供之淋浴。

67. 译者对这句进行简化,原句直译是“如果我们在它出现的时候无法在‘它所出现于之中的’事物中看见它,……”

68. **tristitia**] 拉丁语:悲哀、忧愁。暗示着古话“omne animal post coitum triste”(每一种动物在交配之后都是悲哀的)。这说法的来源不清楚,但肯定是晚于古罗马。

69. “局中人”,文中所用丹麦语是“de Indviede”,Hong 的英文版译作“initiates”。如果直译,就是“了知(某种)秘密知识的人们”或者“被接纳进了(某个)由特选者们构成的圈子的人”。在这里是指理会了“情欲之爱”之意义的人。

70. 通常译作“虔诚”,在这里的关联上译作“孝敬”。

71. **西塞罗所说……“对于父亲,儿子总是不对的”**]据我们所知,罗马演说家和作家马尔库斯·图利乌斯·西塞罗(公元前 106 -前 43 年)不曾说过这个。但克尔凯郭尔也不是凭空将之与西塞罗联系在一起的,因为,“虔敬”是最受崇尚的罗马美德之一。“虔敬”(Pieteten)这个词的本义是“对父母、对祖先、对祖国和诸神尊敬情感”,而西塞罗是罗马共和国公民美德的坚定捍卫者。西塞罗在《论义务》(*De officiis*)的第三卷第二十三章 90 中特别论述了对父亲的虔敬(孝敬);他在此强调:如果一个儿子发现自己的父亲偷抢神庙或者税库,他不应当告发父亲,相反在父亲被指控犯罪时为父亲辩护。如果儿子发现父亲有着颠覆祖国的造反密谋,那么他应当通过乞求和威胁来努力说服父亲放弃,只有在不得已的情况下,出于国家安全他才可告发父亲。在西塞罗为一个杀父的儿子辩护时,他的论断就是:这样的犯罪行为太可怕,因而我们不得不在事先否定掉它的可能性。

72. **儿子如同父亲是永恒的本质存在**] 指早期教会的基督论的争议,史上的阿里乌斯派的争议,始于325年的第一次尼西亚基督教大公会议前后。亚历山大的长老阿里欧斯以及他的追随者阿里乌斯派徒们提出了:上帝之子是被造的,并且与上帝的本质只有(很小的)相似之处。亚历山大的主教亚他那修以及他的追随者代表了教会的正统,被称作是亚他那修派徒们或者尼西亚会徒们,则相反强调父与子之间有着本质的相似性,就是说,上帝之子有着与上帝本身一样的永恒本质存在。后者成了这一争议的胜利者,并达成《尼西亚信经》,确定了圣子是"从圣父唯一被生的,就是说,从圣父的本质、上帝之上帝、光之光、真神之真神被生的,而非被造的,与神父有着本质之共性"。这一信经的内容于381年在君士坦丁堡举行的第二次基督教大公会议得以修订并一致通过,并于451年在迦克敦举行的第四次基督教大公会议上进一步确定。之后的《尼西亚信经》在这一内容上的描述稍有改变:"从圣父唯一被生的,由圣父在所有时间之前生下的,上帝之上帝、光之光、真神之真神被生的,与神父有着本质之共性。"这一信条被宗教改革者们接受并属于丹麦路德教会的信条之一。

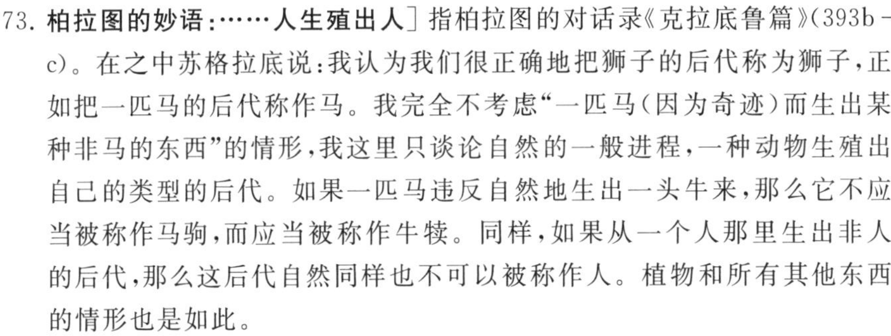

73. **柏拉图的妙语:……人生殖出人**] 指柏拉图的对话录《克拉底鲁篇》(393b-c)。在之中苏格拉底说:我认为我们很正确地把狮子的后代称为狮子,正如把一匹马的后代称作马。我完全不考虑"一匹马(因为奇迹)而生出某种非马的东西"的情形,我这里只谈论自然的一般进程,一种动物生殖出自己的类型的后代。如果一匹马违反自然地生出一头牛来,那么它不应当被称作马驹,而应当被称作牛犊。同样,如果从一个人那里生出非人的后代,那么这后代自然同样也不可以被称作人。植物和所有其他东西的情形也是如此。

74. **玛格德萝娜在《埃拉斯姆斯·蒙塔努斯》中对耶罗尼姆斯所说的那种幻觉**] 在霍尔堡的喜剧《埃拉斯姆斯·蒙塔努斯或者拉斯姆斯·贝尔格》(*Erasmus Montanus eller Rasmus Berg*,1731)第三幕第六场中,夫妇讨论谁最有权决定女儿丽丝贝特的未来,耶罗尼姆斯说:"我认为一个父亲总是比一个母亲更多。"对此玛格德萝娜回答说:"我不认为是这样;因为,我是她的母亲,对此无人能够怀疑,但是你们……我不想说更多,因为我太急了。"

75. **这想法……和一个妻子守在一起……比父母更有价值**]暗喻《创世记》(2:24):"因此,人要离开父母与妻子连合,二人成为一体。"和《马太福音》(19:5):"并且说:'因此,人要离开父母,与妻子连合,二人成为一体。'这经你们没有念过吗?"在结婚仪式上,牧师也要用到这一说法。

76. 这一句丹麦语原文是:"...men min Tanke vil jeg ikke være utro,og hvad hjalp det,for mig er der dog ingen Salighed,hvor jeg ikke har min Tanke frelst,hvor jeg,hvis jeg var der,vilde indtil Fortvivlelse længes efter Tanken,som jeg ikke tør forlade for at hænge fast ved en Hustru,da den er mig mit evige Væsen og altsaa endnu mere værd end Fader og Moder og endnu mere værd end en Hustru."

Hong的英译本作了一小点改写,可能是因为Hong把丹麦文中"for mig"(对于我)的这个介词"for"(对于……来说)看成是句首连接词"for"(因为)而把宾格的"我"(mig)理解为与格的"我"(mig = for mig)。因此英译就多了一个"because"(因为):"...but I refuse to be unfaithful to my thought,and what would be the use of it,because for me there is no bliss where I have not saved my thought,where,if I were there,I would long unto despair for thought,which I dare not abandon in order to cling to a wife,since to me it is my eternal nature and consequently even more valuable than father and mother and even more valuable than a wife."(但是,我不愿不忠实于我的想法;这样的机会对我又有什么用,因为,如果我无法使自己的想法得救,如果我尽管得到这情欲之爱却会渴望着这想法直至绝望(我不敢离开这想法而去和一个妻子守在一起,因为它对于我是我的永恒本质存在,因而比父母更有价值并且也比一个妻子更有价值),那么,对于我,在情欲之爱之中还是不会有什么至福。)

Emanuel Hirsch的德译本把上述的"for mig"译作"für mich"(对于我),亦即,把"我"(mig)理解为宾格的"我"(mich)而不是与格的"我"(mir)。

本书译者接受德译本的译法。

77. **因欲求一个女人而看她**]暗喻《马太福音》(5:28):"只是我告诉你们,凡看见妇女就动淫念的,这人心里已经与他犯奸淫了。"

78. **那条窄路……宽阔大道**]暗喻《马太福音》(7:13-14):"你们要进窄门。因为引到灭亡,那门是宽的,路是大的,进去的人也多。引到永生,那门是窄的,路是小的,找着的人也少。”

79. “各种预先的警觉”,如果直译应当是“各种令人不安的先见预知”。

80. 见前面的注释。

81. **静默有时,言语有时**]参看《传道书》(3:7):“撕裂有时,缝补有时。静默有时,言语有时。”

82. **在这里你们应当兴高采烈**]这是对斯克里布的歌剧《天神与舞女》第一幕第一场中台词的随意引用。

83. **绝无仅有的发现**]也许是在影射格隆德维(N.F.S. Grundtvig)。格隆德维认为自己有一个发现:基督教的渊源不是《圣经》,而是在教会里数百年言传的话语,亦即,使徒信条、“在天之父”的祷告词和领圣餐时的定制用词。格隆德维在他的《教会的反驳》中描述了这一想法,并且也多次使用了“绝无仅有”的说法,但这“绝无仅有”不是用于描述他自己的发现。*Kirkens Gienmæle*,Kbh. 1825。

84. **半男人**] 原本是指“被阉割者”,后来转化为“女人般的男人”(在这里还有“男性化的女人”的意思)。

85. 更直接的翻译就是:“它对思想发生影响,正如‘听一个男人庄严地开始讲演、以这样一种风格背诵一个句子的一个或者两个部分,然后说“嗯唔!”——然后沉默’会对心情发生影响。”

86. 就是说:作为一种实验,你想象出这样一个端庄少女,她要去实现这要求。

87. 直译的话是“但它还会回来,裁缝说,因为她所具的一切就是幻觉”。

但它还会回来,裁缝说] 这句话可能是克尔凯郭尔把格隆德维的《丹麦成语和俗语》(*Danske Ordsprog og Mundheld*)中的两句引用语混在一起构成的。

88. 这“后悔”(fortryde)是不强调伦理意义的后悔,一般我也会将之译作“懊悔”,比如说,我因为在一家商店买下比大多数别的商店价钱都更贵的同一样东西,我可能就会在事后懊悔;但是“悔”(angre)则是有着伦理意义的,是因为做了某种道德意义上的错事或者宗教性意义上的“有罪的事情”而悔。

89. **薛西斯让人鞭打大海**]指波斯王薛西斯(Xerxes,公元前 465 年)在对希腊的战争(公元前 480 年)中命令要在达达尼尔海峡上建桥,这样他的军队就能够通过海峡。在一边的岸上腓尼基人用白麻建一座,在另一边岸上埃及人用纸草建一座。当这些桥完工时,一场可怕的风暴出现将它们撕烂摧毁。当薛西斯听到了这灾祸之后非常震怒,以至于他命令鞭打达达尼尔海峡三百鞭,并把一些锁链沉到海底。这故事出自希罗多德(Herodot)的《历史》(*Historiarum*,7,34-35)。

文献:*Die Geschichten des Herodotos*, overs. af F. Lange, bd. 1-2, Breslau 1824, ktl. 1117; bd. 2, s. 159f.

90. **奥赛罗杀死苔丝狄蒙娜**] 在莎士比亚的悲剧《奥赛罗》的第五幕第二场,摩尔人奥赛罗掐死了自己无辜的妻子苔丝狄蒙娜,因为伊阿古诱使奥赛罗怀疑自己的妻子不贞。文献:*William Shakspeare's Tragiske Værker*, overs. af P. Foersom og P. F. Wulff, bd. 1-9 [bd. 8-9 har titlen *Dramatiske Værker*], Kbh. 1807-25, ktl. 1889-1896; bd. 7, 1819, s. 180-204.

91. "他也只是在就'一个从一开始就已经使得他可笑的结果'作出一种承认"。

这个"承认"(Concession)同时含有"让步"的意思。从"不承认"到"承认"是一种让步。有时候,根据上下文关联,我也会将之译作"让步"。

丹麦文原文:"thi selv idet han myrder hende gjør han kun en Concession i Henseende til en Conseqvents, som oprindeligt har gjort ham latterlig."

英文版:"for even in murdering her he is only making a concession to a consequence that originally had rendered him ludicrous."

德文版:"denn sogar indem er sie ermordet, macht er lediglich ein Zugeständnis betreffs einer Folge, die ihn von Anfang an lächerlich gemacht hat."

92. **爱尔薇拉则能够是完全地带着庄严的情感以匕首武装起来为自己报仇的**] 在莫扎特的歌剧《唐璜》第一幕第六场,爱尔薇拉发誓要对她紧接着就要遇上和认出的欺骗者复仇。在她看见唐璜时,"她拔出匕首,唐璜和古斯曼拉住她的手臂"。

93. 奥赛罗是个黑肤色的摩尔人。

94. **那种……索债要求遭受到……抗议**]"索债要求遭受到抗议",就是说要求偿还债务的索债被宣告为无效的。"抗议一份索债要求"就是说"做出关于'欠债者已经拒绝支付到期的债务'的正式宣告"。

95. 直译的话就是“那喜剧的”。

96. **粘西比**］Xantippe，苏格拉底的妻子（公元前五世纪），常常被描述成是一个悍妇。

97. **那使得雅典最丑陋的人变得最美丽的微妙的微笑**］也许是指向柏拉图的《会饮篇》中阿尔基比亚德所说的话，他说苏格拉底使他联想到的是西勒诺斯，狄俄尼苏斯的追随者，又老、又胖、秃头塌鼻的生物。但是他补充说，苏格拉底的内在包涵了一种神圣的美，并且以他的追寻智慧的言辞打动所有听他的人。甚至阿尔基比亚德也因为同样的原因而毫无保留并且很不幸地爱着苏格拉底。

98. **阿里斯托芬有时候想把苏格拉底描述成一个可笑的形象**］希腊喜剧作家阿里斯托芬（约公元前 450 -前 385 年）一共写了四十部喜剧，其中十一部被保留下来。他的喜剧《云》（首演于公元前 423 年的雅典）将当时摩登的哲学家诡辩家——他也将苏格拉底包括在内，描述为可笑的人物。比如，说苏格拉底把云当作自己的神圣来崇拜，并且，为了向云靠近，他在他的书房的天花板下所吊的一只篮子里把自己挂着。他赤脚不洗澡并且专心于非本质的问题，比如说“跳蚤跳的距离有多远”以及“蚊子用嘴巴还是用屁股鸣唱”等等。另外他总是散布迷惑人的想法。这部喜剧的展开是介于普通的农民斯特勒普希阿斯和由苏格拉底领导的吹毛求疵辩证法学派之间的对峙。在克尔凯郭尔时代《云》有丹麦语译本。

苏格拉底（约公元前 470 -前 399 年）与柏拉图和亚里士多德一样是最著名的古希腊哲学家。他以对话发展了自己的哲学但没有留下任何文字，但他的人格和学说被同时代的三个作家记录下来：阿里斯托芬在喜剧《云》之中，色诺芬尼在四篇“苏格拉底的”文本中，以及柏拉图在各种对话录中。苏格拉底以“引进国家所承认的神之外的神”和“败坏青年”被雅典的人民法庭判死刑；他被以一杯毒药处决，他心情平和地喝下毒药。

99. **在口袋里打响指**］对一个人打响指是使得手指的一个动作作为对这个人的鄙视的标志。“在口袋里打响指”是一种说法，表达一个人的不服气之中的无奈成分。

100. **西班牙人所解读的荣誉**］在传统上西班牙人被看作是一个注重荣誉的民族，但是在这里也许是考虑到了黑格尔的《美学》第二部分中的一句话。在黑格尔说到琐细的思考把一些与主体有关但本身很偶然的无足轻重的事情归结为与荣誉相关的事情时，他写道："特别是在西班牙人那里，这种关于荣誉的感想性的诡辩在戏剧体诗里很发达，其中主角们往往长篇大论地讲荣誉。例如妻子的忠贞可以结合到极细微的情境来检验，旁人的猜疑乃至让旁人猜疑的可能也变成荣誉攸关的事，尽管她丈夫也明知这种猜疑毫无根据。"黑格尔：《美学》，第二卷，朱光潜译，商务印书馆，1996 年，第 323 页。

—"Hauptsächlich die Spanier haben diese Kasuistik der Reflexion über Ehrenpunkte in ihrer dramatischen Poesie ausgebildet und als Räsonnement ihren Ehrenhelden in den Mund gelegt. So kann z. B. die Treue der Ehefrau bis in die allergeringfügigsten Umstände hinein untersucht, und schon der bloße Verdacht anderer, ja die bloße Möglichkeit eines solches Verdachtes, selbst wenn der Mann weiß, der Verdacht sey falsch, ein Gegenstand der Ehre werden." *Georg Wilhelm Friedrich Hegel's Werke. Vollständige Ausgabe*, bd. 1-18, Berlin 1832-45; bd. 10,2, s. 175 (*Jub*. bd. 13, s. 175).

101. **女性是更弱的性别**］俗语，渊源于《圣经》的许多段落，比如说在《彼得前书》(3:7)中："你们作丈夫的，也要按情理和妻子同住。因她比你软弱，与你一同承受生命之恩的，所以要敬重她。"另外，在莎士比亚的《哈姆雷特》第一幕第二场中哈姆雷特的台词："软弱，你的名字叫女人！"

102. 这句的丹麦语是："jeg har stundom ikke kunnet sove om Natten blot for at betænke, hvilke nye Confusioner jeg ved den Elskedes Haand og min underdanige Tjenstiver skulde opleve;"直译为："有时候我在夜里睡不着，只是为了要考虑：'通过爱人的手和我顺从的服务热情，我将会体验到怎样的一些新出现的困惑呢？'"

Emanuel Hirsch 的德译本是："zuzeiten habe ich des Nachts nicht schlafen können, bloß weil ich überlegen mußte, was für neue Konfusionen ich mittels der Hand der Geliebten und meines untertänigen Diensteifers wohl noch erleben werde"(有时候我在夜里睡不着，只是因为我不得不考虑：通过爱人的手和我顺从的服务热情，我将会体验到怎样的一些新的困惑)。

Hong 的英译本对这一句稍作改写："at times I have not been able to sleep at night just thinking about the new confusions I am going to experience at my beloved's hand and out of my humble zeal”(有时候，我在夜里只是考虑着“我在我爱人的手中、出自我顺从的服务热情将会体验到的一些新困惑”，无法入睡)。

F. Prior et M.-H. Guignot 的法译本：“il ma été parfois impossible de dormir la nuit rien qu'en pensant aux nouvelles confusions auxquelles je serais exposé par la faute de ma bien-aimée et de mon assiduité servile”。

103. **烟和罗曼蒂克之咏叹调**〕指向威瑟尔(J. H. Wessel)讽刺模仿性的悲剧《没有长袜的爱情》(1772 年)。在剧中，坠入爱河的马兹唱了一曲有如下歌词的咏叹调：“在我心中的烟囱里燃烧着/一块树脂的情欲之爱的柴禾，/它两头都被点着，/情欲之爱神点着了它。/每一个看见烟升起的人/(烟是我的咏叹调)/必定会想着，尽管不能说：/它所来之处是热的。”

104. **朱丽叶的顶点**〕在莎士比亚的悲剧《罗密欧与朱丽叶》之中，蒙塔格家族里年轻的罗密欧崇拜宿敌家族卡普勒特的女孩朱丽叶。爱情导致了这两个年轻人的死亡。

105. **急着要下蛋却又找不到地方的**〕按丹麦语原文直译是“有生蛋病的”，这个形容词描述一只急着要下蛋却又找不到地方的母鸡急忙地东跳西跑。就是说，急切的，焦躁不安的。

106. **这个小黑母鸡另外还贡献了一些什么**〕指向霍尔堡的喜剧《坐立不安的人》(1731 年)的第二幕第一场。主人公费伊勒格西瑞在撰写各种婚礼请柬的时候突然打断自己和书记员们手头的工作并训诫厨娘：那只小黑母鸡不可以和其他跟在这母鸡后面的母鸡们混在一起。从圣诞到现在，这只他所最喜欢的母鸡下了四十多只蛋。书记员克里斯多夫在查阅了一本账簿之后确认并补充说：“她所做的别的贡献没有被记录下来。”

107. **像一个骑师**〕根据第欧根尼·拉尔修的《哲学史》第二卷第五章三十七节中的记事，苏格拉底曾用这一比喻来描述他与妻子粘西比的关系：“与一个脾气暴躁的女人生活在一起，他说，就像养马人与野马的共处；在他们控制住这些野马时，他们就能够很容易地与其他马一同出去；我也是想要这样，如果我知道了怎么与粘西比交往，那么我也就能够得体地与其他人交往。”

108. **诗人那里的一个幻影……坐在手纺车旁等着被爱者的幻影**］可能是指向歌德《浮士德》中的一个著名场景（第一部分第3374－3413句诗）：玛格丽特独自坐在自己的客厅里，在手纺车边上唱着一支关于她不安地思念爱人的歌："Meine Ruh' ist hin"。

109. **无偏向性**］Uinteresserethed，无私性，客观性。也许是指向"无偏向的愉悦"（uninteressiertes Wohlgefallen，在国内一般译作"无功利的愉悦"），德国哲学家康德（Immanuel Kants，1724－1804年）的美学中的中心概念，在《判断力批判》（1790年）中被提出。"无功利的愉悦"是美的东西在观察者那里唤起的情感，这种情感的来源是："那美的"被作为一种在意图上不为任何目的服务并且因此而在观察者的想象能力和智性之间创造出和谐。

110. **亚里士多德**］亚里士多德（公元前384－前322年），哲学家、逻辑学家和自然科学家。与柏拉图同为最伟大的古典哲学家。在公元前335年创立吕克昂的逍遥学派，但是在公元前324年离开雅典以避免遭受与苏格拉底相同的指控。

111. **他准确地注意到，女人是无法真正被用在悲剧之中的**］指向亚里士多德《诗学》的第十五章（1454a16－22），论悲剧人物："关于性格的刻画……最重要的一点是，性格应该好。我们说过，言论或行动若能显示人的抉择（无论何种），即能表现性格。所以，如果抉择是好的，也就表明性格亦是好的。每一类人中都有自己的好人，妇人中有，奴隶中也有，虽然前者可能较为低劣，后者则更是十足的下贱。"引自亚里士多德：《诗学》，陈中梅译，商务印书馆，1996年，第一版，第一次印刷。

112. **奇怪的是，这形象并没有更频繁地被用在舞台上**］在亨利克·赫尔兹（Henrik Hertz）的浪漫主义悲剧《斯温·迪令的家》中，主人公死去的妻子赫尔维希四次作为鬼魂登场。在第二幕第二场，她在她睡着的孩子们面前说出一段独白。在第四幕第六场她又出现但什么都没说。在第四幕第七场她主动地参与进情节，阻止自己的女儿去喝她继母之女朗希尔德拿给她的毒杯子。在第四幕第十场她对斯温·迪令及其新妻子做出审判。在1837年3月15日到1843年11月10日之间，此剧在皇家剧院演了26次。

文献：*Svend Dyrings Huus*，Kbh. 1837，s. 47-50，s. 155f.，s. 162 og s. 174-177.

113. **去支付寡妇抚养金保险**]向保险公司付保险,以便在自己去世后寡妇能够得到抚养费。寡妇抚养金保险是十八世纪出现的保险形式。

114. **现在我踯躅徘徊……以求能为她洒下我的泪**] 典故来源不详。

115. 丹麦文原文为:"men at døe af Sorg, fordi hun ikke kan udholde, at den Elskede er fjernet fra hende paa en Reise til Vestindien, at maatte finde sig i at han reiser, og saa ved hans Hjemkomst ikke blot ikke være død, men knyttet for evigt til en Anden, det er virkelig en besynderlig Skjebne for en Elsker."

Hong 的英译本遗漏了一个"不":"But to die of sorrow because she cannot bear to have her beloved be far away on a journey to the West Indies, to have to reconcile herself to his going, and then upon his homecoming not only be dead but united forever to someone else—that is really a strange fate for a lover."(但是,因为无法忍受爱人远离她去西印度群岛旅行、无法让自己接受"他离开"的事实而死于悲哀,然后,在他回家的时候不仅死去而且永远地与另一个人结合在一起,对于一个爱者,这才真正是一种古怪的命运)。正确的翻译应当是"...and then upon his homecoming not only. *not* be dead but..."(……在他回家的时候不仅仅是没有死去而且还……)。

Emanuel Hirsch 的德译本是译作"不仅仅是没有死去"的:"...aber vor Kummer sterben, weil sie es nicht aushalten kann, daß der Geliebte ihr ferne gerückt ist durch eine Reise nach Westindien, sich darein finden müssen, daß er reist, und dann bei seiner Heimkunft nicht bloß nicht tot sein, sondern auf ewig an einen andern gebunden sein, ja, das ist wirklich ein absonderliches Geschick für einen Liebenden."

但是 F. Prior et M.-H. Guignot 的法译本倒是与英译本的"不仅死去"一致:"Mais mourir de chagrin parce qu'elle ne peut pas supporter que le bien-aimé soit éloigné d'elle à cause d'un voyage aux Antilles, parce qu'elle doit se résigner à le voir partir, et ensuite, à son retour, ne pas seulement être morte, mais liée à un autre pour l'éternité — voilà assurément le sort le plus étrange pour un amant."。

本书译者译作"不仅仅是没有死去"。

116. **一支旧歌谣中的重复部分……:我说为你和我喝彩吧,这一天永远都不**

会被忘记!] 诙谐歌谣《男人女人都坐下》中的副歌部分为:“呼嗨!我说为你和我,这一天永远都不会被忘记。”

117. **不应当就此而停留着不动,而是继续向前**] “继续向前”和“超过”是丹麦黑格尔主义关于要在笛卡尔的“怀疑”的基础上继续向前的说法,后来又在更广泛的意义上用于“要超过其他哲学家(诸如黑格尔)”。

哲学家、数学家和自然科学家勒内·笛卡尔(1596-1650年)强调,为了确定“知识”的有效性,有必要怀疑一切(拉丁语“de omnibus dubitandum est”)。借助于这一工具性的怀疑,笛卡尔发觉,唯一让人无法有意义地怀疑的事实是:正进行怀疑的人必定是作为思者而存在的,所谓“我思故我在”。黑格尔(1770-1831年)德国哲学家,1801-1805年在耶拿任非常教授,1816-1818年在海德堡任教授,1818年至去世在柏林任教授。从1800年起,他开始了独立的哲学著述,其核心是关于“存在(‘那绝对的’)是精神并且‘那绝对的’是辩证的(就是说处于一种不断向前的发展)”的思想。以此为出发点,他的努力在于一种方法,把各种哲学观点集中在一个体系之中,同时既包容物质世界又包容精神世界。

118. **甚至柏拉图和亚里士多德都认定了,女性是一种不完美的形式**]柏拉图在对话录《蒂迈欧篇》中(42a-b)写道:所有灵魂在它们的尘世第一生都是男人。那些无法控制自己的激情,生活中怯懦和不公正之中的人们,在他们的下一辈子里成为女人。亚里士多德在《论动物的形式》中写道(第四卷,第六章,775a):女人的特征可以被看作是一种自然的不完美。在此书稍前处(第二卷,第三章,737a):女人是一种扭曲的男人,在其构成新的个体的参与中只缺少灵魂原则。

119. **她要得解放**] 妇女解放运动到了1848年才开始变成正式的事业。在丹麦,最初的文件是玛蒂尔德·菲比戈尔的笔名著作:克拉拉·拉斐尔的《十二封信》,由海贝尔在1851年在哥本哈根出版。不过,自从1789年法国大革命之后,已经有人开始提出对女性权利的要求,比如说,法国的奥兰普·德古热(1748-1793年)和英国的玛丽·沃斯通克拉夫特(1759-1797年)。在法国波旁复辟时期,社会主义的伯爵圣西门(1760-1825年)重提女人的平等权利,而他的追随者,巴泰勒米·普罗斯佩·安凡丹(1796-1864年)则直接提倡自由恋爱和肉体解放。法国作家乔治桑(1804-1876年)也欢呼自由恋爱,追求将女人从所有习俗压制之中解放出来。克尔凯郭尔在他的匿名文章《也是一个对于女性的高天赋的辩护》中提及了圣西门主义的要点。

120. **柏拉图为四样东西而感谢诸神**]神父拉柯坦提乌斯(Lactantius,约 250 - 约 325)在对柏拉图的描述中(*Institutionum divinarum*,3,19)说柏拉图感谢大自然,他成为了人而没有成为不会说话的动物,成为男人而不是女人,成为希腊人而不是野蛮人,成为雅典人而且与苏格拉底同时。

Jf. *Firmiani Lactantii opera*, udg. af O. F. Fritzsche, bd. 1 - 2, Leipzig 1842-1844, ktl. 142-143; bd. 1, s. 152.

121. **已经被一个更早希腊哲学家提出来**] 在第欧根尼·拉尔修的《哲学史》第一卷第一章第三十三节中谈及自然哲学家,米利都的泰勒斯,他为三样东西感谢命运:(1)他成为了人,而没有成为不会说话的动物;(2)成为男人而不是女人;(3)成为希腊人而不是野蛮人。

122. 就是说:命运没有给予我“某物 A”,我没有得到“某物 A”,那么我就无法因为“我得到了某物 A”而表示感谢。

123. 译者对这句句子作了一定程度的改写。直译应当是:“尽管一个女人的生活不具备这样的一些对立面,但她所享受的并且人们正当地认定她作为女人所应得的这份荣誉,一份她无法与男人共享的荣誉,已经指向‘那毫无意义的’了。”

124. 奇幻的范畴(phantastiske Kategorier)。

125. 按原文直译这“女性”应当被译作“美的性”。

126. 按原文直译这“女性”应当被译作“美的性”。

127. 这里的“女性的”是形容词,是一个“女性的存在”,而不是“一个女性”的存在。

128. 这里的“女性的”是形容词,是每一个“女性的存在”,而不是“每一个女性”的存在。

129. **蒂克的那些浪漫主义剧作之中……哥本哈根的杂货商**] 德国罗曼蒂克诗人路德维希·蒂克(1773 - 1853 年)在民间童话的基础上进行创作,并且他的人物常常变换职业。但是克尔凯郭尔所描述的人物却无法在蒂克的作品里找到。

130. 这里的“女性的”是形容词,是每一个“女性的存在”,而不是“每一个女性”的存在。

131. **fasces**]拉丁语:束棒。音译“法西斯”。束棒是一根被多根绑在一起的木棍围绕的斧头。在古罗马是刑具和高级官员的权威标志。

132. 这个"这"是指"走到真相的界限之外"。

133. **议员**］原文是Etatsraad，丹麦衔位之一。根据1746年和1808年的法令以及后来的附加规定，丹麦衔位包括有九个等类，以数字区分，这一议员衔位是第三等。

134. **在一种否定的关系中，女人使得男人在理想性中变得有创造力**］就是说，通过作为"他所得不到的"，女人起到了这样的作用，使得男人实现各种更高的理想。

135. ［**地址报**］*Adresse-Avisen*，最老的丹麦广告报纸，全称*Kjøbenhavns Adresse-Comptoirs Efterretninger*，由印书商威兰德（J. Wielandt）在1725年从欧斯顿（F.v.d. Osten）那里从接手了后者得天独厚的地址办公室（1706年成立）之后出版。1759年之后又被霍尔克（H. Holck）接手，并刊登新闻材料，但在十九世纪初这份报纸又重新成为广告报纸。在克尔凯郭尔的时代，这报纸的内容几乎就只有包括讣告的各类广告。从1800年起一周六期，在1841年印数达七千。这份报纸从来不曾发行到哥本哈根之外的地方。

136. "正定地/正定的"：副词/形容词positiv，是由动词ponere（设定）衍生出来的名词。通常译作"肯定"，但是考虑到这个词在这里的意义关联中所指的"设定"的意义，所以译作"正定"。

137. 就是说，这是一个讣告：彼得森女士在24和25日间的这个夜晚突然去世……

138. **用霍尔堡的话说：那头母牛是不是也穿着阿德里安娜长裙**］霍尔堡（Ludvig Holberg，1684－1754年），丹麦挪威诗人，哲学家和历史学家。从1717年起任哥本哈根大学教授，后担任校长，并且在1737－1751年任基金会负责人。因为当时在小绿街（现在的新阿德尔街）开立一家丹麦剧院，霍尔堡开始写他最初的那些喜剧，三卷本出版于1723－1725年。最初的25部喜剧以《丹麦剧场》为标题出版1－5卷。在他的喜剧《产房》（1724年）的第二幕第二场中，安娜·坎德斯杜贝尔斯正要去产房。那里有几个妇人，其中有一个这样谈论她："你们是不是认为那头母牛也穿着阿德里安娜长裙！"

阿德里安娜长裙：一种松散的后摆着地的女裙，因为法国女演员丹果尔女士穿着这款衣服演阿德里安娜（泰伦提乌斯的喜剧《安德里亚》

中的人物)而得此名;它让人觉得像睡衣,在十八世纪初这款裙子成为时髦时曾因此而让许多人愤慨。

“母牛”在丹麦是被用于女性的侮辱称呼。

139. **鹿苑**]在哥本哈根北面,猎堡鹿苑,在那里也有一道圣泉。在夏天,泉源周围会有集市,形成一个民间游乐场地。

140. **“那否定的”要高于“那正定的”,它是“那无限的”并且以这样一种方式是“那唯一正定的”**]暗示了黑格尔的辩证法。根据黑格尔辩证法,“那正定的(那肯定的)”是第一环节,“那直接的”,要被其对立面否定;这样,“那否定的”就在这样一种意义上高于“那正定的”:它在辩证过程中标示了一个得到了更多发展的一阶。第三环节,更高的一阶则是对“那否定的”之否定,更高的直接性。在《逻辑学》中,按照黑格尔对无限性的理解,无限性之范畴在“存在”(Dasein)之范畴中构建出第三环节。第一环节是“存在”(Dasein),就是说,特定存在。这一特定存在被一个特定界限否定,并且因此而是有限的,第二环节是有限性。有限性之否定是无限性,亦即,第三环节或者说否定之否定。如此,无限性是一个正定的名词。

参见 *Wissenschaft der Logik*, udg. af L. von Henning, bd. 1-2, Berlin 1833-1834 [1812-1816], ktl. 552-554; bd. 1, i *Hegel's Werke*, bd. 3, s. 112-173 (*Jub*. bd. 4, s. 122-183)。

另外,名词的 Dasein,尤其在海德格尔的哲学关联上,国内似乎有“此在”、“亲在”、“定在”和“缘在”等等译法。不过我所参看的一些德国唯心主义译著中一般常被译作“存在”,而 Sein 则被译作“在”。

141. **超越了所有能够在任何男人的脑子里冒出来的东西**] 指向《哥林多前书》(2:9),在之中保罗描述上帝的智慧,说那“是眼睛未曾看见,耳朵未曾听见,人心也未曾想到的”。

142. “生活”(Tilværelsen),也译作“存在”。

143. **作为败坏之源的人**] 指向《马太福音》(18:7),在之中耶稣说:“这世界有祸了,因为将人绊倒。绊倒人的事是免不了的,但那绊倒人的有祸了。”

144. **通过她罪进入世界**] 暗示了《创世记》第 3 章中的罪的堕落的故事。

145. **她的不贞毁灭了一切**] 也许是指特洛伊战争的故事。斯巴达的王后海伦是世上最美丽的女人,但是爱神阿芙洛狄忒让她爱上特洛伊王子帕里斯,后者将她拐到特洛伊,她成了他的妻子。

146. **那“使得男人对自己的妻子有责任”的国家**］按照克里斯蒂安五世的丹麦法律(1683 年):男人从自己未来的妻子的“父母或者正当的监护人”那里接受她(第三卷,第 16 章,第 1 条);这样,一个女儿“在被转交给另一个监护人或者丈夫之前绝不能不认父亲的监护”(第三卷,第 17 章,第 38条)。作为她的监护人,丈夫可以比如说把她送进精神病院。他也单独地拥有着公共财产中女人的这部分。在 1845 年 5 月 21 日所颁布的规定中,丈夫的遗产定性被改为必须依赖于妻子的同意,只要这牵涉到“母亲遗产继承”(第 29 条),——本来丈夫可以按自己的意愿来控制。1857 年 12 月 29 日,关于女人的法定独立权的法律给予满 25 岁的未婚女子完全法定的独立权,而已婚女子在 1899 年才获得完全的人身和经济控制权。

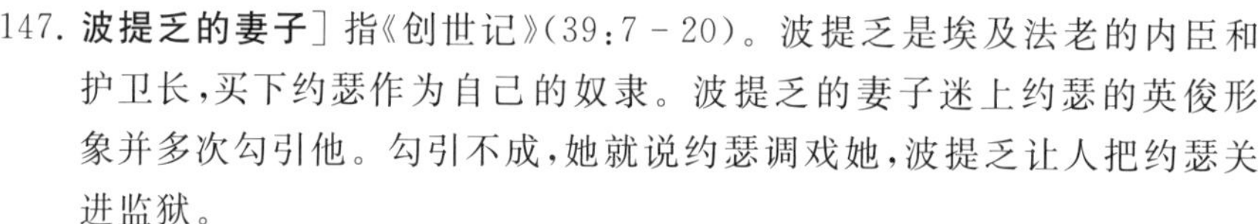

147. **波提乏的妻子**］指《创世记》(39:7 - 20)。波提乏是埃及法老的内臣和护卫长,买下约瑟作为自己的奴隶。波提乏的妻子迷上约瑟的英俊形象并多次勾引他。勾引不成,她就说约瑟调戏她,波提乏让人把约瑟关进监狱。

148. 直译是“因为一个与女人的正定关系根据最大可能的尺度来有限化男人”。

149. **Wahlverwandschaft**］本来应当是 Wahlverwandtschaft,德语:有择之亲和力。这个词表示各种化学元素有相互化合的倾向。歌德在《有择之亲和力。一部小说》(*Die Wahlverwandschaften. Ein Roman*,1809)中使用这个词为标题来阐明人之间的相互间繁复的关系,人际间那种深刻的、情欲的同感。

参见 *Goethe's Werke*,bd. 17,1828。

150. **做讲演……是牧师还是警察士官**］在克尔凯郭尔的时代丹麦还没有市政厅的公民婚礼。直到 1851 年,人们在丹麦都只能够通过一个牧师来举行婚礼。这一法规与宗教信仰自由(这一自由在 1849 年被写进宪法)相冲突。1851 年颁布了所谓的紧急平民婚礼法规,根据这一法规,如果一对新婚夫妇不要求教堂婚礼(比如说,如果其中一个人不是某个得到承认的宗教的信仰者),人们可以通过世俗政府部门来举行婚礼,到了1922 年,人们才真正获得在市政婚礼和教会婚礼之间自由选择的权利。

151. **梳子上**］梳子的牙杆上缠有丝绸纸或者类似的东西,这样梳子就可以被当一种原始的乐器来使用了。

152. **仙女们的声音出自夏夜的洞窟**] 出自丹麦罗曼蒂克作家和诗人欧伦施莱格(A. Oehlenschläger)的诗歌剧《阿拉丁》(*Aladdin, eller Den forunderlige Lampe*)的第三幕:苏丹的女儿古尔纳尔在婚礼之后站在内室重温阿拉丁的声音:"用你的声音来使我振作吧,/它从自己空空的玫瑰洞里发出,/就像仙女们的声音出自夏夜的洞窟。"《欧伦施莱格诗文集》第二卷(*Adam Oehlenschlägers poetiske Skrifter*, bd. 2, s. 241)。

153. **disjecta membra**] 拉丁语:四分五裂的残肢。塞涅卡的悲剧《淮德拉》第1256句诗是:"disiecta ... membra laceri corporis"(一个破碎的身体的四分五裂的残肢)。

154. 这个"承认"(Concession)同时含有"让步"的意思。从"不承认"到"承认"是一种让步。有时候,根据上下文关联,我也会将之译作"让步"。

155. 这个"承认"(Concession)同时含有"让步"的意思。见前注。

156. 幂(丹麦语:potens;德语:Potenz;英语:power;法语:puissance):根据丹麦语原文和我所用的法英德三种译本统一地看,这里在用一个数学概念打比方。幂,是指数字的自乘次数。如果说"让步"意味了一种负,那么,在两次方之中负负得正,负值就被消掉而在二次方中成为正数。

157. "双重性",在丹麦语中是 Reduplikation(翻倍)。可能是指反思的双重性:直接性是单程的,反思则返观直接性而构成第二层面,因而成为翻倍的双重性。女性是直接性;男性的特征则是反思。

158. **艾莱米塔**]Eremita,拉丁语是"隐士"的意思。见前面的注释。

159. **白币**] 中世纪的一种银币,相当于 1/3 斯基令。一分钱。

160. **公共马车**]公共马车(omnibus:拉丁语,"为所有人的"),一种根据当时的条件是很大的封闭式的马车,在固定的路线上运输客人的公共交通工具。哥本哈根最初的一批公共马车是在 1840 年前后出现的。这在当时是很引人注目的,它们都有色彩鲜艳的漆绘和漂亮的名字:太阳、红女士、狮子、鹰、北极星等等。最初的路线是从阿玛格尔集市到弗雷德里克堡,不久之后,就又有了去灵璧、夏洛腾伦德和猎堡鹿苑的路线。从大约 1830 年起在英国、法国有了蒸汽机拉的公共车,但在丹麦没有被使用。

161. **蚁狮……的漏斗**] Hong 的英文版将丹麦语中的"蚂蚁吞食者"译作"食蚁兽",但是根据克尔凯郭尔研究中心的注释,应当是蚁狮(拉丁语学名

Myrmeleon formicarius),一种脉翅目昆虫,幼虫会在沙地上制造出漏斗状的陷阱而自己躺在漏斗底部,好让蚂蚁及其的小猎物从漏斗的松散沙墙上掉落下来并将之吃掉。

162. **私掠船**] 在 1807 年的哥本哈根海战中,英国掳获大部分的丹麦舰队,之后丹麦对英国及其盟国瑞典发动"私掠海战",指由丹麦政府颁发私掠许可证,授权攻击或劫掠敌国船只(也包括为敌国运输的中立国船只)。执行私掠的船只通常被称为私掠船,船长为私掠船长,劫掠来的货物可以拍卖。

163. **在人群簇拥处……有着我的时尚店铺**] 在十九世纪,哥本哈根有了相当大的一批有着引人注目的巨大橱窗的商店。在 1850 年之前,根据外国的榜样,在哥本哈根的东街有着各种各样的甜食店和商铺,因为上层阶级的市民会到这里散步。这里有许多时尚商家。

164. **维纳斯山**] Venusbjerget,丹麦语直译是维纳斯山,在一般的意义上意译就是阴阜(一块圆形位于女性阴部上的肉质隆起物)。作为"有罪的性别性"的特定地方的维纳斯山的观念是从十五世纪上半叶开始被人谈论的。美丽神圣的维纳斯停留在空洞的山上,借助于魔法她把男人引到山中并拿走他们的灵魂。大多数进去之后再也无法出来。只有少数出来之后都变得怪怪的,要么又重新回去,要么死于对之的思念。

维纳斯山是通过《唐怀瑟之歌》而得以流传的(目前唐怀瑟的第一份歌集已知是出于 1515 年)。后来在德国作家和出版者路德维希·阿奇姆·冯·阿尔尼姆(Ludwig Achim von Arnim)和柯莱门斯·布伦塔诺(Clemens Brentano)出版的德国老歌集中的诗歌 *Der Tannhäuser* 中也有这个故事。

165. **理论上的扬弃**]在这里是指绕圈子或者旁敲侧击。"扬弃"是黑格尔辩证法的关键概念(Aufhebung),是指事物被否定,但不是被消灭,而是被包容在了新发展出来的事物中。可参看黑格尔《小逻辑》中有解释说:"扬弃一词有时含有取消或舍弃之意,依此意义,譬如我们说,一条法律或者一种制度被扬弃了。其次,扬弃又含有保持或保存之意。在这意义下,我们常说,某种东西是好好地被扬弃(保存起来)了。"黑格尔:《小逻辑》,贺麟译,商务印书馆,1980 年 7 月,第二版。

参见 Hegels,*Encyclopädie*,1. del:"Unter aufheben verstehen wir einmal so viel als hinwegräumen,negiren,und sagen demgemäß z. B. ein

Gesetz,eine Einrichtung u. s. w. seyen aufgehoben. Weiter heißt dann aber auch aufheben so viel als *aufbewahren*, und wir sprechen in diesem Sinn davon, daß etwas wohl aufgehoben sey". *Encyclopädie der philosophischen Wissenschaften im Grundrisse*, udg. af L. von Henning, bd. 1-3,Berlin 1840-45 [1817],ktl. 561-563; bd. 1,i *Hegel's Werke*, bd. 6,s. 191 (*Jub.* bd. 8,s. 229)。

166. **在异教的普鲁士,到了适婚年龄的女孩戴着一只铃铛**] 所指的是古普鲁士人,一个波罗的海地区的民族,六世纪开始居住在魏克瑟尔河和梅默尔河之间,这个民族中的人顽固地坚持异教信仰,十世纪的基督教传教士想要让他们信基督教,结果遭遇到抵制。直到十三世纪在条顿骑士团的东征运动之下才渐渐有一部分古普鲁士人皈依了基督教。关于古普鲁士到了适婚年龄的女孩戴着一只铃铛的叙述出自的冯·考茨布的《普鲁士古代史》。

参看:August von Kotzebue,*Preußens ältere Geschichte*, bd. 1-2, Riga 1808; bd. 1,s. 58:"Doch wenn ein Jüngling,durch ein Glöcklein am Gürtel der mannbaren Dirne gelockt,ihrer zum Weibe begehrte,so sandte er zwey Freywerber aus,die raubten das Madchen mit Gewalt, erhandelten es nachher von den Aeltern,um Vieh,Getreide oder Geld. Keine Wahl blieb der Geraubten,dem *ersten* Freyer ward sie ausgeliefert."。

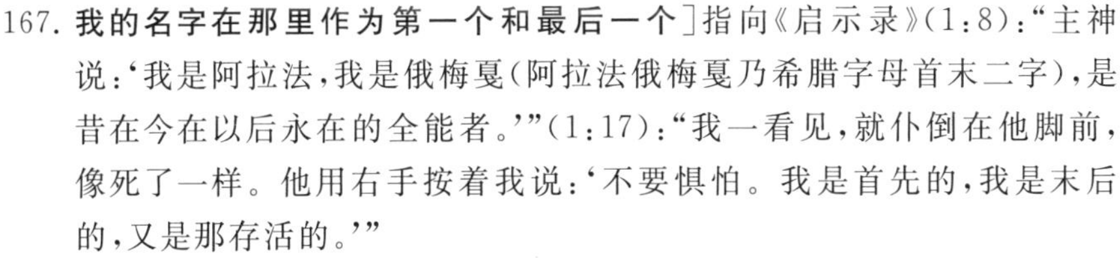

167. **我的名字在那里作为第一个和最后一个**]指向《启示录》(1:8):"主神说:'我是阿拉法,我是俄梅戛(阿拉法俄梅戛乃希腊字母首末二字),是昔在今在以后永在的全能者。'"(1:17):"我一看见,就仆倒在他脚前,像死了一样。他用右手按着我说:'不要惧怕。我是首先的,我是末后的,又是那存活的。'"

168. 原文直译是:"……任何服装都不会如此疯狂……"

169. **那个迷失的儿子身上的钱财**] 指《路加福音》(15:11-32)之中耶稣所讲的比喻,关于一个迷失的孩子,他把自己所继承的钱财花光,过着放荡的生活。

170. **先天地(apriorisk)……后天地(aposteriorisk)**] 这两个哲学用词的意思分别是"不依赖于感性经验的"(先于感性而来的)和"依赖于感性经验的"(后于感性而来的)。这里则又有简单的"向前"和"向后"、"在前部"和"在后部"的意思。

171. **第欧根尼是不是通过他的……问题来打动她**］这是指犬儒学派哲学家锡诺普的第欧根尼(约公元前 400 -前 325 年)。根据第欧根尼·拉尔修的《哲学史》第六卷第二章第三十七节,有这样的轶事:“在他看见一个女人以某种不正经的方式匍匐向诸神并且想要……去掉她的迷信的时候,他走向她说:女人,神站在你背后,因为一切因他而实现,你不以你有这样的不正经姿势为耻吗?”

172. **灰姑娘**］卑微的继女。一个从近东传播到东亚和西欧的民间童话中的主人公,最有名的是德国的格林兄弟的版本《灰姑娘》。灰姑娘是一个善良美丽的女孩,受继母虐待干着累活脏话并且成了她的三个傲慢的继姊妹的侍女。因为她的耐性她获得了好报,借助于超自然力量而与王子结婚。

173. **Pro dii immortales(拉丁语:以不朽的诸神之名)...per deos obsecro(拉丁语:我对神发誓)**］这两句拉丁语是很普通的罗马赌咒发誓语。在这里的文字中则起到使得句子变得更温和的作用。

174. “这方面”,亦即,“知道这个”。

175. **国王特许证**］行政部门所颁发的可以达成婚姻而无需事先在教堂作结婚预告或者可以在家中举行婚礼的许可证。也可以是在婚姻一方尚未达到结婚年龄时所需的结婚许可证。

176. **桃金娘花环**］用常青的桃金娘叶子编成的花环,作为新娘的装饰品。桃金娘象征了无辜。有时候桃金娘花环也作为一个“新娘是处女”的标志。

177. “时尚之奴女”:成为了“时尚”的奴隶的女人;受时尚统治的女人。

178. **人们训练老鼠去咬老鼠**］一种古老的斗鼠方式(出自中世纪)。人们抓住一定数量的雄鼠,最好是十只,把它们放在桶里不喂它们。最弱者很快死于饥饿并且被其他老鼠吃掉,这样继续下去,到最后只剩下一只,也就是最大最具攻击性的一只。人们将这只阉了,这样它就无法和雌鼠交配,然后把它放出去。这之中的思路是,这只老鼠会去咬死所有它所遇到的雄鼠并且与雌鼠交配。这样这窝老鼠自然会数量减少。如果人们在桶中放进一只雌鼠,它(怀有鼠胎)将是最后活着的一只。

参见 Maarten t'Hart, *Ratten*, 2. udg., Amsterdam 1977 [1973], s. 172f。

179. **狼蛛**］一种南欧毒蜘蛛,也有译作“塔兰托毒蛛”的。据说如果被咬,可能造成想要跳舞的歇斯底里愿望。因此有一种快速剧烈的意大利民间舞蹈也叫塔兰托。

180. **束腰紧身褡所造成的可怕后果**] 束腰紧身褡在1550年前后最初在南欧出现,是一种用硬麻布做成的妇女紧身胸衣,以缝制在里面的“鱼骨条”(有时候也会用藤条和金属)支撑起来。它被用来收束在妇女的腰间来保持她挺直的姿势。从法国大革命的时候起人们讨论了这类妇女服装。一些医生指出束腰紧身褡对呼吸和血液循环有害,并且从童年就开始使用会造成胸部变形。在1790-1820年间,人们成功地在必备的女性时尚之中去掉了束胸,但是后来又有回潮,直到1900年左右才消失。

181. “端庄”,丹麦语是“Blufærdighed”。有的地方译作“羞怯”。

182. **住在精神病院里的人**]在丹麦语原文中是“Daarekistelem”,指“人们将之关在精神病机构里,但不对之进行医治的人。”

183. **鱼骨裙**] 有裙撑(鱼骨)的、带衬的、四周鼓出的裙子。

184. **鼻环**] 鼻环是《圣经》中的女性首饰,参看《以赛亚书》(3:21)和《以西结书》(16:12)。但是在这里意义被扩张到牛鼻或猪鼻上的鼻环。

185. **高贵的想要去嘲笑所有动物中之最可笑者的天才**] 也许是指苏格拉底,但无法找出这一表述的具体来源。

186. **Hinc illæ lacrymæ**] 拉丁语:由此这些泪水。这是一句在古典时期就已经常被人引用的话。出自罗马诗人泰伦提乌斯的喜剧《安德里亚》(《安德罗斯女子》)的第126句。

187. 这个“承认”(Concession)同时含有“让步”的意思。参见前面的注释。

188. 这个“让步”也就是“承认”,在文中是同一个词:Concession。

189. 既不懂出手,也不懂放弃。也可理解为:既不知道带着好胃口享受也不知道去放弃戒除。

190. argumentum ad hominem(拉丁语:以人身为据的论证法),就是说是在论证过程中不是就事论事,而是以人身关联上的因素来推断出结论的错误论证法。

191. **甜食店之吻**] 一种小甜饼,通常是用蛋白做出来的。

192. **es ist kaum zu sehn, es ist nur für Lippen, die genau sich verstehen**]德语:这几乎不是让你看的,这只是为嘴唇们准备的,它们相互准确地明白对方。来源不详。

193. **绝对命令**] 德国哲学家康德(Immanuel Kant,1724 - 1804 年)的实践哲学中的关键概念,标示了决定一个行为是否在道德上正确的原则。康德做出了假设性命令和绝对命令的区别,前者是为一个特定意图而要求一个人去做出行为,而后者则是要求人不依赖自己所具的愿望和需要而做出行为:"如此地行为,——永远使得你的意志的准则能够同时成为普遍制定法律的原则。"

康德认为这绝对命令是客观的、普遍的,绝对无条件的,其目的和手段是不可分离的,也被称作"无限命令"或者"无条件命令"。康德的三条绝对命令道德律如下:

一,"如此地行为(你永不以除了这之外的方式来行为),——你通过你的行为准则能够立愿于'你的行为格准应当成为一个普遍规律'。"由于事物的存在按照普遍规律达成自然规律的正式概念,所以绝对命令也表述为:"如此地行为,就好像你的行为格准通过你的意志应当成为普遍的自然规律。"

二,因为理性自然本质作为一个自身目的存在,所以第二条绝对命令的表述是:"如此地行为,——你始终把人当作目的,而不是当作工具,无论(这人)是你自己或者别的什么人。"

三,人的自由意志对于康德是先验的,不依赖于现象世界的或者说不依赖于物质的,这样第三绝对命令表述就进入到自由意志的自律:"如此,——每个理性者的意志都是颁立普遍规律的意志。"

194. **克里斯蒂安斯菲勒人**] 亦即:笨蛋,懦夫,平庸乏味者。

丹麦日德兰半岛南部的克里斯蒂安斯菲勒在 1733 年建成,是德国赫恩胡特地区的摩拉维亚教会在丹麦的侨居地。在摩拉维亚教会中每天教堂仪式中教规的履行和灵魂的安宁是很重要的。

195. 殷勤礼是"几率可能性和快感"在男人和女人之间的所举行的神秘仪式。这个"神秘仪式"在原文中是 Frimureri,就是说"共济会式的神秘仪式"。

196. **把自己的艰难转换成可在永恒之中使用的兑换券**] 就是说,把自己在今生此世的亏损转换成"在天堂里获得支付"的信仰。

197. "残花",原文为:"被用过的花"。

198. 狂欢节,亦即忏悔节。

199. **爱德瓦尔德……考尔德丽娅**] 参看《诱惑者日记》:爱德瓦尔德爱上了考

尔德丽娅并且几乎就要向她表白,但却被约翰纳斯取而代之,后者按照诱惑艺术的规则来诱惑考尔德丽娅,然后又离开了她。《诱惑者日记》是《非此即彼》(中国社会科学出版社,2009年)上卷中的一部分,单行本则有译林出版社2014年的《诱惑者日记》。

200. **《戒指》第二**〕以英国剧作家乔治·法夸尔(George Farquhars,1678-1707年)的喜剧为基础,德国人弗雷德里克·路德维希·施罗德(Friedrich Ludewig Schröder,1744-1816年)写了两部流行粗俗的喜剧,由弗雷德里克·施瓦尔兹翻译成丹麦文并在皇家剧院上演:《戒指》(在1789-1830年间演了23次),《戒指第二》(1792-1833年演了32次)。《戒指第二》与爱德瓦尔德和考尔德丽娅没有关联。他的这一表述只是意味了:他准备好了要与另一个女孩一起重复这整个过程(包括短期的订婚)。

201. 这一段的丹麦文原文是:"Man have Sværmeri nok til at idealisere,Smag nok til at støde til i Nydelsens festlige Klinken,Forstand nok til at bryde af,absolut som Døden bryder af,Raseri nok til atter at ville nyde—da er man Gudens og Pigernes Yndling."。

Hong的英译本把"品味"译成了"胃口":"Have enough fanaticism to idealize, enough appetite to join in the jolly conviviality of desire, enough understanding to break off in exactly the same way death breaks off,enough rage to want to enjoy all over again—then one is the favorite of the gods and of the girls"(有足够的狂想去理想化,有足够的食欲加入享受的欢快的碰杯中,有足够的理智去突然中止——完全像死亡突然中止那样,有足够的狂怒去想再次享受这一切,这样,一个人才是神和女孩子们的宠儿)。

Emanuel Hirsch的德译本是:"Man habe Schwärmerei genug, um zu idealisieren, Geschmack genug, um anzustoßen bei des Genusses festlichem Becherklang, Verstand genug, um abzubrechen, so unbedingt wie der Tod es tut,Raserei genug,um abermals genießen zu wollen—so ist man des Gottes und der Menschen Liebling."。

F. Prior et M.-H. Guignot的法译本:"Si l'on est doté d'assez de rêve pour idéaliser, si l'on a assez de goût pour prendre part au choc solennel des verres de la jouissance, assez d'intelligence pour rompre, exactement comme la mort sait le faire, assez d'emballement pour vouloir recommencer à jouir—alors on sera le favori des dieux et des jeunes filles."。

202. **坦塔洛斯**］根据希腊神话，坦塔洛斯是弗里吉亚的国王。对诸神犯罪而被打入冥界塔耳塔罗斯。在这里，他必须站在湖中，当他口渴想喝水时，水就退去；他的头上有果树，但在他想要摘果子时，果子就消失。可参看荷马《奥德赛》第十一歌，第 582－592 句。

203. **在最早的时候只有一种性别，古希腊人这么说**］接下来的描述是针对潘多拉的神话。普罗米修斯盗火给人类之后，宙斯命令火神赫淮斯托斯用黏土做成第一个女人，并将之送给厄庇墨透斯，作为对人类的惩罚。潘多拉打开了她所带对人类致命的盒子。在公元前 7 世纪，赫西俄德在他的《神谱》（第 561－593 行）及《作品与日子》（第 47－105 行）讲述了有关潘多拉的神话。

204. "这种做法恰恰是他们所不认同的"：丹麦语是"men derom var det jo netop de mistvivlede"，直译的话就是"但是这种做法恰恰是他们认为值得怀疑的"。Hong 的英文版译成"but that was the very thing they despaired of doing"（那恰恰是他们绝望地放弃不做的事情）。

Emanuel Hirsch 的德译本是："eben daran hegten sie ja Zweifel."。

F. Prior et M.-H. Guignot 的法译本："mais c'était justementlà-dessus qu'ils avaient des doutes."。

205. **迫切的需要教会了诸神甚至去在创造能力方面超过自己**］暗示了谚语："迫切的需要教会裸体女人纺织。"

206. 一个"让'处于自身的天真之中的诸神'禁不住要赞美自己"的发现。

207. **Ambrosia ... Nektar**］按希腊神话中的说法，ambrosia 是诸神的食物而 nektar 是他们的饮料。

208. **就像农民吃凉拌黄瓜**］丹麦俗话说："农民怎么看凉拌黄瓜？他们以为这是绿豌豆。"在海贝尔的杂耍剧《批评家和动物》（*Recensenten og Dyret*，1826 年）中，六十岁的法学学生特罗普说到关于装订商普吕欣，他"对外语所懂的程度，就像一个农民对凉拌黄瓜所懂之多"。

209. "存在"（Væsen）。在丹麦语中，这个"Væsen"：同时有着"存在物"、"本性"、"实质"、"东西"等意义。在我所参考的三个版本中，Hong 的英文版译成"nature"，Emanuel Hirsch 的德文版译成"Wesen"，F. Prior et

M.-H. Guignot 的法文版译成"être"。本书译者译成"存在"。

210. 这一段落的四个版本:

(丹麦文)At der da intet Vidunderligere, intet Lifligere, intet mere Forførerisk lader sig udtænke end en Qvinde, derfor borge Guderne, og deres Nød, som skærpede Opfindsomheden, borger atter for dem, at de have vovet Alt og i hendes Væsens Dannelse bevæget Himmelens og Jordens Kræfter.

(Hong 的英文版)That nothing more wonderful, nothing more delicious, nothing more seductive can be devised than a woman—this the gods guarantee, and their need, which sharpened their inventiveness, is in turn their guarantee that they have staked everything and in forming her nature have prevailed upon the powers of heaven and of earth.

(Emanuel Hirsch 的德文版)Daß sich da nichts Wunderbareres ausdenken läßt, nichts Reizenderes, nichts Verführerischeres denn ein Weib, dafür bürgen die Götter; und der Götter Not, welche die Erfindungsgabe schärfte, bürgt ihrerseits für die Götter, daß sie alles daran gewagt und beim Bilden von des Weibes Wesen alle Kräfte Himmels und der Erden bewegt haben.

(F. Prior et M.-H. Guignot 的法文版)Qu'on ne puisse rien imaginer de plus merveilleux, rien de plus exquis, rien de plus séduisant que la femme, les dieux s'en portent garants et, outre cela, la détresse qui aiguisa leur génie inventif nous garantit qu'ils ont tout risqué et que pour former son être, ils ont mis en branle toutes les forces du ciel et de la terre.

211. **诸神在他睡觉的时候从他身上取出一个部分**]指向《创世记》(2:21-23),上帝从睡着的亚当身上取出一根肋骨来造出女人。

212. **诸神将他分成两半而女人是其中一半**]见前面关于"阿里斯托芬说诸神把人一分为二"的注释。

213. **注目浪涛,之中有泡沫女孩不断地促狭**]指向北欧神话中关于海神艾格尔和他妻子冉的九个女儿的故事。这些女孩在风暴汹涌的大海之中围着她们的母亲游泳,并且在浪涛中显现出来,以白纱打扮着自己。她们有时候会是很温柔平和,有时候则可怕而巨大。她们很愿意把遇上海难的航海人领出暴怒的大自然元素；但是那些无望地迷失的人则被她们置于冉的怀抱。

参见 W. Vollmer, *Vollständiges Wörterbuch der Mythologie aller Nationen*, Stuttgart 1836, ktl. 1942 - 1943, s. 1537。

214. **各种力的参与全都统一在一个否定关系的无形中心**］就是说，有一种斗争介于各种向各种方向努力着不同力量，轻盈性和丰满和欲望等等，最后这些力量统一在了一个无形的平衡点上。

215. ……通过让自己作为“渴望”的刺激物而为人带来满足。

216. 或者说，“尽管他情不自禁地有着‘想要’的欲望”。

217. “知密者”的丹麦语是 Mindvider，在句子关联中所强调的是对秘密的了知的时候，我将之译作“知密者”；而如果强调的是一种同享，我就将之译作“同知者”。

218. 无辜性(Uskyldigheden)。可参考对“辜”的概念的注释。

219. 羞怯性(Blufærdigheden)，有时候也被译作作为名词的“羞怯”、“端庄羞怯”或者“矜持”。

220. “端庄羞怯”(Blufærdigheden)，见前面的注释。

221. **阿拉丁用来分隔开他和古尔纳尔的剑**］指欧伦施莱格的诗歌剧《阿拉丁》(*Aladdin, eller Den forunderlige Lampe*)中的第二幕。阿拉丁借助于灯神而带走了苏丹的女儿古尔纳尔和她的婚床并在夜里睡在她身边。但他在他和她之间放了一把剑以保护她的童贞在他们的婚前不被破坏掉。

参见 *Adam Oehlenschlägers poetiske Skrifter*, bd. 2, s. 192。

222. **像皮拉姆斯那样地把自己的头靠向羞怯性的隔墙**］指罗马诗人奥维德《变形记》第四卷第 55 - 166 句中关于皮拉姆斯和提丝贝的故事。两个相爱的年轻人，是住在巴比伦的门对门的邻居。他们的父亲禁止他们的爱，但这爱情却在暗地里越燃越旺。通过分隔两家的墙上的一个裂缝他们剧烈地向对方耳语并感觉到对方的欲望的呼吸。

参见 Ovid, *Metamorphoses*, *P. Ovidii Nasonis opera quae supersunt*, bd. 2, s. 99-102。

223. “所有渴望之情欲”算是意译，直译的话是“所有欲望之情欲”。

224. **目光是灵魂的“解译者”**］丹麦有相应俗语：“眼睛是灵魂的镜子”和“眼睛是心脏的解译者”。

E. Mau, *Dansk Ordsprogs-Skat*, bd. 1-2, Kbh. 1879; bd. 2, s. 608 (nr. 12.072).

225. **我也窥视到了生存的秘密,我也为某种神圣的东西服务了**] 指向苏格拉底,在《申辩书》(23b)中他说:"正因此,我现在还在按照神的意愿,四处寻求和追问每一个我以为智慧的公民和外邦人。每当我发现他并不智慧,我就向他指出他这一点,以此来为神服务。"参看《苏格拉底的申辩》,吴飞译注,华夏出版社,2007 年。这里的引文对译文有所改动。

226. 在丹麦语中,一个新娘(Brud)和一场断裂(Brud)都是 brud,但是新娘是通性名词而断裂是中性名词,前者的不定冠词是 en 而后者的是 et,前者的定冠词是 den 而后者为 det。

227. "时间中的",timelig,在表达概念的关联上,本书译者一般都将之译作是"现世的"。它是"永恒的"的对立面。

228. **Venerabile**] 拉丁语:当受敬畏者。这个词用于罗马天主教教会圣餐仪式上受崇拜的圣饼。

229. 直译的话应当是:"在男人这里,那本质的就是那本质的,于是总是那同样的;在女人那里,那偶然的是那本质的,并且以这样的方式是一种永不枯竭的差异性。"

230. **把杯子扔向后墙的门**] 在十六到十八世纪的欧洲贵族或其他上层社交场合,这样的做法属于礼貌的一部分:喝完一杯酒之后把杯子砸碎。

231. **这中断的快感……这皇帝的快感**] 这些用词在丹麦语里都和剖腹产有关(在后面的文字里也是如此)。丹麦语"剖腹产手术"(kejsersnit)在字面上是由两个词拼出来的:"皇帝"(kejser)和"切割"(snit)。同时剖腹产意味了正常的生产过程必须被中断。

232. **地下的诸神**] 在古希腊的神话中,崇尼克诸神是与大地关联在一起的,并且和地下世界有关,比如说哈德斯、珀耳塞福涅等。对这些神的崇拜不同于对奥林匹斯的诸神的崇拜,而是联系到死者们的命运和庄稼收成的丰富。也许这表述只标志了一般意义上的"黑暗力量"。

233. **砍断一个绳结**] 指向"戈耳狄俄斯之结"的故事。戈尔迪乌姆是小亚细亚的一个城市,戈耳狄俄斯之结就在这个城市的宙斯神庙里。根据传说,这个结是由一个巫师创造的,在绳结外面没有绳头,谁能解开这个绳结,谁就能成为亚细亚之王。公元前 334 年,马其顿的亚历山大大帝来到弗里吉亚,用剑将绳结劈为两半。

234. **像校长的歌谣……消失了**］无法确定是什么歌谣。

前面说到的“要中断什么事情”，这句子中出现的“某事物”和“它”都是指那“要被中断的事情”，“这”则是指“中断”这个行动本身。下面我把这些词以黑体标出。

235. “究竟是某事物停止，达到一个终点，抑或它是通过自由之行动而被中止；究竟这是一个事件，抑或这是一个激情性的决定；究竟这是像校长的歌谣那样，在不再有更多东西可唱的时候就消失了，抑或这是借助于快感的剖腹产而被引发出来的；究竟这是一种每个人都经历过的琐屑小事，抑或是那种避开大多数人的秘密”。

236. **给我**］这个“我”也就是威廉·奥海姆。见前面关于“奥海姆”的注释。

237. **地下生灵**］超自然的，常常是侏儒般的生物，按照民间传说一般住在地下，要么是在沙堆里，要么是在人类的居所间。

238. **准备这享受**］就是说，往茶里放糖和奶。

239. **你所说的话就像傻女人们说出的那样**］指向《约伯记》(2:11)，在之中约伯对妻子说：“你说话像愚顽的妇人一样。”

240. **丈夫走进森林，把枝条们切削成白色**］在诙谐歌谣《男人女人都坐下》中有着这些词句：“丈夫走到了森林里 / 把枝条们切削成白色。”

241. **丹麦的法律是允许一个丈夫打他的妻子的**］日德兰法律(1241 年)在第二卷第 81 章中允许丈夫用棍子和棒子惩罚妻子孩子和仆佣，如果他们犯错；但他不可以用武器来伤害他们。在克里斯蒂安五世的丹麦法律(1683 年)的第五卷第五章第五节中，这一惩罚权被限于孩子和仆佣。

242. 在丹麦语原文中的句子是“他们中无人对这个结果感到满意，但其他人都满足于给出一个恶毒的评价”。这里的“其他人”是除了“无人”之外的其他人，亦即“全部”。

243. **我出版了他的其他稿子**］维克多·艾莱米塔就是《非此即彼》的那个名义上的出版者。在《非此即彼》之中，法官的文稿构成第二部分(《第二部分：包含有 B 的文稿。给 A 的信》)。但是在当时，出版者并不知道那些文稿的作者(同样他也不认识约翰纳斯诱惑者。参看维克多·艾莱米塔为《非此即彼》所写的前言。可参看克尔凯郭尔《非此即彼》上，中国社会科学出版社，2009 年)。

244. **“纯粹之在”，因此几乎比“无”更微不足道**］指向黑格尔哲学体系的基本范畴，“在”(Sein)和“无”(Nichts)，存在和乌有。“在”就是在你抽象掉所有现象的特殊特征和性质之后所剩下的东西，并且，这一"纯粹之在"生产出自己的对立面，亦即"无"。参看黑格尔《逻辑学》第一部分第一书第一章第一节。

参见 Hegels, *Wissenschaft der Logik*, 1. del, 1. afdeling, 1. bog, 1. afsnit, 1. kap., i *Hegel's Werke*, bd. 3, s. 77－79 (*Jub.* bd. 4, s. 87-89)。

245. **持恒地被扬弃**〕指向黑格尔辩证法哲学的关键概念"扬弃"，根据扬弃，每一个概念设定自己的对立面；这样，概念"在"设定概念"无"，或者，按黑格尔的说法，"在"被扬弃在"无"之中。这是黑格尔的辩证运动向前发展的方式。

246. **通过这个突发奇想……"借"来了稿子……从维克多那里"借"来的**〕按照维克多·艾莱米塔在《非此即彼》中的前言，他自己没有写出这些构成《非此即彼》(他将之称为A和B的文稿)的文稿，而是在一张从旧货商那里买的旧文书写字柜之中发现的。但这里所说的更像是指向《诱惑者的日记》中的作为前言的几页，之中A说，他自己不是这日记的作者，而是偷偷地在他的熟人约翰纳斯那里擅自抄录来的。可参看克尔凯郭尔：《非此即彼》上，中国社会科学出版社，2009年。

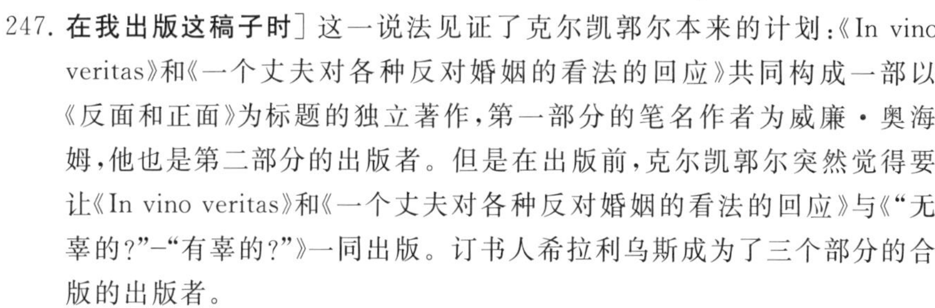

247. **在我出版这稿子时**〕这一说法见证了克尔凯郭尔本来的计划：《In vino veritas》和《一个丈夫对各种反对婚姻的看法的回应》共同构成一部以《反面和正面》为标题的独立著作，第一部分的笔名作者为威廉·奥海姆，他也是第二部分的出版者。但是在出版前，克尔凯郭尔突然觉得要让《In vino veritas》和《一个丈夫对各种反对婚姻的看法的回应》与《"无辜的？"-"有辜的？"》一同出版。订书人希拉利乌斯成为了三个部分的合版的出版者。

248. **一个报应**〕原文中这"报应"是外来语"Nemesis"，源自希腊语，翻译出来是两个意思，一是"诸神的复仇，指一种惩罚性的公正，主要是针对不应得的幸福和傲慢"，一是希腊神话中负责复仇和惩罚的女神之名。

一个丈夫
对各种反对婚姻的
看法的回应

格言:“受骗者比不受骗者更智慧”[1]

我亲爱的读者！如果你没有把时间和机会，把你生命中的十来年用在周游世界上，去看一看一个地球环航者所要认识的一切；如果你不具备能力和条件，通过对一门外语的多年练习，进入到各个民族向探研者展示出的性格差异性中，如果你不是想着去发现一个新的将同时取代哥白尼体系和托勒密体系[2]的天体系统，那么就去结婚吧；如果你具备去做第一件事的时间，做第二件事的能力，做最后一件事的想法，那么也去结婚吧。[3]尽管你没能够去看遍全球，也没有在许许多多舌头中说话，[4]也没有在天上变得聪明，[5]你不会后悔，因为婚姻是并且一直会是一个人所做的最重要的探险旅行；与一个丈夫对生存的认识相比，任何别的对生存的认识都是肤浅的，因为丈夫，并且只有丈夫，是真正地深入进了生存之中。事情确实是如此。没有任何诗人能够像那位诗人讲述诡计多端的尤利西斯[6]那样地说你，他见识过许多人的城邦以及他们的性情，[7]但问题是，如果他留在家里与珀涅罗珀在一起的话，他是否就不会得知同样多的同样令人愉快的事情呢？如果没有别人这么认为的话，那么至少我妻子有这样的看法，并且，如果我不是在极大的程度上出错的话，我可以说，每一个妻子都这么认为。一个这样的大多数稍稍大于一种简单的大多数，更多是因为如果一个人让妻子们站在了自己的一边，那么，他肯定就也让丈夫们站在了自己一边。固然，进入这一探险的只是一个小小的旅行团，不像

那些五年十年的探险旅行那样有着一个人数很多的圈子，我要请大家注意一下：这个圈子一直是一个同样的圈子；但反过来看，这样的事情则是为婚姻而保留的：去建立起一种特殊类型的相识关系，这种关系是在一切之中最奇妙的，并且，每一个新到者在这种关系之中一直都会是最受欢迎的。

因此，赞美婚姻，赞美每一个称颂婚姻之荣耀的人；如果一个新人敢于允许自己说一下自己的看法的话，那么我就要说，正是因此这让我觉得如此奇妙，因为一切都是围绕着各种琐碎的小事，婚姻中神圣的东西通过奇迹使得这些小事变成对信者而言是意义重大的事情。所有这些琐碎的小事则又有着这样不寻常的特征：我们不可能在事前对之有任何预测，它们是无法通过粗略的估量来被完全列举出来的；但是，就在“理智静止不动、想象力完全走上歧途、算盘完全打错、睿智陷于绝望”的同时，婚姻生活则阔步前进并且通过这奇迹由荣华变为荣华，[8] 无足轻重的东西通过这奇迹变得越来越意义重大——对这信者而言。然而，一个人必须是信者，一个不信仰的丈夫是最乏味的户主，一个真正的家庭害虫。如果一个人和其他人一同外出，兴致勃勃地想要观赏自然魔术[9] 中的各种实验和尝试，那么在这时最要命的事情就是：在这外出的人众之中有一个煞风景的人，他从开始到结束什么都相信，但却又没有能力对这些魔术表演做出任何解释。然而人们却会忍受这样的一种要命的事情；毕竟人们很少这样外出，另外，有这样一个酸溜溜地发霉的看客在一起，人们就会获得这样的好处：他到时候会参与表演。在通常，教自然魔术的教授会搞定他，让他充当蜡烛，[10] 用他的聪明来为大家带来娱乐，就像阿尔夫[11] 用自己的愚蠢来逗笑。

但是,一个这样的怠惫丈夫,他就应当像一个弑父者一样地被装进一个口袋扔到水里去。[12]这是什么样的痛苦啊,去看一个女人竭尽自己的妩媚可爱来使他信,去看他在接受了使得他有资格作为信者的仪式之后只是在败坏一切,——说“败坏一切”,因为不开玩笑,以诸多方式看,婚姻正是自然魔术中的尝试,并且这婚姻之尝试确实是奇妙的。去听一个自己不信自己所说的东西的牧师说教令人作呕,更令人作呕的则是去看一个相对于自己的身份状态而言没有信仰的丈夫,更令人反感之处是:因为听者们能够离开牧师,但一个妻子却无法离开自己的丈夫,无法这样做,不会这样做,不愿这样做,——但甚至这一事实都无法使他信。

通常人们只谈论一个丈夫的不忠(Utroskab),但一个丈夫对信(Tro)的缺乏[13]是同样糟糕的事情。信是唯一被要求的东西,并且这信[14]让一切圆满充实。让理智和睿智和精艺去估测、算计和描述“一个丈夫应当是怎样的”吧,只有一种品质使得他值得被爱,这品质就是信,对婚姻的绝对信仰。让生活中的经验试图去决定“一个丈夫的忠诚所要求的东西是什么”吧;只有一种忠诚,只有一种诚实是真正值得爱的,并且在自身之中藏有一切;是对上帝、妻子及其身份状态的诚实,使丈夫拒绝否认奇迹。

我选择写一下婚姻,这对我也是安慰,因为,在我放弃了所有其他技能的同时,我只强调一样东西:信念。[15]我在自己的内心之中知道我有这信念,并且与我的妻子共同地知道这一点,这对我来说极其重要,因为,即便女人出于本分应当在信众的集会中保持沉默,[16]并且不去与友谊和艺术有任何关系,但关于婚姻所说的,本质上应当是这样的:所说的各种看法是获得了她的同意的。这并不意味了她应当知道怎样带着批判性的态度去估量一切，这种类型的反思并不适宜于她，但是，她应当有着绝对的否决权，她的同意必须被当作某种招致足够安全的东西来尊重。这样，我的信念是我的唯一合理依据，而对我的信念的担保则是责任的分量，我的生活，正如每一个丈夫的生活，就处在这责任之下。固然，我并不觉得这分量是一种重压，倒觉得是一种祝福，固然，我不觉得这一结合是捆绑性的结合，倒觉得它是解放性的结合，但这条使我们结合的带子在那里，不！这无数条带子，通过它们我被绑定在生存之中，正如树通过树根许多分叉的根须而被绑定在它的存在之中。假定一切事物为我而改变，伟大的上帝，如果这是可能的话，假定我觉得自己因为结了婚而被绑定，那么，与我的悲惨相比，拉奥孔的悲惨[17]又会是什么；因为一条蛇不可能，并且十条蛇也不可能，像婚姻生活这样地，紧攫着，并且如此令人惊恐而不断束紧地缠绕住一个人的身体，婚姻生活以几百种方式捆绑着我，结果就会是以几百条锁链来束缚我。看！如果这是一种担保的话：在我觉得快乐满足并且感恩却又不停止我尘俗的幸福的同时，我也预感到那可能会沿着这条路而降临于一个人的恐怖，预感到一个作为丈夫的人所营造的地狱，——作为丈夫，adscriptus glebæ（拉丁语：被捆绑在大地上），他想要让自己摆脱束缚但却因此只是不断地发现这对于他是多么不可能，他想要砸断一条锁链但却因此只是发现又有一条更具伸缩力的锁链永远地捆绑着他，——如果这是足够的否定性担保，担保了我在这里所能说的东西不是闲暇间突然冒出来的胡思乱想、不是为了要坑蒙别人而狡猾地设计出的虚构臆想，那么，人们就不应当蔑视我所能说的东西。[18]我绝非博学，我也不要求自己博学，如果我痴愚得足以让自己有这方面的想法的话，那么这只会让我觉得烦；我不是辩证思想家，不是哲学家，但只是根据自己有限的能力非常尊重科学和由各种卓越的天资出色者们所提供的解释生命的一切说法。然而，我是一个丈夫，在婚姻的事情上，我不怕任何人。如果有这样的要求，我会充满信心并且很愉快地站在讲台上，尽管我所能说的东西并不完全适合于在讲台上被宣讲出来；我无所畏惧地和世上的所有辩证思想家辩论，和魔鬼本身辩论，他不会有可能从我这里强行剥夺掉我的信念。让精于吹毛求疵的诡辩家们堆出所有反对婚姻的说法吧，他们到最后还是会放弃自己的观点。我们很快就能够把这些说法分成两个部分：一些反对的说法，如同哈曼所说，[19]最好是以“呸”答之；别的反对则是一个人很快就可以回复处理掉的。一般说来，我本是个面皮挺薄的人，我不怎么能够忍受别人笑我。这是一个弱点，我却不曾有能力战胜这弱点；但是如果有人因为我是一个丈夫而笑话我，那么我在这时就无所畏惧，在这方面嘲笑无法伤害我，在这方面我感觉到一种勇气，这种勇气几乎与一个可怜的法官的生活方式构成鲜明的对立，——法官的生活方式就是从家里走到法庭并且再从法庭走到家里，老是与文件打交道。将我置于一个头脑聪明者们的圈子中——，如果这些聪明人合谋要使得婚姻成为笑话并且讥嘲那神圣的东西，用所有机智武装他们，用“对另一性别[20]的模棱两可关系”所磨利的刺来作为他们讥嘲之箭上的矢镞，把箭蘸进恶毒之中，这恶毒不是愚蠢而是魔鬼的睿智赢得的恶毒，——我不畏惧。不管我在什么地方，哪怕是在烈火窑中，[21]如果我要谈论婚姻，那么我就什么都不会感觉到；我这里有一个天使，或者更正确

地说,我离开了,我在她那里,她,我仍然不断地以青春之至福的决定去爱着的她,我,尽管已是丈夫多年仍然有此荣幸在幸福的最初的爱之战无不胜的旗帜下战斗的我,在她那里,通过她感觉到我生命的意义:它有着意义,并且有着一种丰富多彩的意义。因为那对于造反者来说是锁链的东西,那对于奴性灵魂来说是沉重义务的东西,对于我则是头衔和尊荣,就算拿国王的头衔和尊荣,德·文德尔和哥特尔、石勒苏益格的公爵等等[22]来和我换的话,我也绝不交换。就是说,我不知道,这些头衔和尊荣是不是会在来世仍然有意义,它们是不是与许多别的事情一样在百年之后被忘却,[23]我们是不是能够设想并且进一步地确定,关于这样一些关系的想法怎样在回忆之中充实一种永恒的意识。我尊敬国王,每个好丈夫都这样做,但是我不会用我的各种头衔去与那样的头衔做交换。在我看来,我的情形是如此;我也喜欢认为,别的每一个丈夫也是如此;确实,这单个的丈夫,不管是遥远还是邻近,我希望他也能够像我一样。

看,在我的内心深处,我佩戴着我的衔位绶带,爱情的玫瑰链,真的,它上面的玫瑰不是凋谢的,真的,它上面的玫瑰不会凋谢,如果这些玫瑰随着岁月而变化,它们不会褪色,即使这玫瑰不再是那么红,那也是因为它变成了一朵白玫瑰,[24]它不褪色。现在再看我的头衔和尊荣,它们奇妙的地方是:它们是如此平等地被分发,因为只有婚姻神圣的公正能够不断公正地为等量给出等量,在事物中建立平衡。如果说我因她而是的什么东西的话,那么这正是她因我而是的东西,我们都不因我们自己而是什么,但我们在我们的结合之中是我们所是。因为她,我是男人,因为只有丈夫(Ægtemand)

是真正的男人(ægte Mand),[25]与此相比,所有其他头衔都是乌有,并且所有其他头衔其实都预设了这个头衔作为前提条件;因为她,我是父亲,任何别的尊荣都只是一种人为的发明,一种在百年之后被人忘却的突发奇想;因为她,我是一家之长,因为她,我是家庭的保护人,是养家的人,是孩子们的保护人。

在一个人有着如此多尊荣的时候,他就不会为达到一种新的尊荣而去成为作家。我也没有想要去获得我所不敢要求的东西,但是我写下这文字,这样,如果一个像我一样地幸福的人读了这文字,他也许就会想起自己的幸福,如果一个怀疑的人读了这文字,他也许就会打消自己的怀疑;如果只有唯一的一个,我还是很高兴,我只欲求一小点,并非因为我很容易满足,而是因为我不可名状地感到心满意足。如果一个人有着如此多的事情要做,并且所有事情都如此需要他去关心,那么他就只能够在有时间和有机会的时候写一下,并且希望有可能受益于他的文字的人不要为文字形式的缺陷所烦扰,他将谢绝所有批评;因为,一个写关于婚姻的丈夫,他无疑不是为了被批评而写的。他彻底顺其自然地写,常常被自己更关心的事情分散注意力。就是说,如果我能够因为自己是作家而对于更多人有意义的话,那么我在极大的程度上更愿意对于我的妻子有尽可能多的意义。我通过婚姻而是她的丈夫,就是说,通过婚姻,考索大道[26]为我打开,这跑道,它是我的罗德岛和我的跳舞场;[27]我是她的朋友,哦,我必定是在心灵的真诚之中是她的朋友,哦,她永远都不会觉得还会需要什么更真诚的人!我是她的顾问,哦,我的智慧必定是像这意愿一样!我是她的安慰和鼓舞,固然尚未被召唤,哦,但如果我在什么时候被召进这一服务,这

样，我的力量必定像我的心性一样！我是她的债务人，我的账目是真诚的，这账目本身是一种至福的作为；我知道，最终有一天在死亡要分开我们的时候，[28]我将成为一种对她的回忆，哦，我的记性是忠实的，在一切都消失了的时候，它为我保存一切，一种为我余下的日子保险的回忆之养老金，它甚至会把那最微不足道的事情重新给我，我得用诗人的话来说，在我为今天的日子焦虑的时候：et hæc meminisse juvat（拉丁语：回忆这事情也是一件欣愉的事情），而在我为明天的日子焦虑的时候：et hæc meminisse juvabit（拉丁语：回忆这事情也将是一件欣愉的事情）。[29]唉，就像法庭上的法官有时候不得不忍受可怕的事情，一遍又一遍地阅读一个罪犯的 vita ante acta（拉丁语：事前的生平），但是一个被爱的妻子的 vita ante acta（拉丁语：事前的生平）则永远都不会令人厌倦，——并且如果一个人想要回忆的话，他也无需那种印象上的准确。固然，欲望驱动工作，记性的作为也是如此，固然，在死亡中我们能够在忠诚的爱者心中找到被爱者的形象——这听起来像恋爱时的说法，但从婚姻的角度考虑，一种意愿之决定在恋爱中醒来，它不愿在“那无限的”之中迷失。确实，恋爱说：与被爱者一起的一瞬间就是天堂的至福，然而婚姻却希望恋爱得好，并且很幸运地对这事情更明白。设想事情是：恋爱之最初的沸腾热情，不管它有多么美丽，都无法如此地持续到最后，于是，婚姻就知道怎样在恋爱中让这一切最好地持续到最后。比如说，有一个孩子，他从父母那里得到了一本他的学校课本，如果他在这一年结束之前就已经吞咽般地读完了它，那么这就是一个标志：作为学生，他应当因他的急切热情和愿望而受到表扬；婚姻的情形也是如此，丈夫从天上的神那里接受了自己的课本，哦，这课本具备一件上帝的礼物所具的美好，他每天在这课本之中阅读，在漫长的一生中的每一天都阅读着，看，在这课本被放置到一边的时候，在夜晚到来而阅读不得不停止的时候，这时，这课本就像他在接受下它的时候一样地美好，——这一真诚的谨慎，它与恋爱的快乐有着一种平衡的关系，借助于这种真诚的谨慎他一再地阅读着，这种真诚的谨慎不就正是一种如此值得赞扬、如此强烈的恋爱之表达，它不就正像是恋爱所拥有的最强烈表达吗？

只有关于婚姻是我所想要写的；去令一个单个的人信服，是我的希望；去移除那些反对婚姻的人们，是我的意图。于是，婚姻对于我来说是我唯一的一根弦，但它又是如此复杂地合成的，虽然我没有真正去依据于那要求“只具备一根弦的人”所必须具备的技艺标准，我却敢于让别人听见我，不是作为一个面对大量观众的艺术家，而是像一个浪迹天涯的乐手，站在单个的一家人家的门外，不把什么人从他自己的作为中吆喝走，虽然当他的音乐在这作为中一同响起时，这音乐也有着迷人的力量。就是说，我绝不认为我所能说的东西会是招人嫌的。这之中有很多是因为我妻子的缘故——我是因她的缘故才写的，尽管我并非完全是以像我在这里写书的方式和她说话，但出自她那里的东西则一直有着某种妩媚的魅力，那是女人的嫁妆。我常常会对此感到惊奇。就像一个手笔不怎么样的人，在他看见他自己的文稿由一个书法艺术家写出来的时候，他必定会感到惊奇；就像一个把一份写得潦草而密密麻麻的纸张送去印刷厂的人，在他收到一份漂亮的清样时，他不敢承认这是他自己的文字；同样，在我的家庭生活里，我也常常有着这

样的感觉。那朦胧地在她的心中蠢动的东西,我尽我的能力将之表达出来,这时她就感到惊奇:这恰恰就是她想说的东西;因此我尽我的能力将之说出,然后她吸收学习着我所说的东西;但这时就轮到我了,在我带着惊奇看见我的想法时,在我的言辞获得了一种精神化、一种内在性、一种妩媚的魅力时,这时,我就能够有理由说:这不是我的想法。我的这些言辞和想法有了一种可爱的装饰,然而,不幸的是,在我想要重复这些言辞和想法的时候,这装饰就多多少少几乎完全消失,无法被表达出来,正如这里我无法在纸上描述她的声音。然而,在某种程度上她是合著者,在一个人只是想要写关于婚姻的时候,一个这样的文学公司在我看来一点也不坏。她同意,这我知道,我使用我欠她的东西,她原谅我,这我知道,我利用这样一个机会来说某些关于她的事情,我本来不可能有机会说这些——除非是在孤独之中,因为不管她对于我来说有多么重要,我都不可能直接对她自己说,以免我的赞美会造成负担并且几乎就有可能打扰我们间融洽的理解。作为匿名者,并且作为一个借助于全部谨慎想要保住自己的匿名状态的人,我确定地保障了自己得免于那种我在总体上希望审美品位将禁止让任何人遭遇的事情:我的家庭生活会成为某些人的好奇心的对象。

赞美婚姻,赞美每一个称颂婚姻之荣耀的人!我所要说的东西不是各种新发现,相对于世界上最古老的习俗制度去做出一种新发现,这无疑也会是一件很可疑的事情。每一个丈夫都像我一样知道这同样的事情。首要的想法是并且继续是同样的那一些,正如各种辅音字母(各种词根)是同样的那一些,[30]但是,在这些想法保持固定不变的同时,一个人却能够为之加上一些新的元音,然后重新阅读，从而得到快乐。这是一种理所当然：这必须被 cum grano salis（拉丁文：带着一颗盐粒）[31] 来理解，并且不管我的举止如何，我都不会像一个恶毒的讥嘲者所说的那样去使得爱情和婚姻有同样的一些辅音字母而让元音来决定出差异，[32] 这则又像《创世记》中人所周知的一个段落，其中说到以扫亲吻雅各，[33] 那些博学的犹太人不觉得以扫有这一性情，但却也不敢改变那些辅音字母，只是加上其他点，于是这就成了：他咬他。[34] 对于这样的一种反对意见，我们最好是以说"呸"来回答；任何一个其他的反对意见，恰恰是更加直接说出来的，[35] 我们则很欢迎，因为一种有着一致性的反对意见是一种追寻真理的悬赏启事，并且对于那拥有着对之的解释的人是极其适宜的。

情欲之爱是有着自己的神的，[36]谁不认识他的名字，有多少人不是认为可以通过根据这个名字来命名自己的关系而赢得许许多多：一种爱欲的关系。厄若斯[37]、"那爱欲的"和一切属于它的东西，要求着"那诗意的"。相反，婚姻则不像爱欲那样得天独厚，不是出自如此显贵的门第；因为，尽管有这说法，是上帝设立了婚姻，[38]但这在通常只是牧师，或者如果一个人愿意这样想的话，只是神学在这样说，并且他或者它以一种完全不同于诗人所谈的意义上谈论上帝。由此得出的结果就是所有那些通过厄若斯而出现的舒服芬芳的东西就全都消失了，因为厄若斯恰恰会在这单个的事件中变得具体；相反，关于上帝的想法[39]则是，在一方面如此地严肃，以至于在那作为诸圣灵之父的上帝本身要成为两个人关系的捆绑者的时候，情欲之爱的快感看来似乎就消失了，在另一方面又如此普遍，以至于一个人在自己面前像一种乌有一样地消失，而乌有则还想要拥有一种目的论的定性，[40]一个人可以借助于这一定性相对于"那至高的在"而被确定。厄若斯与相爱者们的关系一方面是清晰性、透明性，另一方面则是调皮和半晦涩，而精神之上帝相对于婚姻则就不那么容易能获得这些。"他参与之中"这一事实在某种意义上是过分的，并且恰恰因此，比起厄若斯的在场，他的在场意义就不是很重大，因为厄若斯是完完全全地只为相爱者们而在场。这就像是在纯粹的人际关系之中，如果国王陛下在一

场受洗典礼中让他的宫廷内务大臣代他出场，也许这能够有助于让在场者们获得更高的兴致，但如果国王自己要出场的话，那么这也许就会起到打扰的作用；只有相对于婚姻人们才会想到，没有什么阶层的差异能够使得一个阶级比另一个阶级更靠近上帝。这也不是一个轻易的任务，就是说，要把上帝想成是精神之上帝，并且同时也以这样的方式想象他是参与在婚姻之中，——以这样的方式，就是说，不让这想法成为一个有着这样一类性质的入门引导，以至于它根本就不把人引入门去，并且也不让这观念变得如此精神性，以至于它在同一瞬间又把人引出门来。

如果一个人满足于对情欲之爱的诗意解说，而这种诗意解说在本质上是来自异教文化的，因为恋爱之归因于神圣只是直接性之美丽玩笑的严肃，如果我们要让婚姻自给自足，或者在达到了高度的情况下，成为某种尾随而来的东西，那么我们也许不会碰上任何麻烦，但是以这样的方式"不碰上麻烦"对于习惯于思考的人则是一件麻烦的事情。厄若斯自然是不要求任何信仰，并且无法成为信仰的对象，这使得厄若斯对诗人来说是那么地有用，但是，一个精神之上帝，作为一种"精神的信仰"的对象，则在某种意义上与恋爱之具体化有着无限远的距离。

在异教文化之中有着一个为情欲之爱的神并且没有任何为婚姻的神；在基督教中，如果我敢这样说，有着一个为婚姻的神，但没有为情欲之爱的神。就是说，婚姻是情欲之爱的一种更高表达。如果我们不是这样看事情的话，那么一切就都被混淆了，要么一个人不结婚而去成为一个讥嘲者、一个诱惑者、一个隐居者，[41]要么一个人的婚姻成为一种缺乏思考的行为。麻烦是在于，一旦我们把上帝想成是精神，个体与他的关系就变得如此地精神性，以至于那作为厄若斯的可能或者至高形式的“感官性-灵魂性的综合”很容易就会消失，就仿佛人们会说，婚姻是一种义务，“去结婚”是一种义务，这自然是一个比恋爱更高的表达，因为这义务是一种对于一个作为“精神”的上帝的精神性关系。异教文化和直接性状态不将上帝想成是精神，当这被看作是一种理所当然的时候，麻烦会是：要能够保存“那爱欲的”之中的各种定性，以便“那精神的”不去燃尽和消耗这些定性，而是在不消耗它们的同时却又在它们之中燃烧。于是，婚姻面临来自两边危险的威胁；如果个体没有信仰着地将自己置于与作为精神[42]的上帝的关系之中，那么异教文化就会像一种幻想的回忆在他的头脑里逡巡出没，而在另一方面，他也不能够变得完全精神化，不管是前者还是后者，虽然是结了婚，这样的一种恋爱或者说这样的一种结婚仍然不是什么婚姻。

这样，尽管异教根本就不像“它有着一个为爱情而存在的神”那样地有着一个为婚姻而存在的上帝，尽管婚姻是一个基督教的理念，但无论如何，人们总还是有着某种可遵循的东西：宙斯与赫拉[43]作为婚姻的保护者有着一个特殊的名衔，τελειος（希腊语阳性形容词：完全的，完美的）和 τελεια（希腊语阴性形容词：完全的，完美的）。[44]进一步解释这表述则是文献学家的事情了；我不隐瞒我的无知，正如我自己所知，我缺乏必要的学识，这样，我也不妄用精神上的鹰隼的目光来使我自己有权去藐视[45]古典的学识和古典的修养，这种学识修养一直就是灵魂的谷物饲料，比起青饲料和项目制造者们对“时代所要求的是什么”这个问题的回答，[46]这学识修养有着完全不同的益用。对于我来说，重要的只是把 τελειος（希腊语阳性形容词:完全的,完美的)和 τελεια(希腊语阴性形容词:完全的,完美的)这些词用于结了婚的人,至于朱庇特和朱诺,[47]我则将他们置于事外,我不愿因为想要去解决历史文献学中的问题[48]而让自己出洋相。

这样,我把婚姻看作是个体的生存[49]的至高的 τελος(希腊语:目标);以这样一种方式看,它确实是一种至高的 τελος:如果一个人绕开了它,那么他就是一笔勾划掉了全部的尘世生存而只保留了永恒和各种精神兴趣,这在乍看之下不是什么微不足道的事情,但是在世间之漫长之中却是非常艰辛的,并且以某种方式是一种“不幸的生活”的表达。没有必要详细地阐述,每个人都能够很容易地看出:如果我们是这样考虑婚姻的话,那么,这至高的 τελος就因此是无法让我们以一整套有限的“为什么”来刨根问底地竭尽的。[50]这至高的 τελος总是蕴含着各种单个的定性,它在这些定性之中,正如在它自身的各种属性中,被详尽地描述出来,它在自身之下以这样一种方式蕴含着这些单个的定性,以至于这些定性恰恰有着它们的作为“内在意义”的意义,而它们一旦试图独立出来,就马上是毫无意义的;因为一种想要独立出去的游离想法是滑稽可笑而毫无思想的。这样说,是为了去掉误会;关键是:婚姻是一个 τελος(希腊语:目标),但它却不是“自然之追求”的目标——这样的话我们就会触及 τελος在各种神秘之中的意义,[51]而是个体性的目标。[52]但是,如果这是一个 τελος,那么它就不是什么直接的东西,[53]而是自由[54]的作为;因为隶属于自由,这任务就只能够通过一个决定来完成。现在,信号是现成的;所有像孤独形象一样地在交际圈里溜进溜出的反对意见,[55]如果它们有一点聪明的头脑的话,

就会把注意力集中到这一点上。我当然知道,战役将在这里进行,这一点是不应当被忘记的,尽管我看起来似乎是在片刻间暂时将之忘却以便去稍稍环顾一下四周。

难题是这个:情欲之爱或者恋爱是完全直接的,婚姻是一个决定;然而恋爱却要被吸收进这婚姻或者说这决定:“想要结婚”,也就是说,在一切之中最直接的东西[56]也必须是最自由的决定;通过其直接性是如此无法解释乃至不得不将之说成是“神所具的属性”的东西,也必须是依据于审思而发生,这种审思是如此地周密详尽,以至于由之产生一个决定。另外,这两者之中的这一个不能尾随那另一个而来,这决定不能是在事后悄悄地出现,而必须是一下子同时地发生的,两者在决定之瞬间必须是一起在场的。如果这审思没有周密详尽地考虑遍所有想法,那么我就不会将之理解为“决定”,这时,我要么是灵机一动要么是依据于一种突发奇想来做出行为的。

如果这爱者敢于外在地去做,就是说,他的恋爱不只是一种内心状态,而且他确确实实地与被爱者结合在一起且除了“恋爱”之外没有其他对“恋爱”的表达;如果他就这样在感动和至福之中、在那种让他感觉如在一阵信风(这信风必须没有变化地沿着被爱者身边的光明大道引领他)般的 impetus(拉丁语:运动,驱动)之中受到驱策而敢于外在地去做;如果事情是如此,那么这就绝不意味了在下一瞬间所得到的结果会是婚姻。在下一个瞬间;因为,既然他仅仅是得到了直接的定性,[57]那么或早或晚就会出现一个“下一个瞬间”。婚姻建立在一个决定之上,但一个决定并非理所当然地就是情欲之爱的直接性导致的结果。要么除了情欲之爱的催动之外根本不需要更多,因为这种催动就像没有偏差的磁针[58]那样坚定不移地指向同一个点,要么这决定就必定是从一开始就在场的。如果这决定要到来得更晚一些,那么某些别的事情就会发生。什么东西能够保证避免这样的事情?人们会回答说:恋爱。是的,但这恰恰是恋爱的危机瞬间,因此它在这一瞬间里无法自助,因为“直接性之风张不开恋爱之帆——这帆在危机之中舞动”这一事实恰恰预示了:在直接性似乎是[59]要在一种风平浪静之中完全停止航行的同时,风向将会发生完全的变化。直接的恋爱[60]的另一个同样邻近的结果就是:诱惑。谁说一个诱惑者在最初的瞬间就是诱惑者,不,不是的,他是在后来的瞬间里变成了诱惑者。如果是从直接的恋爱出发来谈论,那么我们就根本无法断定这里是一个骑士还是一个诱惑者在谈论;因为判断出这一点的是下一个瞬间。婚姻的情形就不是如此,因为从一开始起,决定就已经即刻在场了。

让我们看一下阿拉丁。哪一个在灵魂中有着愿望和追求的少年、哪一个在心中有着思念渴慕的女孩在阅读了第四幕中阿拉丁对精灵的命令[61](这时给出了与结婚有关的命令)之后不被诗人的热情和言辞的火焰点燃甚至几乎是熊熊燃烧!阿拉丁是一个骑士,人们说,描述一场这样的恋爱是符合道德伦理的。我的回答是:不;这是符合诗意的,诗人通过自己幸福的想法、通过自己丰富深刻的描述永恒地证明了:他绝对是一个诗人。阿拉丁是完全直接的,[62]因此他的愿望恰恰就是:他在下一个瞬间里能够是一个诗人。唯一使他专注的事情就是那“珍爱的期盼已久的新婚之夜”,新婚之夜确保他拥有古尔纳尔,然后是宫殿、婚礼大厅和婚礼:

为我举行一场美好的婚礼，使得黑夜成为白天，
在宽敞的大厅里点上拌有乳香的火炬。
让一个女卜师唱诗班展开优美的舞蹈，
其他人则弹奏起齐特拉琴，用甜美的歌声为我们助兴。[63]

阿拉丁自己几乎是不知所措，他在他所预感到的快乐的迷醉中昏晕；他以带着某种震颤的声音问这精灵，他是否能够做到这些，他恳求精灵诚实地回答，并且在"诚实地"这个词中我们就仿佛听见直接性在面对其自身的幸福时的恐惧。

使得阿拉丁伟大的，是他的愿望，他的灵魂有着"去欲求"的内在力量。如果我在这方面要对一部杰作做出某种批评的话（这只会是一种热恋的妒忌），那么我的批评就会是这个：在剧中从来就没有明显而强烈地显现出阿拉丁是一个有资格的个体人格，这种"去想要"、"能够去想要"、"敢去想要"、"愚鲁大胆地想要、果断地出手、不懈地追求"，这恰恰就是一种天赋，与别的天赋一样地伟大。也许人们并不相信这个，但是在每一代人中也许并没有十个这样的少年被生出来，能够有这种盲目的勇气、这种无法无天的胆力。除了这十个我们不管之外，让我们把愿望之授权给予任何一个其他人，这授权在他的手里多多少少也还是会成为一封乞求信，他鼻子周围的脸色苍白，他想有所考虑，固然他会想要，但是现在要做的事情是"去想要那正确的东西"，——这就是说，他是一个愚笨的人，而不像阿拉丁那样是个天才，因此阿拉丁是精灵所喜欢的人，因为他是非同寻常的。因此，愿望的实现不可以显现为一种偶然的恩宠，以免为那些不幸的可怜虫们提供一种借口：只要他们知

道愿望的实现是确定的,他们就肯定会有愿望。谬误,完全的谬误,在这里已经有了一种反思。不,即使对于阿拉丁来说什么愿望都没有实现,他还是把愿望、把这一做出欲求的力量排列在至高的位置上,在最终,它比任何愿望之实现更有价值。

阿拉丁是伟大的!他确实举行了婚礼,但他没有结婚。确实,没有什么人能够比我更希望他好或者说更真正地为他而感到高兴,但是,如果我有这样一种能力,像诗人给予他神灯的精灵那样地给予他一样类似的东西,如果我有能力通过每天代他祈祷来为他找到我认为他所缺的唯一的东西:一个决定之精灵,它能够在认真和具体状态之中对应于他的愿望在极端和抽象中的化身(因为他的追求就像沙漠里的沙一样地无边无际并且炽热炙人),唉,阿拉丁本来能够成为一个怎样的丈夫啊!现在我们无法说什么。我的敌人,那些等待猎物的强盗,很从容地利用阿拉丁。诱惑者借助于阿拉丁的直接性强化自己的灵魂,然后他诱惑,然后他说:阿拉丁也是一个诱惑者,我从很可靠的消息来源知道,他是在婚礼之后的那个早晨成为了诱惑者。就是说,到底是不是马上就在那个早晨,还是在几年之后,在本质上与这事情关系不大,并且,这只证明了(如果这是在几年之后)阿拉丁已经变得渺小。在这里,诱惑者是对的,如果要终结"那直接的",[64]那么这时所要做的事情就是迅速地脱离出来(并且正因此,描述一个诱惑者是一种道德伦理方面的任务),如果事情不是如此,那么,那决定就必定是从一开始就在场,于是我们就有一个丈夫。只有决定能够为阿拉丁做担保,诗人做不了,诗歌做不了,因为诗歌用不上一个丈夫。诗人的热情是在直接性之中,诗人通过自己对直接性及其不受遏制的力量的信仰

而变得伟大。丈夫则允许自己有一点怀疑，一点无辜的、一点善意的、一点高贵的、一点可爱的怀疑，因为他确实绝不是想要对情欲之爱有所冒犯，也绝不是想要拿掉它。[65]就是说，正如直接的恋爱构造不出一个丈夫，同样在另一方面，忽略掉了情欲之爱的结婚，不管是出于什么原因而忽略，都不是婚姻。

通过"在恋爱的极其诱人的至福的纵容之下敢于外在地去做"，爱者固然是被引进了被爱者的怀抱，也许还与她一同被引导着继续前进，但是他没有达到婚姻之中；这是因为，如果那种爱者间的结合并非从一开始就是一场婚姻，那么这结合就永远都不会成为婚姻。如果决定是在事后出现的，那么这理念就没有被表达出来。这对相爱者尽管能够生活幸福，尽管他们完全有可能不理会各种反对的说法，敌人们在某种意义上仍然是有道理的。一切围绕着理想性。婚姻不可以是某种根据时间和机会而出现的残碎的东西、某种在相爱者共同生活一段时间之后才发生在他们身上的东西，否则的话，[66]敌人们的说法就还是对的。他们守着自己的理想性，"那恶的"之中的理想性，魔性的理想性。我们确实很容易从这些反对的说法那里看出，这言说者是一个诡辩者，还是有着魔性的理想性。一个人不想让自己卷入各种反对，不想让自己被它们打扰，这当然是完全正确的；但是他应当问心无愧，应当与那理念有着完美无损的契约。满足于感觉舒畅，觉得幸福，等等，这是堕落，如果这一幸福是立足于思想之匮乏，或者立足于怯懦，或者立足于一种世俗意念对生活的可怜的崇拜。哪怕一个人变得不幸，"拯救了自己与理念的契约"的状态与这样的可怜状态[67]相比也仍是一个天国；这也是我的看法。因此我敢说，作为一个丈夫我

绝不夹着尾巴逃跑，我不仅仅只是与朋友说话，我也敢与敌人说话。我知道，我作为丈夫是 τελειος（希腊语阳性形容词：完全的，完美的），但我也知道，相对于理念，我们对一个这样的人有着怎样的要求。没有讨价还价，毫无妥协；丈夫与丈夫间的安慰之辞（就仿佛丈夫们像奥斯曼土耳其苏丹后宫里的女人一样被终生囚禁，这些囚犯私下有一些他们不敢向世界承认的事情；就仿佛情欲之爱是金玉在外的装饰，人们让诗人拿着这装饰向外展示，而婚姻则是人们藏在里面的破絮），是不存在的。不，公开的斗争，婚姻的理念肯定胜利。带着在上帝面前的谦卑和在恋爱的神圣至高权威之下的顺从，我对着所有的调侃骄傲地扬起我的头并且不向任何反对的说法低头。

敌人们提出全部的难题，我们认为他们的这种做法是对的，那构建出婚姻的综合是麻烦的，但是他们将这难题作为一种对婚姻的反对提出来，我们则认为这是不对的，并且我们尤其不同意他们自己抓在手中的权宜之计。在对手趾高气扬地展示出反对意见中的全部难题来进行吓唬的时候，我们所要做的事情就是：要有勇气以哈曼的话来说：事情恰恰正是如此。[68] 这是一个很好的回答，并且出现在很恰当的地方。这回答也应当在这里出现，然而我却要求稍稍推迟几个瞬间，以便能够让我稍稍解说一下几点关于"婚姻作为生命的至高 τελος（希腊语：目标）"的一般的考虑。

在异教文化之中，人们对单身汉予以惩罚，奖励那些生育许多孩子的人们；[69] 在中世纪，不结婚是一种完美。这都是一些极端。就前者而言，我们无需为此而设立出惩罚，生活总是强调着其自身，并且知道怎样去惩罚那想要摆脱约束的人。那想要摆脱约束的人在这里就是不想结婚的人。这里必须强调的是，他不想要结婚。正如婚姻是一个决定，其对立面——这对立面可以成为谈论的对象——也是一个决定，一个不愿结婚的决定。这种荒唐地浪费生命而去寻求理想（就仿佛所有这种寻求除了是愚蠢和放肆之外还能够是什么别的东西），却又既不明白情欲之爱意味了什么，也不明白婚姻意味了什么，甚至不明白那种无邪的心灵激荡在恶作剧地提醒着青春：时间在流逝，时间在流逝，——这是一种毫无理念的存在；拘谨地挑剔和拒斥（就仿佛所有的挑剔拒斥除了表达"这挑剔拒斥者并不纯粹"之外还能够表达什么别的东西）的情形同样如此，在这种挑剔拒斥之中，任何人所得到表达，都不是生活给予"主观挑剔拒斥"的客观表达。婚姻相对于这类愚蠢无聊而言有着绝对的优越，这一点是如此明确，以至于我们在这里说及这一点就几乎是对婚姻的侮辱。不，如果一种反对的说法要具备任何意义，它就必须通过一种负面的决定来要求这种意义。婚姻之决定是一种正面的决定，并且在根本上是一切之中最正面的决定；其对立面也是一个决定，它决定不想要实现这一任务。任何一个人，如果他不仅仅只是逗留在婚姻之外，而且还是不做决定地逗留在婚姻之外，那么，他这一生的人生道路就是浪费工夫。任何一种"人的存在"，如果它不愿是无聊的胡扯（任何人都不应当想去让自己是这样的无聊胡扯），它都不敢放弃任何普遍的东西，除非是依据于一个决定，不管是什么使得他做出这决定，这相对于"不想结婚"而言可以是有着极大的差异的，但在这里我就无需进一步做更详尽的阐述了，以免分散我们的注意力。

"不想结婚"的决定自然有着一种理想性，不过，这理想性不是那种类似于“做出正面的决定”的理想性。在单个的人做出了一个负面的决定时，如果这时“做出正面的决定”在一种公众意见之下已经成为了一种轻而易举的事情，那么，只有相对于时间和各种境况，他才能够更清楚地看明白“他做出了一个决定”。比如说，就像人们所说的那样，确实有可能“去结婚”，而又无需做出一个决定，[70]尽管一个人确实已经做出了决定，但一个决定和一个决定之间有着某种至高的差异。一个决定，如果它是在与其他决定的连续之中随着惯性确定出来的，如果它是依据于“隔壁和对门的邻居也做了决定”而做出的，那么它在根本上就不是什么决定，因为，尽管我不知道是否存在一首二手的诗歌，但一个三手的决定则绝不是什么决定。[71]这样的一些婚姻既无法与恋爱也无法与决定构成同花顺，[72]而只是叫牌和不叫牌，[73]因此，相对于它们，一种负面的决定自然就有了优越性。但这样的一些婚姻不是什么婚姻，而只是模仿。

一个人的全部理想性从头到底是在于决定之中。任何别的理想性都是无关紧要的，为此而钦慕他是一种幼稚，并且，如果这相关的人对自己有着正确的理解，那么，这种钦慕对于他就是一种侮辱。因此，这只是一个关于正面和负面的决定的问题。正面的决定有着极大的优点：它强化生存并且把个体的人安抚进他自身之中；负面的决定则持恒地使得他 in suspenso（拉丁语：悬浮着，悬而不觉）。一个负面的决定总是要比一个正面的决定远远费力得多，它无法变得习以为常，它总是需要不断地得到维持。一个正面的决定在它自身的幸福后果之中是安全的，因为，“那普遍的”，也就是它身上的正面的东西，给予了幸福以保证，保证它会到来，并且在它到来之后为幸福提供安全感。一个负面的决定则不断地，哪怕是相对于一种幸福的后果，是模棱两可的；它就像异教文化中的幸福[74]那样，是具有欺骗性的，因为这幸福是在它已在了的时候才存在。就是说，到了我死的时候，我才能知道，我是否曾是幸福的。负面的决定的情形就是如此。个体的人与生存有着公开的斗争，因此他无法在任何瞬间结束，他无法像那做出了一个正面的决定并且被这决定绑定的人那样日复一日地让自己沉浸在自己的决定的本原依据中。一个负面的决定不绑定他，他必须守着这决定，不管这持续多久，哪怕幸福垂青于他，哪怕意味深长的事情为他而发生，他总是不敢否定"突然一切会有另一种解释"的可能性。通过自己的负面决定，他现在其实是假设性地或者说虚拟性地存在着；相对于假设，问题是在于，在它解释了全部的现象之前，它永远都不会结束，因为，甚至通过一个不正确的假设我们也能够得出很正确的东西，直到有一个现象出现来推翻这假设；相对于一个虚拟的假如，关键就在于：是的，假如。一个正面的决定只有危险，"无法坚守自己"的危险；负面的决定总是有着双重的危险："无法坚守自己"，这就像是正面决定的情形，只是有着这差异：所有这坚守之忠贞都是没有酬报的，它是一种凋谢的荣耀，并且就像胡椒单身汉[75]的生活一样地贫瘠；然后是第二种危险：一个人在自己的负面决定之中用以坚守自己的这种忠贞，它是不是一种偏差，以至于最后为这忠贞而得到的酬报是悔(Angeren)。一方面，正面的决定快乐地通过休息而强化自己，快乐地在太阳升起的时候起床，快乐地在上一次停下的地方继续开始，快乐地看着一切在自己的周围欣欣向荣，就像一个丈夫所做的事情，快乐地在新的一天里看新的见证为那无需见证的东西作见证(因为那正面的东西不是一种要被证明的假设);而在另一方面,那选择了负面决定的人则在夜里睡不安宁,等待着那恐怖的事情——“他选择错了”突然会出现在他面前,竭尽全力让自己醒来看自己周围贫瘠的荒野,永远都得不到强化,因为他不断地在飘忽。

确实,国家无需对胡椒单身汉设置处罚,生存本身惩罚着那应被惩罚的人,因为那不做出决定的人是一个悲惨的人,关于他,我们在一种悲哀的意义上可以这样说:他不受审判。[76]我不是因为对那些不想结婚的人妒忌而这样说的,我很幸福,因而根本就不会去妒忌什么人,但我对生存有着炽烈的感情。

我回到我前面所说及的话题上:决定是人的理想性。决定对于个体人格来说是最有教育意义的事情,而我现在要尝试着论述一下:这决定会是以怎样的方式得以构建的;而想到这一点,我的灵魂就感到喜悦:婚姻恰恰就是以这同样的方式构建出来的;如前面所说,我迄今一直将婚姻看成是一种恋爱和决定的综合。

有一种幻影,在牵涉到“做出决定”的事情时,它就会跑出来游荡,这幻影就是几率可能性(Sandsynlighed):[77]一个没骨气的家伙;一只三脚猫;一个犹太商贩,任何为自由而生的灵魂都不会与之发生关系;一个成事不足败事有余的人,比起对男男女女的江湖医生的惩罚,我们更应当将这人关进教养院,[78]因为这种人从人众那里骗取的是比金钱更多并且比金钱更有价值的东西。任何一个人,如果他相对于决定没有进一步向前,从来就没有达到比“依据于几率可能性做决定”更远的地方,那么,他就是迷失了理想性,不管他成为了什么。如果一个人在决定之中没有遭遇上帝,如果他从来就不曾做出过任何使得他去和上帝做买卖的决定，那么他同样也就完全可以不用去生活。然而上帝一向做 en gros（拉丁语：批发的）买卖，而几率可能性则是一种没有在天国里登记过的证券。因此，这关键就是：在决定之中有着一个环节，这环节要去打动那多事的几率可能性并使之无话可说。

有一种幻象，做决定的人追逐着这幻象，就像一条狗在水里追逐影子，[79]这幻象是结果，是有限性的一个标志，是地狱的海市蜃楼，那寻找它的人真是很不幸，他迷失了。正如那在荒漠里看见十字架的人，如果他被蛇咬了，他会痊愈的，[80]那把自己的目光盯在结果上的人就是被蛇咬了、被尘世的意念伤害，不管面对时间还是面对永恒，他都是迷失者。如果一个人在决定之瞬间不是这样地被神圣的光芒环拥，以至于所有由昏睡性之雾构建出的幻影全都消失，那么他的决定只是一个大一点或者小一点的赝品，——让他去以结果来安慰自己吧。因此，这一点是非常重要的，这决定所针对的事情必须有着这样的性质：没有任何结果敢在拍卖的时候喊价，因为那被买进的东西是要 à tout prix（法语：不惜任何代价地）被买进的。

这里所说的不仅仅只是在婚姻第一次紧紧拥抱恋爱并且将之抱在决定[81]的忠诚的怀中时对那个婚姻的决定有效，它对于每一个在自身之中有着“那永恒的”在场并完成这一购买过程的决定[82]都有效。它对每一个在自身之中有着“那永恒的”的决定都有效，在这样一种意义上它对负面的决定也有效，只要这决定只对于现世性是负面的，并正面地转向“那永恒的”。然而在这之中恰恰有着它的飘忽。相反，恋爱就像一种不可变更的遗赠[83]一样地在婚姻之决定中沉积下来，并且，恋爱恰恰有着这样的权力，它不仅仅恰是把那做决定的人拉到大地上，[84]远远不止是如此，而且它也在时间之中把他拉到那被爱者的身边。“那做决定的”是“那伦理的”，是自由；负面的决定也是如此，但在这种情况下自由是空白而赤裸的，简直就像是发不出声，难以进行表达，[85]并且，在总体上说，在它的本性之中有着某种艰难的东西。恋爱则相反马上就为之配上音乐，尽管这一作品包含有一个非常麻烦的段落。因为，如果一对新婚夫妇在那神圣的瞬间，或者在他们事后想到这件事的时候，并不觉得牧师对相爱的人们说他们应当相爱[86]在某种意义上是在胡说八道，而在另一方面则不觉得，不觉得这牧师说得怎么漂亮——如果我敢这样说的话，那么，这样一对新婚夫妇就缺少婚姻意义上的敏感听觉。我们说恋爱的窃窃私语是婚礼的宝贵见证，旁人对这种私语的隐约感觉能够取悦感官，在这种意义上，我们也可以说，那句鲁莽地说出“你应当爱她”的语句也是人们所喜欢的。[87]婚礼仪式是多么令人心灵激荡啊，几乎就是太过分了：你不满足于恋爱，还要将之称作是一种义务；于是，一个与这样的指控相对应的决定让一些人觉得是一个艰难的话题，这又有什么奇怪的呢！因此，情欲之爱并不满足于对自己的确定，并且在它的鲁莽大胆之中，它还要去尝试那个“你应当”；因此，婚姻有着一个决定，这决定是唯一的愿望，有着一个永恒的义务，这永恒义务是赏心悦目的欲求！那么，鼓起勇气吧，大胆犯险，[88]振作起“想要那艰难的东西”的勇气吧，然后艰难就会成为一种帮助；因为艰难不是一个愠怒的男人，不是一个强词夺理者，而是一个想要把事情弄得甚好的全能者。[89]一方面，如果一个人在自己的永恒决定之中让自

己负面地去与“那现世的”发生关系，那么他就会在决定的瞬间变得孤独，哪怕他确实是伟大的，哪怕他是一个普罗米修斯，他被锁链困住，[90]不是锁在山上，而是被关在现世之中，就像在锁链之中，而另一方面，如果一个人是丈夫，那么，在他重新睁开眼睛（在决定之永恒之中它们就仿佛是闭上的）的时候，他也还是在他从前所在的地方，完全同一个地方，在被爱者的身边（而这正是他最愿意在的地方），感觉不到任何“那永恒的”的匮乏，因为在现世之中，“那永恒的”就是和他在一起的。

负面的决定只是在“那永恒的”之上被做出，而正面的决定则是既在“那现世的”又在“那永恒的”之上被做出，因此这人在这时就既是现世的又是永恒的。因此，真正的决定的理想性首先是在一种既是现世的又是永恒的决定之中，这样的决定，如果我敢这样说的话，是既被签又被联签的，[91]一种被用在证券上的审慎方式，甚至银行在自己的大面值纸币上也使用这种审慎方式。这样，真正理想化了的决定就有着这一性质：它是在天堂里被签的，然后又在现世中被联签。但不仅仅是这个，随着生命的行进，时间的延续，丈夫不断地获得越来越新的联签，而且一个联签与另一个联签都同样地宝贵。每一个丈夫都明白我的意思，我又怎么会相信别的说法而以为他是一个不体面的人、一个不情愿地把那些进一步的保障看作是负担的不感恩的人呢？一个正直诚实的丈夫明白，一个妻子是首要的联签，在婚姻的目光之下长大的圈子里的每一个人是一个新的联签和一个新的认签。哦，多么至福的安全保障啊！哦，多么富有的人啊！哦，多么有保障的祝福啊——在一种唯一的不会在你面前消失（就像那永恒的决定在那与“那现世的”负

面地发生关系的人面前消失那样）的证券里拥有自己的全部福利。括号里的这种人[92]是一个不幸者，或者一个造反者，而这样的一个人也是一个不幸者；他是一个不幸者，带着自己永恒的决定贯穿时间，但永远都没使得其决定被联签，恰恰相反，不管他到什么地方，这决定都像是一张遭到拒付的无效支票；[93]他是一个被族类驱逐的人，尽管获得了“那永恒的”的安慰，但却与喜悦无缘，他处在哀哭中，也许还咬牙切齿；因为，如果一个人在永恒中没有婚礼服，那么他就被驱逐出去了，[94]但是在尘世生活中婚礼服恰恰就是婚礼服。

真正理想化的决定必定是像针对自己一样针对别人。如果一个人对“那现世的”是否定的，那么他对别人的同情就没有渠道，这样，他的同情就没有在倾泄出自己受祝福的盈余并且重新聚集的时候成为他活力的更新，相反成为了一种对他的折磨，啮噬着他的灵魂，因为它无法表达出它自己。窒息是可怕的，而有着同情却无法吐露是同样可怕的。就是说，我认定他是有着同情的，因为否则的话他就不值得让我们谈论了。“有同情”是人的本质属性，任何一个决定，如果它忽略了这一点，那么它就并非在至高的意义上是理想化的，而如果同情得不到足够的表达的话，那么这决定就也不是在至高的意义上进行理想化的。让胡椒单身汉去成为一个把自己的同情浪费在狗啊猫啊以及各种各样的胡闹上的傻瓜吧；让那负面地选择的独居隐士，去成为一颗高贵的灵魂吧，让他的同情去寻找和发现各种远远大于“有妻有儿”的任务吧，他仍然不会从他的选择中获得喜悦。如果天上的露珠不能够落在草上，不能够拥有“看花朵通过它的美味而获得清新”的喜悦，如果它在它达到鲜

花之前就要消释在辽阔的大海之中或者被蒸发，这岂不可怕？如果母亲乳房里的奶水源源涌流，但却没有孩子在那里，如果这浪费了的奶水就像朱诺的奶水一样可贵——银河（奶水之路）就是因朱诺的奶水而得名，[95]唉，这是多么沉重的事情啊！一个人，如果他的同情得不到许可去看见一个妻子像那被种植在同情[96]受祝福的篱笆之中的树一样地长满绿叶，得不到许可去看这树开花并结出在同情[97]的关怀下得以成熟的果实，[98]那么他的情形也是如此！多么不幸啊，一个这样的人，他没有这一为自己的同情而做的表达，没有那为他的同情所表达的东西所做的更为美好的表达：这一切是他的义务。这一矛盾是同情的最受祝福的快感，是一种至福，面对这种至福，它简直就仿佛因喜悦而丧失理智。一个不幸的人，他没有在婚姻之决定中与“那现世的”达成理解，让这个人去照顾病人，让他去给饥饿的人吃的，让他去给赤身露体的人衣穿，让他去看顾监狱中的人，[99]让他去安慰濒死的人吧；[100]我赞美他，他没有弄掉他的酬报，[101]但是他也不是在神圣的疯狂之中[102]的一个无用的仆人。[103]他的同情不断地寻找自己最深刻的表达，但却没有找到这表达，到处寻找着它，正如他的关怀不断从一家人家走向另一家人家；而丈夫则是在他自己家、在自己的房子里找到机会，在家里，“想要做一切”对于他是一种至福，而“他现在并且以后继续这样没有报酬”这一事实，对于他则是更大的至福，是一种神圣的 poscimur（拉丁语：“我们被要求”，职责召唤）。[104]

真正理想化的决定必定在同样程度上既是具体的又是抽象的。[105]如果一个决定是负面的，那么它在怎样的程度上是负面地达成的，它就在怎样的程度上是单独地抽象的。但是现在，不管一个决定想要决定什么，在天地之间都没有什么东西是像“婚姻”和“婚姻的关系”那样地具体的，没有什么东西是如此永不枯竭的；哪怕是最微不足道的东西也有着它的意义；婚姻的义务之履行在有弹性地伸展覆盖住一生的时间（就像那张量出迦太基范围的牛皮[106]）的同时，也同样有弹性地圈住那瞬间，并且圈住每一个瞬间；没有什么东西是像一场婚姻那样零碎地分开的，然而也没有任何人是像婚姻一样地无法忍受一颗被分割开的心——甚至连上帝本身都不至于如此忌邪。[107]每一个义务关系都可以用趋近的方式在条款定性之中被完全地罗列出来，每一项工作，每一个成绩，简言之：一切本来是被我们用来充填时间的东西，都有着自己的时间，但是婚姻生活则绕开了所有这样的条款定性。确实，如果这对于一个人是一种负担，那这个人实在是太不幸了！即使用“被判终生惩罚”的说法也无法帮助我们来充分地想象出他的惩罚之痛苦，因为这是一个抽象的表达，而这样一个婚姻上的罪犯则在每一天都在感受着“被判终生”的恐怖。一个人在理想性之中变得越是具体，这理想性就越是完美。因此，如果一个人不想结婚，那么他就拒绝了最理想化的决定。另外，如果一个人不想结婚，却又想在现世之中对某种正面的目标做出决定，这在根本上也是一种不一致。[108]或者说，如果一个人不想让婚姻具备它的实在性，那么他又能够对国家的理念有什么兴趣，对自己的祖国有什么爱，对社会的苦难福利有什么样的公民爱国主义？越是抽象，理想性就越不完美。抽象是理想性的最初表达，而具体则是它的本质性表达。婚姻表达的就是这后者。在恋爱之中相爱者想要永恒地相互属于对方；在决定之中他们决定想要相互为对方的一切，[109]这一巨大的抽象在那如

此微不足道以至于任何第三者做梦都不会想到的事情之中获得了具体的表达。恋爱的最高表达是：在被爱者面前，爱者觉得自己是乌有，并且反之亦然，因为“觉得自己是什么东西”是与恋爱有冲突的；决定没有言辞，因为言辞本身几乎就是过于具体，誓言是沉默的或者是那句不朽的“是”，——这一抽象被这样地表达出来：即使所有速记员全都联合在一起，他们还是无法描述出在婚姻之中八天里所发生的事情。这是婚姻的幸福；我不是在一种“仿佛我们是在谈论一对个别的幸福夫妇”的意义上这样认为的，不，这是“是丈夫”的幸福。如果对于一个人来说一切都有着意义，那么又有什么样的生活能够比他的生活更幸福呢？如果对于一个人来说瞬间都有着意义，那么时间对他会变得怎样地漫长呢？如果这一幸福没有得到安全保障的话，因为老古话确实是说 Ehestand（德语：婚姻状态）是 Wehestand（痛苦状态），并且婚姻也是以这样的方式来宣示出自己的，那么，它必须对自己有着怎样的确信才至于邀请人们去尝试它？在生活之中是不是还有什么别的安排，还有什么别的以这样的方式开始的关系呢？唉，所有别的开始都给出足够多的奉承，并且对各种困难保持沉默。为了对那张他寄给伯爵的字条做道歉和解释，费加罗对伯爵夫人说：在这王国里，如果说他敢确切地允许自己对一个女士做出这样的事情的话，那么，她是唯一的一个这样的女士；[110]同样我相信，婚姻是那唯一敢如此确切地说自己“是一种痛苦折磨”的，对于生活中的所有别的东西，“让自己流露出任何东西”都只会是一种不谨慎。

真正理想化的决定必定在自由的方向上同样程度地是辩证的，正如它在天意命数的方向上是辩证的。如果没有冒险就不会有什么决定被做出。现在决定已经被做出，它越是抽象，它在天意命数的方向上辩证的程度就越低。这样一来，决定的理想性渐渐地就获得一定的谬误，它很容易就变得骄傲、自以为是、没有人情味，所有天意命数的论据尤其被看作是未获法定许可的。决定越是具体，它就在越大的程度上进入与天意命数的关系。这给出谦卑、温顺和感恩的理想性。但是一个丈夫，他带着生命和灵魂做出了具体的选择，他无疑就是一个曾经并且继续在一切之中做出最多冒险的人。他和他所爱的人，和他所爱的人们一同冒险走出恋爱的隐藏处；又有什么事情是不可能发生的？他不知道；如果他让自己投入这一考虑，那么他无疑必定会一夜白发。他不知道会有什么事情发生，但是他知道的是：他会失去一切；他知道的是：他无法躲避开最微不足道的事情，因为这决定把他绑定在恋爱捕捉住他的地方，而且还无所畏惧地把他绑定在恋爱发出悲叹的地方。有一句古话，也许不再有人相信，但这没关系，这句话是这样说的：有什么是一个人不为了妻子和孩子的缘故而去做的？回答是：他做一切，一切。那么一个人针对天意命数又做些什么呢，谁来揭示出它的秘密呢？他伸展出手臂，他工作，他斗争，他受苦，唉，没有什么事情是他所无法承受的。一个人的决定越是正面，他自己就在越大的程度上能够变形，只有一个丈夫才通过天意命数而在所有各种 genera（拉丁语：性）、numeri（拉丁语：数）和 casibus（拉丁语：格）之中变形。[111]纯粹外在地看，有着好几百又好几百比丈夫更敢作敢为的人，他们敢以王国和土地冒险，百万和更多的百万的人，丧失了王座和爵位、财产和安康，然而敢冒险更多的却还是丈夫。因为那爱着的人敢比所有这些人冒更大的险，如果一个人以

一个男人所可能去爱的那么许多种方式去爱的话，那么他就是所有人之中最敢冒险的。那么，让我们设想那丈夫是一个国王，一个百万富翁，不，没有必要，没有必要，所有别的东西都只会乱了账目的可读性，就让我们想象他是一个乞丐吧，他最敢冒险。那么，让我们想象那勇敢的人敢在战场上冒险跳英雄舞蹈，或者想象他在波浪汹涌的大海上跳舞，或者想象他跳过峡谷，[112]不，没有必要，没有必要，在日常所需之中不需要这个，也许在一家剧院里会需要这个，但是，如果生活以及我们的主没有一些没有被报以掌声的英雄预备部队的话——尽管他们冒险更多，那么人类就出了问题了。一个丈夫每天都在冒险，义务之剑每天都在他的头上悬舞，[113]随着婚姻的继续一直有日记记录着，责任的账本从不曾合起，这责任比那要见证英雄的最出色的叙事诗人更激发人的热情。于是，确实如此，他也不是为了子虚乌有而去冒险，不，以等量还等量（Lige for Lige），他为一切而冒一切风险，如果说婚姻因其责任而是一首史诗的话，那么因其幸福它也是一首田园诗。

于是，婚姻是生命和生存的美丽中点，一个深深地反思的中心，反思得如此之深正如它所揭示出的东西是如此之高：一种在其隐藏处揭示出“属于天国的东西”的开示。这是每一个婚姻所做的事情，正如不仅仅大海是如此，湖泊也是如此，只要这水不是浑浊的水。“作丈夫”是最美丽和最意味深长的任务；如果一个人没有成为丈夫，那么他就是一个不幸的人，——他的生活不允许他成为丈夫，或者恋爱不曾造访他，或者他是一个我们以后将要逮捕的可疑人物。婚姻是时间之充实。[114]没有成为丈夫的人，总是要么在别人看来是不幸的，要么对于他自己也是不幸的；在他的古怪性情之中，他会觉得时间是一种负担。婚姻的情形就是如此。它是神圣的，因为恋爱是奇迹；它是世俗的，因为恋爱是大自然最深奥的神话。恋爱是隐藏在幽暗之中深不可测的根本，而决定则是像俄耳甫斯那样地把恋爱带进白天[115]的胜利者；因为决定是恋爱的真实形式，真正的明了化（Forklaring），[116]因此婚姻是神圣的并且得到了上帝的祝福。[117]它是民政的，因为，相爱的人们通过它而属于国家和祖国和公民同胞们的公共事业。它是诗意的，不可表述的，正如恋爱，但决定是遵循良心的翻译，它把热情转译进现实，这个翻译是如此严谨精确，哦，如此严谨精确！恋爱的声音“听上去就像仙女们的声音出自夏夜的洞窟”，[118]但决定有着韧性的严肃，这韧性的严肃穿过那飞逝的东西和那消失着的东西传出来。恋爱的步履轻盈如同草地上的舞蹈，但决定抓住那疲倦者，直到舞蹈重新开始。婚姻就是如此。它像孩童般喜悦，但却庄严，因为在它的眼前不断地有着奇迹；它谦虚而隐蔽，而在这隐蔽之中却有着喜庆，但是，正如生意人对着大街的门在做礼拜的时候是关上的，婚姻的门也总是关着的，因为一直不断地有着礼拜；它担忧着，但是这种忧虑却并非是不美的，因为它立足于对整个生存的深重苦难的领会和感受，不管是谁，如果一个人不知道这种忧虑，那么他才是不美的；它是严肃的，但却在玩笑中得到缓解，因为“不想做一切”是一种糟糕的玩笑，相反，“竭尽全力地去做，并且在之后明白这只是很少的一点点，相对于爱的愿望和决定的欲求，这什么都不是”，则是一种至福的玩笑；它是谦卑的，但却又是勇敢的，确实，这样的一种勇气只会出现在婚姻之中，因为它是由男人的力量和女人的虚弱构造出来的，并且通过孩子的无忧无虑而焕发青春；它是忠诚的，

确实，如果婚姻不忠诚，那么又在什么地方会有忠诚？它是安全的，平和的，在生存之中安居，没有什么危险是真正的危险，危险只是考验（Anfægtelse）。它是知足的，它也知道怎样使用许许多多繁荣，[119]但是它知道怎样在简陋的境况之中美丽，并且知道怎样不在富足之中减色。它心满意足并充满期待；相爱的人固然是自足的，然而却只为他人而存在。它是日常的，确实，又有什么能像婚姻那样日常呢，它是整个现世，然而永恒[120]的回忆却倾听着，什么都没有忘记。

关于婚姻所说的，这些应当是够了；在此刻我不觉得想要说更多，下一次，也许明天我说更多，但是“总是同样的东西并且是关于同样的东西”，[121]因为只有吉卜赛人和强盗和骗子才有这样的警句：你永远也不要再去你曾到过的地方。[122]然而，我自己觉得这确实已经够了，我所唯一想要补充的是：如果婚姻只是有一半这么好的话，那么它在我眼里就已经是很得体了，尤其是因为我觉得我所做的不是对我自己的赞美，更确切地说，我是在做出判断。然而，一个人无需十全十美也还是可以作一个幸福的丈夫的，只要他放眼完美并且谦卑地感觉到自己的不完美。在这里我只不过是想要把价钱稍稍提高一下；因为，如果一个人与利用一切东西来发牢骚的诡辩者有什么关系、与纵火劫掠的匪盗有什么关系、与潜伏在门旁的间谍有什么关系、与想要从街上闯进来的流浪汉有什么关系，那么，他就会要求他们去尊重神圣的东西，他顺便还会与他们玩一下捉迷藏，既然他很清楚地知道他们站在向街的门前摸索着，站在婚姻的装饰百叶门前摸索着，但是，沿着这条路过来，一个人却无法对婚姻有任何所知。

*

现在让我们看那些反对的观点。即使一个丈夫无法像一个诡辩者那样地把这些观点尖锐化，他还是清楚地知道问题的症结隐藏处，知道怎样在谈论婚姻的时候也把这些问题考虑进去，或者至少获得了一般的“去领会”的能力。在细节上论述这些反对的观点只是浪费时间，尽管一个人会有着这方面的才能。然而至少这样一点是确定的：每一个做出反对的人总是会令人觉得遗憾。要么他是在欲情之中走失了，并且从此就变得冷漠无情，要么他就是被理智迷惑住了。对于每一个有着后一种依据的反对观点，我们能够做的事情就只是：按照哈曼的方式以“呸”答之。他想说多久我们就让他说多久，然后我们问他有没有说完，然后我们就说出那个带有魔法的词。如果我们以这样的方式关上了门，那么我们就会获得另一个答案。关于悲剧，据说智者高尔吉亚曾这样说过：这是一个欺骗，在这欺骗中，欺骗者比不欺骗者更公正，受骗者比不受骗者更智慧，[123]这后一个说法是一种永恒真理，并且，每一次当理智在自身的想法之中陷于谬误并且恰恰因为害怕“受欺骗”而受欺骗时，这说法就是一个正确的回应。确实，要停留在热情、神秘、恋爱、幻觉和奇迹的至福欺骗之中，这需要完全不同于“因纯粹的理智而赤身裸体半疯狂地从家里跑出来”[124]的另一种智慧。这种对立以如此古怪的方式出现。有时候，心不在焉的原因是在于记忆的匮乏，但是我们也并非没有这样的例子：一个人走神恰恰是因为他有太多记忆。

如果这反对的观点要从根本上出发，那么，它就必须，如果它是针对婚姻的话，首先针对恋爱，因为最初的东西一直总还是最初

的东西。这样的事情很少发生。在通常，各种反对观点恰恰是关照着恋爱，它们的恋爱的吻是真正的犹大之吻，[125]通过这吻它们就把婚姻出卖了。攻击恋爱的那些敌人所造成的损害就小得多，并且很少有可能赢得发言的机会。一旦理智想要尝试着解释或者考虑恋爱，可笑性就显现出来，最好是这样来表述：理智变得可笑。相对于不同的人谈论这事，事情看起来是不一样的。如果这是一个堕落的人在以这样的方式终结一种也许是放荡的生活：他想要使得那一向知道怎样躲避开他亵渎的触摸的东西（尽管他在所谓的恋爱之中涉足已久）变得可笑，那么，每一种回答就都是肤浅的。然而，我们还是可以想象一种更容易令人接受的反对观点之形式，它是那么容易让人接受，以至于它会使人决定去为这个犯糊涂的人感到难过并且为他的错误做解释。于是，这就必定是一个年轻人，相对于"那爱欲的"他确确实实很纯，但却又必须是这样的一个年轻人，就像一个早熟的聪明小孩错过了灵魂中的一个环节而马上以反思来开始自己的生活。[126]在我们这反思的时代里，人们无疑是能够想象得出一个这样的人的，在某种意义上，他甚至能够被看作是有着正当资格的个体人格，只要那对反思的许多说法、对之的崇拜，[127]那种因"怀疑一切"而得以尖锐化的必然性，对于他来说是由此来得以表达的：与许多轻率的、不想通过"怀疑一切"来使一本书得以成功的体系家们相比，他更严肃地得到这绝望的想法：想要去想"那爱欲的"，将自己想象进它，也就是说，想象自己出离它。[128]一个这样的个体人格是一个不幸的个体人格，只要他是纯的，我就不可能不带着同情想象他的不幸。就是说，他就像那个唯一失去了自己天鹅外衣的仙女，[129]被离弃，坐着，尽了所有努力想要试着飞起，都是徒劳。他丧失了自己的直接性，这直接性背负着一个人贯穿一生，如果没有这直接性，恋爱就成为不可能，这直接性不断地被预设作前提，不断地使他一点一点地向前；他被排斥在了直接性的善举之外（人们永远都无法真正地去对这善举表示感谢，因为这善举总是隐藏着）。

现在，正如去看那个孤独的仙女的悲惨是一件可悲的事情，去看一个这样的人的所有思想努力，不管他是在默然无声地忍受痛苦，还是借助于"反思"中的魔性技艺，知道怎样去以机智的言辞来隐藏起自己的赤裸，[130]也是可悲的。

全部的恋爱是一种奇迹，那么，在爱者们崇拜着地对着奇迹的神圣标志顶礼膜拜的同时，理智静止地站立，这又有什么奇怪的。考虑到这里所谈及的东西，正如考虑到在任何地方所谈及的东西，一个人要对自己的表达保持警惕。有一个叫作"选择自己"的范畴，一个多少有点被现代化了的希腊范畴，[131]它是我最喜欢的范畴，并且伸展向一个个体的存在，但这个范畴绝不应当用在"那爱欲的"之上，就像我们在谈论为自己选择一个"被爱者"时的情形，因为被爱者是神的礼物；正如那选择自己的选择者被预设为是存在的，同样，那被爱者也必须被预设为是存在的，如果这"选择"[132]要在两种关联之中作为同样的意义而被使用的话。如果一个人是在"想要为自己设定出这被爱者"而不是在"想要接受这被爱者"的意义上使用那个表达——"选择"，那么一种被误导了的反思就马上就有了某种可让自己去支持的东西。那年轻人让情欲之爱消释在"爱'那值得爱的'"之中，他毕竟要选择。可怜的家伙，那是一种不可能；不仅仅是这个，如果事情要以这样的方式来理解的话，那

么又有谁敢做选择呢？又有谁敢如此任自己的刚毅冲昏自己的头脑以至于不明白这个道理：如果一个人是求婚者，那么神就必定自己首先向这个人求了婚，所有其他的求婚都是一种自说自话的愚蠢放纵。我谢绝以这样的方式做选择，我宁可为这礼物而去感谢神，他做出了更佳的选择，而"去感谢"则是更有福的事情。我不想让自己因为想要对被爱者开始一种毫无意义的批评性的说教而变得可笑，我不想对被爱者说：我爱她是因为这个、因为那个，并且最终是因为——因为我爱她。如果使用得正确，通过纯幽默地把情欲之爱的全部形态置于与一种琐碎小事的关系之中，一种这样的说教对爱者们自己可以是有趣的，就像这样的情形：如果丈夫要对自己的妻子说，他爱她是因为她有金头发。一种这样的说法是幽默的玩笑，它早已忽视了所有反思之重要意义。我把神的物归给神，[133]每一个人都应当这么做。但是，如果一个人拒绝把景仰与惊羡之神圣颂词给予神，那么他就没有在这样做。正是在理智静止站定的时候，我们才应当有勇气和心肠去相信那奇妙非凡的东西，并且，借助于这一景象为我们带来的力量，不断地回返到现实之中，而不只是静静地坐在那里想探明其究竟。但不管怎样，我还是更愿意对一种尖锐持久的批评进行一次毫无结果的尝试，这批评把绝望带进反思者的头脑之中，而这也许恰恰就拯救了他；我宁可选择这没有结果的尝试，也不愿去选择一种饶舌而愚蠢的反思，后者就像是一个女打扮师[134]想要把情欲之爱漂亮地打扮出来并且还想知道比奇迹[135]更多的东西。确实，情欲之爱是一种奇迹，而不是什么市镇里的传闻；它的祭司是崇拜者而不是街头妓女。

因此，在异教文化之中，人们把恋爱当作爱欲（Eros）[136]的属性。既然婚姻之决定增添了“那伦理的”，这样一来，那对某一神明的多少有点卖弄风情的归属认定在婚姻中就成为对于“一个人从上帝的手中接受那被爱者”的纯粹宗教的表达。一旦上帝出现在意识的面前，奇迹就马上存在了，因为上帝不可能以别的方式在那里存在。犹太人是这样表述这一点的：如果一个人见了上帝，那么他就必定死去。[137]这只是一种比喻的表达，字面上的真正表达是：一个人完全丧失了理智，就像爱者在看见被爱者，并且（这正是这个人自己的情形）看见上帝的时候那样。确实，我做丈夫好些年了，也许人们会笑话我的热情，那就笑吧！一个丈夫总是在爱河之中，他永远也不会以另一种方式来理解恋爱。

反思之忧伤骑士[138]继续向前走，他想要探明“恋爱之中的综合”的根本。他并没有留意到：在他的面前悬挂着一道帷幕，并且，他再次站在这奇迹的一旁。上帝从乌有之中创造，[139]但是在这里，如果我敢这样说的话，他做更多，他用所有情欲之爱的美丽来打扮一种驱动力，这样，爱者们只看见美，而对这驱动力则一无所知。谁将揭开这帷幕？理想的美是被遮覆起的美，月光透过云层的薄纱大概只映出一半的美丽，天空透过纱帘大概只梦到一半的思念，大海以它的半透明大概只是以一半的强度做诱惑，就像被爱者，就像妻子透过端庄矜持之面纱所做的诱惑。我心灵激荡地狂想着，我，一个可怜的丈夫？但是我该怎样说及这一神秘呢，它对我曾经是，现在还是，并且在许多年里还将继续是一种神秘；因为我对“会有某种解释出现”的说法一无所知；有人认为，自然的帷幕应当比道德伦理的帷幕更宝贵，但我就根本无法理解这种可鄙的放肆态度。

于是，那个可怜的家伙，反思一如既往地把他弄成一无所有的乞丐，他继续向前；他的热情使得他更不幸，他的财富使得他更贫穷。他在那会被他称作是“情欲之爱的各种后果”的地方停下。又有谁不在这个地方停下呢？这其实就仿佛是：在神创造地进行干预的时候，生存的自然进程停下了。哦，至福的惊奇啊！又有谁会不因此感恩：他在这里看见神，他不用像反思（Reflexionen）的筋疲力尽的斗士那样地沉陷进沉郁（Tungsind）之中；谁会不在生存的喜悦之中感恩？并非因为仿佛这孩子是一个神童（虚空，虚空[140]），而是因为：一个孩子出生了，这是一个奇迹。[141]一个不愿在这之中看见奇迹的人，他必定是（如果他不是完全缺乏精神的话）会像泰勒斯那样地说：出于对孩子的爱，他不想要孩子，[142]——这最沉郁的话（因为在这之中有着这样的意思：与“剥夺一个人生命”相比，“给予一个人生命”是更大的犯罪和不幸）和最灾难性的自相矛盾。

于是，恋爱就被宣称为奇迹，一切归属于恋爱的东西就也归属于奇迹。这时，爱就被当作是首先给定的。每一种反思之企图，不管它有多么讨人喜欢或者多么令人厌恶，不管它是多么愚鲁或者多么乏味，都被直接地判定为是错误的。——问题继续留在这里：这一直接性的东西（恋爱）怎样才能够在一种通过反思而得到的直接性[143]之中找到它的对应物。关键性的一场战役就在这里发生。

然而，我首先要展示一下这事情的另一个方面。在通常，恋爱得到足够多的赞美。甚至一个诱惑者也不缺乏想要参与这赞美的厚脸皮。[144]但是恋爱的瞬间或者短暂时间应当是女人的顶峰时刻，因此关键就在于重新放下。这样反对的看法则有着另一个方向，对女性的含情脉脉的殷勤崇拜到最后成为侮辱。

顺便说一下，我从小所接受的是基督教的教养，我不能够同意各种对于“让女人得到解放”的不正当企图，同样我也觉得所有对异教文化的缅怀是痴愚的。我简短的看法就是：女人无疑和男人一样好，然后，句号结束。每一种对性别之间差异的更繁复的论述，或者对于“哪一种性别有着优越”的考虑，都是无所事事者和胡椒单身汉[145]们毫无用处的思想活动。人们可以这样来认出一个得到了好的教养的孩子：他对自己所得到的东西感到很满足；同样，人们可以这样认出一个得到了好的教养的丈夫：他为那被分派给自己东西而感到欣悦和感恩，换句话说，他处于恋爱之中。有时候我们会听到一个丈夫抱怨说，婚姻给予他太多要让他尽责的事情，是啊，他怎么会少得了各种各样的事情呢？因为他要么是只想放肆无礼地去作自己妻子的批评家和评论家，一天里每隔一个半瞬间就要用自己乏味的说法来折磨她，说她应当这样地微笑、这样地挺胸、这样地行屈膝礼、这样地穿着打扮、这样地说话，要么他就是在想作丈夫的同时也想作批评家和评论家。作为一个婚姻的批评家，我是一个 tiro（拉丁语：新手）；我没有接受过任何纨绔少年时期的肤浅的预备课程，有时候这种课程造成的毒害超过人们的想象。我的爱情故事在某种意义上说是短的；我独立谋生并且专注于我的学习，我不曾在晚会上、在散步时、在剧场和音乐会中审视各种女孩，我不曾轻率地去这样做，我也不曾带着那种愚蠢的严肃去这样做，——一个适婚男子会用这种愚蠢的严肃来自得其乐：一个能配得上他的女孩必定是非凡的。就这样，毫无任何经验，我认识了她，现在是我的她；之前我从不曾爱过，我的祷告是，我不可以在以后再爱，但是，如果我要在瞬间之中想到那对于我来说当然是不可思议的事情：死亡把她从我这里夺走，一种这样的变化发生在

我身上，以至于我再一次要进入“作为丈夫”的状态，我确信，我的婚姻并没有败坏我或者说使得我更善于去批评、去挑拣、去审视。人们听到如此之多关于恋爱的痴愚说法，这又有什么奇怪的呢？既然人们听到如此之多说法，这已经是一种标志，标志了反思在全方位渗透性地打扰着那种宁静而更为简朴的生活，恋爱更愿意居住在这宁静而更为简朴的生活之中，因为这生活在其简朴之中距离对神的虔诚敬畏是如此之近。

因此，我很清楚，各位审美者先生们马上就会宣告我不够资格与他们进行讨论，而如果我毫不隐瞒我尽管作了八年丈夫却仍不能在批评鉴赏的意义上确定地知道我妻子的外表是怎样的，那么他们就更会觉得我不够格。爱不是批评鉴赏，婚姻的忠诚并不是由一种周详的批评鉴赏构成的。我的这种无知却并非完全由于我没有受教育，我也能够观赏那美的东西，但那样的话，我是在观赏一幅肖像、一尊雕像，而不是看一个妻子。部分地，我要感谢她，因为，如果她会在“成为一个调情者批评鉴赏性的崇拜的对象”之中找到任何虚荣的快乐的话，那么谁知道呢，我是不是就也变成了一个调情者？并且，就像通常的情形，最终成为了一个性情乖戾的批评家和丈夫？行家们随意调用着 termini（拉丁语：概念名词），我也不觉得自己有能力在诸多 termini 之中轻松而例行常规地运动，我并不想要求这个，我并不去与行家们一同赴宴。以最温和的方式说，这样的行家们让我觉得就像是那些在神殿的院子里坐着兑换银钱的人们；[146] 并且正如“听银钱叮当作响的声音”令那带着崇高的性情想要进入神殿的人心生厌恶，“听诸如苗条、丰满、丰腴等等这些词构成的噪音”同样也令我心生厌恶。我在一个原始的诗

人那里读到这些词的时候，它们是出自心境和母语的本原性，这时我感到欣悦，我不亵渎它们，而在与我妻子有关的问题上，我至今没有确实地知道她是不是苗条的。我的喜悦和我的恋爱不是一个马贩子的喜好，也不是一个狡猾的诱惑者剧烈的不健康脾性。相对于她，如果我要以那样的方式来表述自己，那么我确信，我是在胡说八道。只要迄今为止我不让自己那样做，那么我可能在余生之中就已经得救了，因为只“一个婴儿的在场”就使得恋爱比其自身本原所是更羞怯。我经常考虑这一点，因此我总觉得，一个自己有着孩子的年长男人和一个非常年轻的女孩子结婚，这样的事情是不体面的。

恰恰因为我的爱对于我来说是一切，因此在我的眼里每一个批评鉴赏性的收获都是胡说八道。如果我要赞美女性的话，就像人们在审美的意义上谈论的“赞美”，那么，我就只想幽默地赞美，因为所有苗条和丰腴，眉毛和眼中的箭，[147]都构建不出一次恋爱，更构建不出一场婚姻，而只有在婚姻之中恋爱才有它真正的表达，在婚姻之外，它只是诱惑或者调情。有一篇 Hen. Cornel. Agrippa ab Nettesheim（阿格里帕·冯·内特斯海姆的拉丁文名字）[148]所写的小文：de nobilitate et præcellentia foeminei sexus, eiusdemque supra virilem eminentia libellus（拉丁语：《一本关于女性的高贵和出色以及其优越于男性的长处的小册》）。[149]在这篇小文章之中，他以最天真的方式说出向女性表示敬意的最奇怪的说法。我恰恰相反，不认为他证明了他想要证明的东西，尽管他 bona fide（诚意地）并且很好心地这样说，并且善良得足以相信自己证明了这东西，我倒是完全同意这本书终结处的诗句，[150]它谢绝一切对男人的浮夸

的(vaniloquax)赞美。现在,如果人们在对恋爱和婚姻的幸福的完全而绝对的确定之中阅读这一天真的论证,如果人们在每一个论证之中都加上一个极其悲怆的 Ergo(拉丁语:所以)或者 quod erat demonstrandum(拉丁语:此为所求证者),而与此同时真正的悲怆激情则是那种确定[151]之中的丰富实质,它根本无需任何证明,这样一来,一种纯粹的幽默效果就出现了。我将对此做出更细节性的解说。在五月二十八日协会,[152]一个年轻科学家做了一个讲演,他出于对自然科学的热情认为,每一个新的发现,比如说现在最新的"用打火石来做肥皂",[153]都引导我们更近地靠向上帝并且使得我们信服上帝的善和智慧,等等。如果这个讲演要被看成是一种"向上帝靠近"的严肃尝试的话,那么这就让我觉得非常糟糕。相反,如果一个个体人格,在自己"对上帝的善和智慧的信仰"的关系上是一个百万富翁,并且比伦敦银行"更可靠更有经济实力",[154]如果他,在反思开始展示出"想要在这方面证明一些什么"的迹象的时候,以这一证明来打断反思的证明过程:现在我们甚至能够用"以打火石做成的肥皂"来洗手了,那么,这时事情就不一样了;他甚至能够以这样的方式来终结自己的言谈:看,现在我洗干净我的手了,[155]如果这还不是一个证明,那么我真的绝望了,不想再展开一个这样的证明了。在那本小书中,这被当作一种证明的依据:在希伯来语中女人叫夏娃(生命)、男人叫亚当(大地),[156]——ergo(拉丁语:因此)。就像是在一场 altercatio(拉丁语:口角,辩论)之中的促狭,在这 altercatio 之中一切都是绝对地被决定了的并且是有着见证——以 Notarius publicus(拉丁语:公证人)和上帝的封印封了口的,同样,这样的证明也是非常漂亮的。在他将下面的说法当作另一个证明来引用的时候，也是如此：如果一个女人落水，她在水上游泳，[157]相反，如果一个男人落水，他沉下去，——ergo（拉丁语：因此）。这一证明也能够以另一种方式来使用，因为它有助于帮我们解释“中世纪有如此多女巫被烧”的事实。[158]

从我读那本书的时候到现在，已经有好几年了，它曾为我带来极大的乐趣。自然科学和语言科学之中最滑稽的东西以最天真的方式出现。各种不同的东西在我的记忆中留下印痕，在我从不对我妻子说诸如她很苗条之类的话（这些话肯定会让她不愉快而我则说不出来）的同时，我有时（我是自己这样说）很幸运地擅长于一些这样的辩论和观察，这些辩论和观察是让她高兴的，也许是因为它们根本不证明任何东西，而恰恰因此就证明了：我们的婚姻根本就无需任何繁复的批评鉴赏，相反，我们是幸福的。在这个关联上，我常常会感到奇怪，为什么就没有什么诗人真正地描述一对谈话中的夫妇。如果有这么一次他们被描述了，并且如果这应当是一对幸福的夫妇，那么，他们就常常是像一对恋人在说话。在一般的情况下，夫妇总是作为次要人物，并且他们是那么年长，以至于他们就是诗人所描述的被爱者的父亲和母亲。如果要被描述的是一个婚姻，那么这婚姻就至少得是不幸的婚姻，这才会让诗人看得上眼。这之中的差异是：恋爱应当是幸福的，并且有着外来的各种危险，而婚姻则必须有来自内在的各种危险才会变得有诗意。我将此看作是对“婚姻实在是无法享受它应得的认可”的可悲的间接证明，因为这看来就似乎是：一对夫妇不像一对恋人那样地富有诗意。让爱者们去与那整个恋爱的泡沫说话吧，这泡沫让少男少女欢愉；结了婚的人们也不糟糕。我认定，如果一个丈夫没有通过他

的婚姻而成为一个幽默者,那么他就是一个糟糕的丈夫,正如如果一个爱者不成为诗人的话,那么他就是一个糟糕的爱者;我认定每一个丈夫都多少会变得幽默,会得到某种幽默的印痕,正如每一个爱者都多少会变得有诗意。如果我以我自己为依据的话,那么我不会在诗意的方面像在“对于幽默的东西的感觉”的方面那样有着那么多的考虑,一种幽默方面的特定印痕,我要将之纯粹归因于我的婚姻。在恋爱之中,“那爱欲的”的许多成分有着一种绝对的意义,在婚姻之中,这一绝对意义与一种幽默的解读发生交替,这幽默的解读是对婚姻生活的平静满足的安全感的诗意阐述。我举一个例子,并且请求读者能够有足够的幽默感而不将之看作是“在证明什么东西”。我和我妻子一同在西兰岛南部做了一次小小的夏季旅行。我们完全以最方便我们自己的方式旅行,由于我妻子想要获得那种被一些人称作是“漫游在乡村公路上”的感受,我们就落脚在各种各样的酒馆饭店,有时候还会在一个这样的酒馆饭店里过夜,不过,最重要的是我们在这一路上要有足够的时间。在酒馆饭店里,我们有机会在四周看看。现在,发生了很奇怪的一件事,我们连续在五个酒馆的墙上看见同一幅招贴,就是说,这招贴以这样一种方式跟着我们而使得我们不可能避开它。这招贴有着以下内容:一个担忧的父亲以最诚恳的表达辞来感谢一个经验丰富医术精湛的执业医生,因为他用艺术家的妙手轻松而不招致疼痛地为这位父亲以及他全家治愈了严重的鸡眼症,并因此而使得他和他的一家能够重新回归到社交生活中去。家庭成员被一一描述出来,其中有一个女儿;由于她就像一个安提戈涅[159]那样曾属于这一不幸的家庭,她就也没能够得免于这一家族的厄运。我们在三个站上都读到了这一招贴，所以毫不奇怪：这事情成了我们的话题。当时我认为这位父亲的做法，这样公开地提到这年轻女孩，是不审慎的。因为，尽管现在所有人都知道她是痊愈了，但还是会使一个求婚者心里有想法，这根本就是多出来的不必要的事情，因为我们可以把鸡眼看成是人们在婚礼之后去了解的各种缺点之中的一部分。现在我请求一个诗人来回答我，这一谈话的主题是不是幽默的（我无疑不是一个能够完全幽默地展开这一主题的人）；但在另一方面我也要问他是不是这样：只有在一个丈夫的嘴里，这话题才是恰当的，一个恋人会觉得受到伤害，因为这一严重的鸡眼症，哪怕是在被去掉了之后，也会对"那美的"的审美幻想观[160]有严重的打扰。一个这样的玩笑在一个爱者嘴里会是完全不可原谅的。现在，哪怕谈话因为我的卑微而变成了一种简单的日常闲话，那么我还是知道：这让我的妻子感到快活；一种这样的偶然被带到审美的绝对之下，比如说这样，通过"去询问离婚的足够依据"等等，这使她感到快活。有时候，某个行家或者某个特别聪明的少女在我的客厅里对恋爱和苗条夸夸其谈、说"爱者们必须真正相互认识对方以便在选择之中确定自己是选择了一个没有缺陷的人"，有时候我也会说出我的看法，我其实是为了我妻子而说出看法的，我说：是的，这是困难的，这是困难的，比如说，现在这鸡眼症的事情，没有人能够确定地对之有所知：一个人到底是不是有鸡眼或者曾经有过鸡眼，或者一个人会不会得鸡眼。

但关于这个说得足够多了。恰恰正是婚姻的安全感在支承着"那幽默的"。这安全感立足于被体验到的东西，没有那种如同"情欲之爱的最初至福"的不安，尽管它的至福绝不少于情欲之爱的至福。现在，我作为丈夫，八年的丈夫，把我的头靠在她的肩上，这时，我就不是一个崇尚或者挑剔什么“尘世间的美”的批评家，我也不是一个赞美她的胸脯的热情少年，但是我却像第一次那样地被深深感动。因为我知道我本来所知道的东西和我一再再三地让自己感到确定的事情：在我妻子这胸膛之中有一颗心脏搏动着，安静而谦卑，但却均和而有规律地搏动，我知道它是为我和我的福佑而搏动、为那属于我们两个人的东西而搏动，我知道它的安宁而温柔的运动不会终止，唉！就在我为我的生意忙碌的同时，唉！就在我被各种各样事情分散着精力的同时；我知道，在任何时候，在任何情况下，我都能够去她那里寻找安慰和帮助，她这颗心从不曾中止过为我而搏动。[161]我是一个信仰者：就像一个爱者相信那被爱者对于他就是生命，我在精神上相信在那本小书中所写的东西：自然科学家教导说，母亲的乳汁对于患有致死疾病的人[162]来说是有着拯救性作用的，[163]我相信这温柔，这永不枯竭地为找到一种越来越真挚的表述而斗争的温柔，我相信这温柔，这温柔是她作为新娘的丰盛嫁妆，我相信它有着富足的利息，我相信，如果我不挥霍她的资源，它就会翻倍；我相信，如果我得了致死的疾病，如果这一温柔的目光落在了我的身上，唉，就仿佛那垂死的斗士[164]是她自己，而不是我，我相信，这一温柔的目光会使我起死回生——如果上帝在天庭没有使用这力量的话，而如果上帝使用这力量的话，那么我相信，这一温柔再次将我与生命捆绑在一起，就像一道访问她的景观，就像是一个在我们重新结合之前无法被死亡说服的死者。但是在那之前，在上帝以这样的方式使用这力量之前，我相信，通过她，我将和平与满足吮吸进我的生命，并且，许许多多次从沮丧之死和精神销蚀的辛劳恶苦[165]中得到拯救。

每一个丈夫都是这样说的,并且能够说得更好,如果他是一个更好的丈夫的话,并且能够说得更好,如果他是一个有天赋的人的话。他不是一个正爱着的少年,他的表达不是瞬间的激情,如果在一个激情瞬间之炽烈之中想要感谢一种这样的爱的话,那会是一种怎样的侮辱啊![166]他就像是那个诚实的簿记,[167]在当年几乎成为怀疑的对象;因为,在那些严格的审核者们(由于一次欺骗)来到他的门前并且要求查看他的账本时,他回答说:我没有账本,我把账记在头脑里。多么可疑啊!然而。荣耀归于这老人的头脑,他的账目准确无误!一个丈夫,在他对自己的妻子谈论这事的时候,也许甚至会做出有点幽默的表述,然而,这一幽默,这一毫无顾虑的致谢,这一收据不是落在纸上的,而是落在回忆的主账簿之中,这恰恰证明了他所记下的账目是可靠的,他的婚姻在日常之中就拥有着丰富的资源来提供这种证明。

由此,我已经提示出了,我想在哪个方向上寻求女人的美。唉!甚至正直的人们也一同参与去为这一可悲的混淆提供养料,更糟糕的是,轻率的青春女性过于急切地得出这样的结论(根本就不会想到这种做法是一种绝望)[168]:一个女孩的唯一美丽就是青春的初始,①[169]她的年华只盛开一瞬间,这一瞬间就是情欲之爱的时

---

① 考虑到"女人的美随着岁月而增长"这句话,如果我们回想一下舞台上的艺术成就,那么这说法难免就很成问题,乃至会起到误导作用,因为在这里一切都集聚在"对瞬间的要求"上,并且人们在本质上所要求的是各种差异;但恰恰正是因此,我就愈加欣悦地看见一种美丽的、对我来说是如此亲切的真相,它在剧院生活的迅速变换之中得到了确认。那借助于我们的剧院真正地呈现"那女人的"的女演员,不局限于"那女人的"的一个方面、不依靠于也不受累于它所具的一种偶然性、不被指派进它之 (接下页)

（接上页） 中的一个时间段的，她就是尼尔森女士。[a]她所展示（但不是直接展示）的形象，她在剧中如鱼得水地运用的声音，那使得协作获得生命的真挚，那使得观众们感到如此安全的内向迷惘，她用来攫住我们的那种安宁，那藐视一切外在事物的可靠灵性，还有心境的这种均匀的洪亮，——这洪亮不猛然爆发、不借助于矜持的回避来制造悬念、不滔滔不绝夸大其词、不自命不凡地让人等待、不作剧烈的爆发、不期盼任何不可言传的东西，而是忠实于自己、为自己负责、在每一瞬间都准备好了并且总是一贯地可靠的：简言之，她的所有表演集聚在那可以让我们称作是"那在本质意义上的女人的"东西之中。有许多女演员，因在"那女人的"的偶然一方面上的精湛技艺而伟大并被人崇敬，但是，这一崇敬，通常它也会在各种各样的瞬间欢呼之中找到自己的正确表达，而在那成功表演所依据的各种偶然表象消失的时候，它从一开始就是时间之战利品。

既然尼尔森女士的潜在力量是"那在本质意义上的女人的"，那么她所覆盖的范围就是："那本质的"，哪怕是在更微不足道的方面，只要她在剧中是在一种本质性的关系之中被我们看见（诸如在一出杂耍剧[b]之中演情妇，在一出田园剧中演母亲，等等），崇高的角色中的"那本质的"，卑劣的角色之中的"那本质的"，这角色虽然在女性的意义上是卑劣的，但在本质上仍然属于这一性别，于是人们就不会因为那不美的东西而觉得不舒服，不会因为夸张而不信，不会倾向于去解释那因教养、因生活条件之影响等等而造成的腐化堕落，因为我们恰恰在表演的理想性之中看见这"腐化堕落"的深度及其渊源。正如她的覆盖范围是本质的，她的胜利也是一种本质的胜利，不是瞬间之短暂的胜利，而是那种"时间没有力量来左右她"的胜利。在她生命时光中的每一个时期，她都会获得各种新的任务并且去表达"那本质的"，正如她就是以此来开始她的美丽生涯的。哪怕她进入六十岁，她仍会继续是完美的。对于一个女演员来说，我不知道还有什么比这更高贵的胜利：有这样一个人，也许在整个王国里他是最害怕在这里对别人有所冒犯的，而他敢带着这样的安全感，正如我一样，去提及这"六十岁"，——这本来是一个人在关联到一个女演员的名字时最不应当去急于提及的话题了。她会很完美地表现出一个祖母的形象，再一次是通过"那本质的"来发挥作用，正如一个年轻女孩不是通过任何迷醉评论家的非凡的美、或者通过使得行家入魔的无与伦比的歌声、或者通过"能够舞蹈"——这唤起观众特别的兴趣、或者通过一小点淘气——每个观众都会很愉快地对之做出自己的解释——来发挥作用，而是通过献身仪式，这是那纯粹的"女人性"与"那不灭的"的契约。尽管人们在剧院之中很容易就会想到生命和青春和美丽和魔力的易逝，可在人们崇敬她的时候，人们是那样地有着安全感，因为人们知道这不会消逝。也许这在别人身上会有所不同，这样，这崇敬，因为没有任何"要着急"的理由（并且在这里有的是时间），有时候就会不出现，并且这个女演员就被看作是第二等级的，而如果这里的要求是在瞬间之中比赛跑的话，如果这要求不是在"那持恒的"而是在"那消失着的"之中起作用的话，她也确实是第二等级的。因此，她也许在各种为瞬间量脉搏的批评家们中没有崇拜者、在各种必然会看过这台和那台戏的剧场票友中没有崇拜者、在各种想要发布什么八卦的快信使中没有崇拜者、在各种就像寻找别的"扛一个人"的临时工作的扛拉者那样的胜利扛拉者[c]中没有崇拜者、在各种本来无法安置一次不成熟的恋爱而将之投向一个女演员的年轻人中没有崇拜者、在各种以瞬间的刺激来维持生命的浪荡子中没有崇拜者，但却在这样的人们中有着崇拜者，这些人在生活之中是幸福而满足的，不想念剧院，不渴望剧院，他们的右手不会马上在当场的鼓掌中跑进左手，[d]他们的笔不会在同一个夜晚马上就因为一些个细节而在纸上忙碌，相反，他们是慢慢地说话，并且也许是更有辨别地，在"那美的"在真之中[e]的时候，为看见这美的东西而感到欣悦。

刻,并且,一个人只爱一次。确实,一个人只爱一次,但女人的美丽恰恰随着岁月而增长,而绝不是消减。与后来的相比,最初的美只是某种可疑的东西。又有什么人,如果他不是一个疯子的话,会看到一个年轻女孩而不感觉到某种忧伤,因为在这里,尘世生活的脆弱在它的最强烈的对立面之中呈现出来:“无常”迅速如一场梦,“美”奇妙如一场梦。但是,不管那最初的“美”有多么奇妙,它仍不是“真”,它是一个保护套,一件外衣,只有在岁月之中真正的美才会从它们中伸展出来呈现在丈夫感恩的目光里。

反过来,看她,经历了岁月的她。你不会情不自禁地去抓她的美丽,因为这不是那易逝的美丽,不是像梦一样急速逝去的美丽;不!在她的身边坐下,更贴近地观察她:带着她母性的关怀,她属于整个世界,现在这关怀的忙碌时间已经过去,留下的只是这关怀本身,而在这关怀之中她就像在法版之上的天使那样地飞舞。[170]确实,如果你不在这里感觉到一个女人有着怎样的实在,那么你就是并且继续是一个批评者和评论家,也许是一个行家,就是说,是一个绝望了的人,被绝望的暴烈推着疾奔,叫喊着:让我们在今天爱,因为明天一切都过去了,[171]不是我们的一切都过去,这会是沉重的,而是情欲之爱的一切都过去了,这则是令人憎厌的事情。现在,就花一点时间让你自己去坐在她身边;这不是欲望的可喜果实,警惕着不要让你自己有任何放肆的想法,也别想着要去使用内行的概念名词;如果你的内心无法平静,那么,就坐在这里,这样你就会平静下来。这不是瞬间的空想,你敢让自己靠近她吗?或者,你敢伸出手邀请她去跳一支华尔兹吗?那么,也许你宁可避免与她在一起,哦!尽管围在她周围的年轻一代太不礼貌(一位时尚的

先生——他觉得她需要他陪她说话——就是这么想的)，不，是过于糊涂，以至于让她一个人坐在那里，但她其实并不需要与这一代人同欢，她并不觉得受到了冒犯伤害，她与生活达成了和解，如果你在什么时候再次觉得需要找到一句和解的话语，如果你觉得需要忘却掉生活中各种不和谐，那么就去找她吧，在有价值者身边有价值地坐着，[172]——并且，哪一个是最美丽的呢：是通过自然之力生育的年轻的母亲，还是通过其关怀来重新生育你的饱经沧桑的母亲！或者，如果你并非是如此糟糕地被卷进世上的麻烦之中，那么，就只在有价值者身边有价值地坐着。她的生活也不会是没有旋律的，这一老年也 non sine cithara(拉丁语：并非没有里拉琴)，[173]所有被经历了的东西都没有被遗忘，在这声音打动了回忆之弦的时候，生命的所有不同年龄里的声音都甜蜜地在之中共鸣着。你看！她达成了对生命中各种难题的解决，是啊，她简直自身就是对生活中难题的解决，既能够让人听见，又能够让人看见。一个男人的生命永远都不会以这样的方式来完成，在通常，他的账目要复杂得多，而一个家庭主妇则只有各种琐事，日常的苦恼和日常的喜悦，但因此也就有这一幸福，因为，如果说一个女孩是幸福的，那么一个上了年纪的妇人则就更幸福。对我说，什么是最美的：是有着自己幸福的年轻女孩，还是那饱经沧桑的妇人？后者完成了一种上帝之作为，她为忧虑者解决难题，而对于快乐者来说，去作为解决生命中的难题的美丽方案，这就是对存在的最佳赞辞。

现在，我离开这上了年纪的妇人，我不会真正避免与她作伴，我回到时间中，我很高兴在上帝的帮助之下我仍有着生活之中一段美好的岁月，但却也不知任何畏惧变老的怯懦，或者为自己妻子的缘故而畏惧的怯懦，因为我可是认定了女人随着岁月而变得越来越美。作为母亲，她在我的眼里就已经比年轻女孩美丽得多。不管怎么说，一个女孩是一个幻想的形象，我们几乎就不知道她到底属于现实还是一种影像。难道这就应当是那至高的吗？好吧，让幻想家们去这样想吧。相反，她作为母亲则完全地属于现实，而母爱本身并不像青春的渴望和隐约感受，而是一种真挚性的一种永不枯竭的源泉。这一切也并非是完全地作为可能在一个年轻女孩身上在场。即使是作为可能在场，一种可能也总是小于一种现实，更何况这一切其实并非作为可能在场。正如母亲的乳汁不会在一个少女的胸脯里在场，这一真挚也同样不可能在场。这是一种变形，在男人身上绝不会有类似的变形。我们能够开玩笑地说，一个男人在他有了智齿之后才刚刚完成，我们也能够严肃地说，一个女人的发展在她是母亲的时候才结束，只有在这时她才是存在于自己所有的美丽之中、存在于自己美丽的现实之中。让那个敏捷轻快顽皮幸福的女孩蹦向草地吧，她逗弄着每一个想要抓住她的人，哦，是的，我也很愿意看这场景，但然后，然后她就被抓住了，被监禁了，当然我没有抓住她（要有怎样的空虚和虚荣的痴愚才会去这样做），我当然没有监禁她（多么虚弱的一个监狱！），不，她是自己抓住了自己并且是坐在摇篮旁被监禁；被监禁，她却有着自己的全部自由，一种无边际的自由，她在这种自由之中，她会死在自己的窝中。[174]

这里只是附加地说一句。尽可能无邪地谈论吧，我设想是母亲对孩子的偏爱使得丈夫多少有点嫉妒，哦，我的上帝，这种嫉妒当然是会被克服掉的。于是，我提及了这个词：嫉妒。这是一种黑暗的激情,“一个不断地弄脏那滋养着自身的食物的怪物”。[175]愤怒也是一种黑暗的激情,但由此并不得出这样的结论:不可能也存在一种高贵的愤怒。嫉妒的情形同样如此。在高贵的恋爱(Forelskelse)中也存在公正的愤慨,这种愤慨确实既是担忧又光火,首先是一种普通的灵魂状态——如果可怕的事情发生了的话。我不觉得这之中有什么可责备的,相反我对一个丈夫作出这样的要求:他的灵魂以这样的方式表示出最后的敬意,——对她的敬意,她:“曾令他蒙羞”的她,以及“他也承认是(如果我们想要这样说的话)对他有着足够重大的意义而能令他蒙羞”的她。[176]我把这种灵魂状态看成是恋爱对一个死者的伦理意义上的悲哀。相反我也知道,在生命中有着魔性的力量,我知道有着一种不太值得赞美的无所畏惧,它受到“恶的精神”的烦扰而想要成为纯粹精神,并且想要有权力去成为那种完全就像“在嫉妒之中狂怒”一样地应受谴责的东西,想要有权力去在机智之冷激情中变冷、变得冰冷彻骨。因为存在有以其炎热毁灭一切生命的地狱,但也有这样一种地狱,它的寒冷杀死所有生命。[177]

但是我甚至没有对母亲的嫉妒。一个女人的生命,作为母亲,是一种现实,如此无限地富于变换,这样我的恋爱一天天都有足够多的事情要做,要去发现一些新的东西。作为母亲,这女人没有任何可让人说“她在这处境之中是最美好的”的处境;作为母亲,她不断地处于自己的处境之中,而母爱就像纯金一样柔软,在每一种定性之中都可变通,并且仍然是完整的。丈夫的喜悦每天都更新,它不被销蚀,因为它就像是瓦尔哈拉的食物;[178]哪怕他不是以此为生,也依然可以肯定,他活着不单靠食物,也靠[179]那随着母亲之业绩而出现的由衷崇敬:他在自己家里有着 panis et circenses(拉丁语:面包和戏)。[180]

母爱所面对的是怎样繁复多样的冲突啊,而每次她那进行着自我拒绝和牺牲的爱都大获全胜地从这些冲突中走出来,这母亲,她是多么美丽啊!在这里我不是谈论那无疑是众所周知而现成的话题,说母亲为孩子牺牲生命;这听起来是那么崇高,那么深情于爱,并且不具备真正的婚姻印痕。我们在琐事之中也看得见它,同样明确、同样伟大、同样令人生爱。不管是在什么地方看见它,我都钦敬它,并且,它对于我们也不是什么罕见的,甚至我们会在我们不期待这样看见它的地方看见它,比如说在街上。前些日子,我坚定地迈着办理事务的步伐从城里的另一头走到法庭去做出一个判决,时间差不多是一点半。我的目光下意识地落在了街对面:一个年轻的母亲,手里拉着自己年幼的儿子在散步。这小孩差不多两岁半。母亲的穿着、举止,能够让人看出她甚至好像是属于上等阶层,因此我很惊讶怎么会看不见侍者或者女佣跟着她。我马上就有了各种各样的猜测:她的马车也许就停在另一条街上,或者在隔了几幢房子的地方,或者,她也许就是走向她所住的两三幢房子之外的地方,或者,诸如此类。我中止我的各种猜测,并且希望读者会感谢我认真地对文字做出强有力且彻底的节省。但是在根本上这也是够奇妙的。这男孩是一个很可爱的孩子;他求知欲极强地问着一切,停下来看着,问:这是什么?我很快地戴上我的眼镜好好地看一眼并且真正地欣赏到了这可爱的面容:这温柔的母性,她带着这母性进入一切问题;这深爱的喜悦,她带着这喜悦端详着自己的小宝贝。男孩的问题使得她处于尴尬,——也许没有人对她

说过一个深刻的智者[181]说过的话——和孩子说话是一种 tentamen rigorosum(拉丁语:严苛的考试),也许她看来所属的圈子甚至还会这样认为这根本不是什么艺术——不管一个小鬼头所提的问题中的麻烦连同小孩子吸引路人一同旁听的大声会造成怎样致命的尴尬;这一场景是发生在东街。[182]尴尬——我没有发现尴尬;在她友善的面容上有着美丽而明确的母性喜悦,这处境没有为这喜悦烙上任何虚假的印痕。这小鬼突然站定并且要抱。很明显这是有悖于他们出门前所说好的计划的,对约定的不遵守,否则的话保姆就会跟着一起出门的。这是一种难堪的处境,——然而对于她却不是。带着世上最可爱的笑容,她把他抱进臂弯,向前直行而不寻找旁边叉出去的小街。在我眼中这就像一场游行一样美丽而庄重,我虔敬地加入这游行。一个人又一个人转过身来,她什么都没有留意,她没有走得更快,没有任何变化,深深地沉浸在自己的母性幸福之中。我在调查委员会[183]担任预审法官的职务,因此我有着一定观察面孔的能力,但现在,也许这样说我会失去我的职位:我看不见一丝一毫的羞怯、被克制住的愤怒,或者被激发出的不耐烦的痕迹;看不到脸上有任何试图对所在处境之中几乎是可笑的东西进行反应的表达。她这样穿过东街,完全就仿佛她是在自己客厅的地板上牵着这小孩。母爱愿为孩子牺牲生命;在这一冲突之中,这母爱让我感觉到同样的美。如果这小孩不对,如果他也许完全能够走路,如果他是顽皮的,在家里不会有人留意这顽皮;那么,又会是什么使得事情有所改变,除了那母亲对其自身有所反思之外又能是什么?有许多冲突其实完全是微不足道的琐事,但这微不足道的琐事却能够将父母自己置于尴尬的处境;相比之下,也

许存在一些冲突，即使是温柔的父母在这样的冲突之中也更容易把事情弄错。[184]也许这小孩有点笨手笨脚，于是人们在日常生活中就会笑话这样的举止，小孩则根本不觉得这有什么错；然后有什么人到场了，虚荣的母亲想要得到一点恭维，看！这孩子问候得有点笨拙，母亲就很生气，不是对一种琐碎的小事生气，不，是她对自身的反思突然使得无足轻重的事情成为了举足轻重的事情。是啊，如果那个小男孩跌倒，如果他撞了一下，或者，如果一辆车子向这孩子逼近，如果这时的任务是冒着生命危险去救这孩子，那么，我无疑就看到了母爱；但是对于我，母爱的这种悄然无声表达也是一样地美丽。

母爱在日常生活中就像在最决定性的关键上一样美丽，其实它在本质上是在日常生活里美丽，因为，在日常生活里它是处在自身的根本元素之中，因为，没有受到任何推动，也没有受到任何因外来的灾难而导致的力量增长，它只是在其自身之中被打动，通过其自身而获得养分，借助于其自身本原的驱动力来催促其自身，不动声色但却总是从事着其可爱的作为。一个男人，他要进入世界寻找一棵这样的千悦之花（Tusindfryd），[185]但他找不到它，他是可怜的；一个男人，他至多有着一种“邻人种养它”的想法，他是可怜的；一个作丈夫的人，如果他真正知道怎样为自己的千悦之花感到喜悦的话，他是幸福的。如果他在自己院子里的土壤里发现这花，这花，就像那种奇花因百年绽放一次而引人注目，[186]然而这花还有更罕见的引人注目之处：它每天都绽开，甚至在夜里也不关闭，于是，他就有着这喜悦在家里讲述他在外面的世界里所看见的东西。昨天我对妻子讲述了一个小小的事件，这事件甚至在一定的程度上吸引住了我的注意力，它使我成为了一个在教堂布道中心不在焉地想其他事情的听者，我本来不是这样的。使得我分神的缘由是一个把小孩子带进教堂的年轻母亲，也许她这样做是不对的；也许，但我原谅她，因为，也许她这样做是由于她不想在自己不在时把自己的孩子托付给一个保姆。我从这样的事实里得出结论：她确实是一个上教堂的母亲，而不是一个短时间出现的女士。大家不要误会我，就仿佛问题的关键是一个人在教堂里度过的时间的长度。绝不是这样，我还这样想：一个可怜的女佣费了最大的功夫从家里出来，尽管她拼命跑，还是没能够来得及更早地赶到教堂听牧师说阿门；我想：她能够从自己的教堂礼拜中把祝福带回家里。但是，任何一个本来在生活之中就有着足够的时间去做各种各样的事情的人，无疑也是能够找到时间去像样地去教堂礼拜的。因此，我们的教堂礼拜者是很准时地到达的，并且还把自己的小小的不安随身带着；然而我却能够肯定，布道和整个礼拜仪式所具的最专注的听者或者说最好的参与者就是她了。她被引向一个座位；教团的未达资格的成员[187]被放在一张长凳上，可能是希望他像一个真正的成员那样地坐着。但是这一安排似乎并没有使得这小孩子变得安分。母亲低下头，用手巾覆盖住眼睛，祈祷着。在她抬起头看之前，这小孩早已跳下来并且开始在椅座里来回爬着。她祷告着，并且继续祷告着，一点都不受影响。她在结束了自己的祷告之后，重新把他放上长凳，可能是对他说了几句训斥的话。礼拜仪式开始了，但这小孩子的游戏在仪式开始之前就已经开始了，这小孩看来是在这样上去下来又上去的玩法中觉得很愉快。在这之前，他一直是坐在母亲的右侧，而在她的右侧则有着另一个女士，母亲是坐在椅座的最外的边上；现在，位子有了变换。母亲首先看了一下，门是关上了，然后移过去，与他平分座位，这样椅座的角落就供他支配。他没有弄出声音，作为一个习惯于自己照顾自己的孩子，他拿起母亲的阳伞玩，只是在他想要在椅座上爬得更远的时候，他的路被堵住了。母亲深入地沉浸在自己的虔诚祷告中，并且继续着；只有在牧师给出间歇的时候，她才温情地朝下面的这个小山怪看一眼。她的脸上有着对这孩子的喜悦，她重新将目光转向牧师，带着整个灵魂的虔诚听他讲演。能够这样平等地分配：一方面为这孩子感到喜悦，哪怕是在他打扰的时候，或者至少是看上去好像要打扰的时候，或者以一种方式带来麻烦的时候，另一方面对孩子没有任何愚蠢的要求（许多父母对这样的一个小家伙会有几乎比对自己更高的虔诚要求，这样一来，通过坐着训斥并且做规矩和提要求，就既打扰了自己又打扰了孩子），因此就能够这样平等地分配，以至于她还能够完全地使自己的灵魂集中在虔诚的祷告之中：这也是对母爱的美丽表达。无足轻重？哦，是的，母爱恰恰就是在无足轻重的事情中有着本质的美丽。

只有一个丈夫对母爱的美丽展示有着开放的感受力；他还有真正的同情（Sympathi），这同情是由对“去领会这任务的无限意义”的严肃和对“想要去发现”的生活的喜悦构建出来的，尽管他并不因此而在言辞和欢呼之中让这种情感喷涌出来。或者，难道那使得一个丈夫变得目光敏锐而警觉的就只有嫉妒和各种恶的激情吗？难道忠诚的爱就不能够做到这同样的，是的，能够使得他保持更长久的警觉吗？难道那聪明的童女就不比愚拙的童女更长久地保持警醒[188]吗？一个好丈夫在这方面看，在好的意义上说，就像是莎士比亚所描述的一个欺骗者①：ein Gelegenheithascher，dessen Blick Vortheile prägt und falschmünzt，wenn selbst kein wirklicher Vortheil sich ihm darbietet（德语：一个机会之狩猎者，其目光能够烙刻和伪造好处，虽然不会有任何真正的好处找上他）。[189]就是说，一个丈夫带着平静的喜悦这样做，这种平静的喜悦显示出他并不自认是行家，他也不给出假象，他很少会处于“找不到这样的好处”的处境。

女人作为新娘比作为少女更美，作为母亲比作为新娘更美，作为妻子和母亲，她就是合其时宜的言辞，[190]并且随着岁月她变得越发美丽。很明显，少女的美是对更多人而言的，它更为抽象、更为广泛。因此他们围拥着她，那些幻想家们，那些纯洁者和那些不纯者。于是神就带来了那作为她的爱人的人。他真正地看见她的美，因为人爱那美的，这说法也必定同一于这样的理解：“一个人爱”就是“一个人看见那美的”。于是，“那美的”就总是与“反思”擦肩而过。由此起，她的美就变得更强烈和更具体。妻子没有一大群崇拜者，她甚至不是美的，她只是在她丈夫的眼里是美的。正如这美变得越来越具体，她也在同样的程度上越来越无法以普通的取舍标准来得到评估。她因此就不太美了吗？如果说，在一个把作者弄成了自己研究的唯一对象的读者获得越来越多财富的时候，一种普通的观察什么都发现不了，那么，难道我们就因此而可以说这作者的思想并不是很丰富吗？难道人类杰作的完美性之一就是“它们在有距离的时候看上去最好”吗？如果在显微的观察之

① 《奥赛罗》第二幕第一场，“伊阿古”。

下，原野里的花朵变得越来越可爱、越来越精密、越来越精致，难道我们就可以说这是“原野里的花朵的不完美、所有上帝之作的不完美”吗？[191]

但是，如果妻子和母亲，她在其幸福之中是如此美丽，或者更准确地说，她对于她所属的人来说是一种祝福，那么，她在其不幸之中和在艰难的日子里就比那少女更富有诗意。让我们设想她的孩子死了，然后看这哀伤的母亲。确实，没有人能够带着一个母亲的喜悦在孩子到来的时候问候这孩子，同样，在死亡来带走这孩子的时候，也没有什么人能够以母亲的方式哀伤。而一种哀伤，如果它恰恰是在同样的程度上既是理想的又是现实的，那么它就是最富有诗意的哀伤。或者，一个丈夫死去；他什么都没有留下，就像人们所说的，除了一个哀伤的寡妇；在我看来，他是留下了一笔无穷的财富。让我们设想，年轻的女孩失去了自己的爱人，让我们设想她的哀伤是如此之深，设想她怀念着他，但她的哀伤却仍然是抽象的，正如她的怀念是抽象的；相对于每天对死者的安魂弥撒——这是哀伤的妻子所做的事情，她缺乏献身的仪式和宏大的预设前提。确实，我并没有为自己在身后留下一个伟大显赫的名声的渴望，如果事情会是这样，如果在死亡（这是一切之最终）的时候我要做最后一件事、我要与她——我所爱的人、我的妻子、我世上的幸福——作别的话，如果我还使她在我死后哀伤的话，那么我就是在我身后留下了我想要的东西，是的，我在一切之中最不愿失去的东西，但是，我也在身后留下一样我所不愿失去的东西：一种怀念，它会比诗人的歌唱和纪念碑顽强的不朽更好地、许许多多次、以许许多多方式来保持我的回忆，它会减除它自身来给予我。最后，让我

们设想,一个妻子在最沉重的命运之中经受考验,设想她有一场不幸的婚姻,相对这种日日夜夜的煎熬,一个受欺骗女孩的短暂苦难又算什么?与那有着一千条舌头的悲惨相比较,她的痛苦有着怎样的深度呢?这一没有人能够看得下去的悲惨,这一没有人能够承受得了的漫长折磨,——人们也许正是因此而忘记,在这里,这妻子与年轻女孩相比是多么美丽,并且又是多么远远地更富有诗意。苔丝狄蒙娜在说出自己"崇高的谎言"时是伟大的,[192]人们钦佩她,人们应当钦佩她;然而,她在天使般的耐心之中更伟大,如果这种耐心要被写下来的话,那么它能够充实许许多多本书,比最大的图书馆所能够容纳的数量还要多,尽管它无法去充填嫉妒之无底深渊,就像乌有一样地消失,甚至几乎就激发出激情的饥饿。

但是女性是更弱的性别。[193]在目前的关联上,这一说法无疑是出现得非常 mal à propos(法语:不得体);因为她恰恰没有显现出是如此。一根丝绳可以和一条铁链一样牢固有力,那捆绑芬利斯狼的链子是无形的,[194]是某种根本不存在的东西;如果现在女人之弱点的情形也是如此的话,那就是说,它是一种无形的力,通过虚弱来表现出自己的强大。如果反对的说法要得到许可使用"更弱的性别"来说女人的话,那好吧,让他们得到这许可吧,——语言的惯用法也当然是站在他们这一边的。然而,一个人却总是要警惕,不要通过一些个别的观察就直接得出一条规律。这样,我也不想拒绝,这样的事当然也有可能会发生:一个女孩,在被扔在了极端性决定的惊惶之中、被扔进了一个几乎令男人无法抵挡而以至于被冲激走的漩涡之中时,可能会看上去很古怪,而如果有人低级地在事情失控时笑出来[195]的话,那么她可能看上去就简直是很滑稽了。但是,又有谁说她是应当被扔在这样的事情之中呢?这个女孩如果被平静而审慎而温柔地对待,也许就会成为一个可爱的女人,就像母亲和妻子。于是,这一类事情是人们所不应当去取笑的;因为,如果有一道平和的栅栏,人们能够很安全地舒服地住在里面,现在,如果我们看见风暴把这栅栏刮走,这当然是很大的悲剧。同样,女人也不应当以这样的方式强大:惊惶之灾是出自丈夫自己。如果他坚定,那么女人在他身旁则就与他一样地坚定,结合成一体,他们比他们中的任何一个单独时更坚定。

这反对意见的不幸缺陷还在于,那些如此谈论女人的人们,他们只是审美地看她。这种谈论则又是那永恒地彬彬有礼而侮慢的、使人愉快而凌辱的谈论:她只拥有她的生命里的一个瞬间,或者一段短暂的时光,也就是青春的初醒。但是如果一个人要真正谈论她的强大或者虚弱,那么他就必须在她全副武装的时候看她,这就是说,在她作为妻子和母亲的时候。另外,她也不应当去争斗或者在力量的方面接受考验;如果我们要谈论力量的话,那么所有力量的最初条件或者本质形式就是:忍耐。在这方面我们也许是无法与她相比的。这样一来,每一个刻意做作出来的动作又要求着怎样的力量呢?然而,除了是一种隐藏起的力量表现,献身之心又会是什么别的呢:一种通过自身的对立面来表达出自己的力量表现,比如说,就像一个人对自己的服饰的品位和关心能够通过一种有意识做出的粗心随便来表现,但这种粗心随便又不是所有张三李四们所理解的粗心随便;比如说,就像那种在极大努力下进入了完全成熟的精神作品有着一种简单,而这简单又不是所有师范学校毕业生[196]因为自己的头脑简单而去崇尚的那种简单。如果我

设想两个演员，一个扮演唐璜，另一个扮演司令官，是在这样的一个场景之中：司令官抓住唐璜的手，而唐璜则绝望地试图挣脱；那么我问：他们之中谁用了更大的气力。唐璜在这里是承受者，司令官伸展开右臂平静地站着。但我却认定是唐璜。如果那演唐璜的演员哪怕只用上自己一半的力量，他就会使得司令官踉跄；而另一方面如果他不挣脱、不甩动，那么他就会打扰这里的效果。那么，他是怎么做的呢？他使用自己的一半力量来表达痛楚，用另一半力量支承司令官，就在他看上去仿佛是在用尽全力想要挣脱司令官的控制的时候，他却抓着司令官使得他不至于踉跄。事情就是这样，固然这只是一种糟糕的说法，事实上，妻子的情形就是这样的。她如此深深地爱着丈夫，以至于她总是想要让他作为统治者，并且因此他看上去就如此强大而她则如此虚弱，因为她在使用自己的力量来支持他，把自己的力量当作奉献和顺从来使用。哦，多么奇妙的虚弱！即使顶层楼座的观众认为司令官有着更多力量，即使亵渎者赞美男人的力量而滥用这力量去侮辱女人，作丈夫的人仍有着另一种解说：受骗者比不受骗者更智慧，[197]欺骗者比不欺骗者更公正。此外，我们以各种不同的方式来测度力量。霍尔格·丹麦氏在从一只铁手套里握出汗[198]的时候，这是力量，但是，如果我们是把一只蝴蝶放在他手中，那么我怕他就没有足够的力量去真正地抓住它了。我要提一下那至高的东西。上帝的全能在"创造了一切"之中呈示出自己的伟大，但是它却并不在那种"能够让一株青草在其时节之中成长"的全能适度之中呈示出自己的伟大。被分派给女人的是各种不那么举足轻重的任务，正因此，这些任务要求着力量。她选择自己的任务，欣喜地选择这任务，并且通过自己不断地以醒目的力量武装男人，她也获得喜悦。从我自己的角度出发，我认为我妻子能够做成奇妙的事情；甚至我所阅读到的那最伟大的壮举，按我的理解，也比她用来包装我世俗生活的精美刺绣要容易得多。

然而，如果一个人在脑子里固执地认为女人是更虚弱的性别（通常这种想法会被诡辩者们进一步这样理解：她拥有青春的最初瞬间，她在这瞬间里享尽了，甚至是超额地享用了所有的赞美，这青春的瞬间因此就过去了——她所具的力量是一种幻觉，她所剩下的唯一真实的力量就是尖叫的力量），那么，他自然就会得出最古怪的想法。让·保罗[199]在一个地方说：solchen Secanten，Cosecanten，Tangenten，Cotangenten kommt Alles excentrisch vor，besonders das Centrum（德语：对于这些正割余割正切余切来说，一切都显得是偏离中心的，尤其是中心）。[200]正因为婚姻是中心，因此我们就必须在这关联上看女人，正如我们也应当这样看男人，并且，所有从每个性别自身出发的对这性别的谈论和观察都是困惑而不敬的，因为如果一些东西是由上帝配合在一起的，如果存在将之定性作相互为对方的，那么，思想就也必须将它们放在一起思考[201]。如果一个男人会想到要去把这两者分开，那么他可能会以为自己通过占女人的便宜而得到什么好处，然而他自己却成为了一个同样可笑的人物，一个高雅地想要让自己从一种关系（在这种关系之中他其实就像女人一样是被生活紧紧束缚住的）之中抽象出来的男性人物。

如果这样的事情发生，那么，胡椒单身汉[202]（因为，尽管一个人可能已在那人们喜欢将之称作是“那爱欲的”的东西之中饱受考

验，哪怕一个人是个无赖，或者在更为通常的情况下会发生的，是个牛皮大王，在日常语言之中人们就是把未婚者称作胡椒单身汉的）[203]就为自己保留了各种伦理范畴。这至多只能被视作是一个愚蠢的念头，因为，用各种伦理的范畴来侮辱或者哪怕只是想要以此来侮辱女人，这恰恰不是一个伦理的个体人格的标志。一个这样的大杂烩，异教文化（异教文化以柏拉图的方式把女人弄成一种不完美的形式[204]）和基督教（基督教向女人强调灌输伦理的东西）的大杂烩，——我从来就不曾见到任何这样的杂烩被做成功。[205]如果一个这样的念头能够在某个头脑里让自己觉得自己是如此重要以至于想要为自己给出一个更彻底详尽的表达，那么，这个头脑也就必须是一个困惑的头脑才行。

不过，反过来看，那种反对女人的说法倒是会有极深的反讽色彩，如果有人带着温和的善意，甚至是带着对她可能具备的不幸命运——"她是纯粹的幻觉"的同情，提出这说法，[206]那么，这反讽色彩则也不乏悲喜交加的效果。这样，一些人强调：女人是更虚弱的性别；悲剧性的成分在于：在幻觉之中，这对于她是隐蔽的，并且，外在地处于男人的殷勤奉承之中，这对她是隐蔽的。这就仿佛是全部的生活在和她玩捉迷藏。在这里，反讽确实得到了一个任务。很遗憾，这完全就是一场虚构。现在人们不断地用至高的言词来说女人，以各种最强烈的恭维方式，乃至超越了可想象的边界。生活中的一切伟大的事物都归功于她，诗歌和殷勤奉承在这一点上是一致的，反讽则自然是最殷勤的，因为殷勤奉承是反讽[207]的母语，它最殷勤的时候就是在它把这一切都看作是虚张声势的时候，再也没有比这时更殷勤的了。女人在世界里的存在就成为一种愚人游行，反讽是殷勤奉承[208]的司仪；这游行本身让人想起霍夫曼小说中的那个疯狂的校长，他把手里拿着的一把尺当作权杖，慈祥地问候着四面八方，他说他的将军在战胜了伦巴底人[209]之后凯旋而归；然后他从内衣口袋里拿出几朵丁香递给一个在场的人并说出这几个字：不要小看我的恩典的这小小标志。[210]反讽[211]俯首顺从，并顶礼膜拜。

这一反对说法的好的方面是，它在这样一种程度上带有虚构的烙印，因而它甚至就根本无法侮辱那最虚弱的人。相反它倒是有着娱乐性，很好玩；人们会不假思索地被这种说法吸引住，而如果一个人对这反对说法稍有疑虑的话，那么这只会是因为他看见有人以某种极其严肃的方式提出这反对。如果这反对的说法试图想要对生活中的什么东西做出解释，那么我们就能够一二三将之归简为它的至高表达：婚姻，或者说每一种与女人的正面的关系都是一种耽搁；在不幸的情欲之爱中，她有着她至高的实在，她的意义在这里是如此可疑，以至于她没有任何正面的意味，但在负面的意义上却是一种机缘，这机缘使得不幸恋人的理想性被唤醒。于是，这反对的说法就被归简成它的最短表述，并且因此也就 in absurdum(拉丁语：进入荒谬)，正如它自己做出了“想要让整个存在走同样的道路”的表情。然而，这样去浓缩精简整个存在的内容，其实却是一种魔鬼的匆忙、一种凯撒的迅速，——不是迅速征服，[212]而是迅速失败。利希滕贝格在一个地方说，有的批评家会让自己的每一个笔划都超越出正常理智的边界线，[213]同样，一个这样急匆匆的思者看来也不会有时间，哪怕只是去开始写出其预设条件的结论句。这样的思者看来是会认真地用上奥古斯丁[214]的关于

“借助于独身禁欲的生活 multo citius civitas dei compleretur, et accelararetur terminus seculi(拉丁语:上帝的国度将更快地被实现,世界的终结将更迅速地到来)”[215]的学说,但是作为玩笑;因为,我们不可能在一个这样的反对说法之中期待像奥古斯丁所具的这种宗教背景。但是,作为一种对生活的世俗考虑,它确实(就像人们通常在谈论女人的书信时所说)是匆忙的,并且缺少后记(人们通常说女人的书信在本质上是由后记构成的)。一个这样的 Festinator(拉丁语:匆忙的人)自然会把一个丈夫看作是拖延时间的人,用哈曼的话,我们能够很恰当地向这个匆忙者喊“呸!”,只要我们还有时间去这样做而这个人尚未跑得那么远“以至于他的衣服后摆都几乎已经出离了存在”。[216]

我回到恋爱的话题上。[217]这话题仍未被任何人触及,没有任何想法达到它,它是奇妙的东西。婚姻的决定绝非是想要废除掉恋爱,正相反,它将恋爱预设为前提。然而恋爱不是婚姻,而单纯一个决定也不是婚姻。现在也许有人会认为,是生活和存在的悲惨使得恋爱自身无法单独过关,因此它不得不接受婚姻的护航。绝非如此。恋爱恰恰是在整个存在之中一路闯关下来,并且是在婚姻之中贯穿了整个存在。事情恰好反过来。“不愿让婚姻介入”,这是对恋爱的一种侮辱,就仿佛恋爱是某种如此直接的东西:如此直接,以至于它无法被绑定在一个决定上。相反,如果我们谈论一个天才,说他相对于他天才的直接性有着同样高贵的决定力,他就像债务担保人那样地接管下那天才的东西,那么,这就不是对这天才的侮辱。如果我们说,他没有决定,或者他的决定与他的天才无关,那么,这就是在侮辱他。这也不是说,决定随着天才性成分的渐渐淡化而一点一点地介入，乃至他最终在决定之中被换上另一种服饰而成为了另一个人，变得与他在天才性之中的时候完全不一样。相反，这美丽的要义是在于：这决定与天才性是同时的，并且它以自己的方式来说是同样地伟大，因而，在一个人获得了直接性的恩典馈赠的时候，他就在决定之中将自己奉献给这馈赠：这也是婚姻的美丽要义。

比起与天才性的关联，这一点在与婚姻的关联之中更容易得以展示，因为恋爱本身已经是一种晚期的直接性，一种夏日闪电，[218]在某一时刻，在意志得到了足够的发展而能够把握一种同样攸关的决定（按恋爱的直接理解，这决定是攸关的）的时候，它就出场了。在这样的理解下，婚姻就是恋爱的至深、至高和至美的表达。恋爱是神的礼物，但是在婚姻的决定中相爱者使自己成为有资格接受这礼物的人。哪怕生活会给你天堂般的感觉，"让决定缺席"也是不美丽的，不管是在精神的方向上还是反过来在"尚未发育成熟的人想要结婚"方向上，都是不美丽的。

这问题我将在稍后做出更进一步详细论述，但是在这里稍稍回顾一下，在"恋爱"的麻烦环节上做短暂停留也许是最好的。经验在这里所展示的东西，[219]自然不应当并且也不能够被用来弱化婚姻，而只能被用来阐明事实。人们总是有着对恋爱的极大需求；有一些人永远都不会厌倦于寻求（sit venia verbo/拉丁语：请原谅这措辞）和向往恋爱的奇迹，正如"那头母山羊永远不会厌倦于去啃掉绿芽"。[220]但这里恰恰就是麻烦的地方，在这里是敌人在撒播下恶的种子，[221]而相爱者们则没有想到这一点。甚至诱惑者都让恋爱作为某种他自己无法给予自己的东西而存在（倒只是那些非常年轻的艺徒们或者明希豪森[222]们在大谈特谈征服历程),但是他身上的"那魔性的"使他以魔性的果断做出决定:[223]使享受变得尽可能地短暂,而他因此认为,这是在使之变得尽可能地剧烈。通过这一魔性的决定,诱惑者在"那恶的"的方向上才真正地是了不起的,没有了这一决定他其实就不是真正的诱惑者。尽管不是真正的诱惑者,他却也还是会造成足够的伤害,他的生活会变得足够地扭曲,尽管这生活比一个真正的诱惑者的生活更为无辜,它会获得一个更无辜的外观,因为"时间的遗忘"参与进来。一个这样的人对恋爱是有所感觉的;他没有足够的恶去做出一个魔性的决定,他也没有足够的善去做出那善的决定,让我更确定地表述一下吧,就是说,没有足够的善去在高贵的意义上成为丈夫,我是按高贵这个词本身的内涵来理解这个词的,在高贵的意义上说,只有在一个男人是那配得上神的礼物的人[224]的时候,他才是一个丈夫。

如果我要给出一个恋爱之偏差指向[225]的例子,那么我就会提及歌德,就是说,他在 aus meinem Leben(德语:我的生活)中自己所描述的歌德。[226]他的个人生活是与此无关的,我不做任何评判;我不敢以为自己有足够的美学修养来评估他的诗歌作品,但有一些东西则即使我是一个小孩子都能够明白的,并且,有一样东西是婚姻所无法理解的,哪怕它[227]是,就像前面所说的,是在玩笑之中得到了缓和,婚姻是不明白玩笑的,并且,除了诱惑者的决定之外,善的决定还有一个对立面:那就是各种遁词逃避。

在 aus meinem Leben(德语:我的生活)中所描述的一种生活,它不是诱惑者的生活,因为诱惑者的生活不可能如此富于骑士精神,尽管这一骑士性在精神的方向上(从伦理的意义上理解)是低于一个诱惑者的生活的，因为它缺乏关键性的决定；然而一种魔性的决定当然也是伦理性的，就是说，从伦理上说是坏的（slet）。[228]不过，这样的一种生活更容易在世界上找到原谅，确实，太容易了；因为这个生活着的人确实是陷入了爱河，但是后来，是的后来，后来这热情就冷却下来了，他犯了错误，他让自己拉开距离，“以一种礼貌的方式”，[229]半年之后他甚至知道怎样去给出理由，很好的理由，来说明断绝交往和拉开距离是理智的并且几乎是值得称赞的：不管怎么说，这实在不算什么，一个小小的乡村美女；这之中激情太多，这在长时间里持续不了，等等，等等，因为这说法可以继续下去，要多长有多长。借助于半年的时间，借助于透视学说，[230]恋爱的事实变成了一件发生的事情（这既是一种对情欲之爱的大不敬，又是一种对“那伦理的”的欺骗，又是一种对自己的讽刺），现在，从这事情之中逃出来就是一种运气。一旦我考虑到一种这样的存在本来应当是一种诗意的生活，我马上就感觉到一切全乱套了。我感觉仿佛就是，我坐在调解委员会[231]里，远离了直接性之鲁莽、也远离了决定之慷慨，远离了恋爱之天空、也远离了决定之审判日，仿佛就是我坐在调解委员会里，周围都是无足轻重的人，并且听着一个有才干的诉讼代理人以某种富有诗意的机智来为各种愚蠢的错误作辩护。因为，如果这诉讼代理人自己是那些集市货摊里的故事[232]中的主人公的话，那么，从伦理的意义上理解，我们无疑就必定会丧失掉耐性。这是集市货摊里的故事，对此，那些女性的配角是完全没有责任的［一切都归功于歌德的描述，不管这是Dichtung（德语：虚构，诗作）还是Warheit（德语：真相）[233]］，因为，根据我所记得的这些东西，我们没有理由去设想她们之中的任何

一个人离开了悲剧去进入杂耍剧。就是说，如果一个小小乡村美女如此倒霉而误解了他大人阁下，[234]如果她继续忠实于她自己的话，那么，我根据我童年所学知道（并且到现在也仍然没能够知道什么比这更正确的）：她前进，从田园曲进入到悲剧之中。而如果他大人阁下如此倒霉而误解了他自己，并且另外还以这样一种方式极其倒霉——他想以这样一种方式来为此作补救，那么，我根据我童年所学知道（并且到现在也仍然没能够知道什么比这更正确的）：他这样就出离了悲剧和戏剧，并且在杂耍剧里定居着。

时间有着一种奇怪的力量。如果 aus meinem Leben（德语：我的生活）中的诗意人物承认了这事情很早就会结束，或者如果他（假如他在事先对此毫无预感，如果这事情没有其他补救方式）还是有着足够的伦理倾向来将自己视作是一个无赖，那么人们就会宣布他是一个诱惑者，并且，每次在他靠近一个村庄的时候，警钟都被敲响；但是现在，现在他是一个骑士，不过又不完全是骑士，而我们所生活的时代也不是骑士时代，但他多少有着某些骑士的东西，——一种尊严，这样一句话对这尊严来说是绝对有效的：aut Cæsar，aut nihil（拉丁语：不成凯撒，便成乌有）。[235]一段时间过去了，他自己也对那断绝了的关系感到悲伤，而这一关系则尽可能谨慎地不使自己去以任何更严肃的方式具备一种“断绝”的特征，他有点为那可怜的女孩感到悲伤，这不是矫饰，他确实感到悲伤，——不，是确实地！这也确实是把礼貌使用到了极端，不管怎么说，这是一种只会增大痛楚的同情和吊慰。这断绝本身，或者，如果我做出更确定而到位的表述，这种关于“拉开距离”的礼貌而友善的协议恰恰就是最侮辱人的东西；这最后的造假，“任何女孩，

在事已至此——一个男人已经对义务责任签写了自己的承诺——的时候，都不应当是一个专横的债主”，这种造假，“一个破产者不愿公开自己的全部亏空赤字”，其实是最令人反感的，然而，以这种礼貌的方式，他收买了全世界的原谅。哦！一个悲伤的爱人！他悲伤，不是为自己的无常，不是为这一热情奔涌，不是为这一在精神世界里的变幻，也不是为自己的各种罪而悲伤；那个诗意的人物也许会将这样一种悲哀称作沉郁（Tungsind），因为他明确地[236]抱怨了，这时代，以及在这时代中的他，因为阅读英国作家们（比如说，扬[237]）的作品而变得沉郁。[238]是啊，为什么不？如果一个人生来就是如此，那么他会因为听一场布道而变得沉郁，如果这布道真的像扬那样一针见血的话；但是扬却绝非是沉郁的。

一种这样的存在，在本质的意义上几乎不算是典型范例，它却能够在比喻的意义上获得一种范例的特征，或者说，在这样的偶然事件中有着范例性质：它是一种不规则的变化，[239]但有不少人的生活倒是根据这种不规则的变化构成的。我们不敢说，他们的生活是根据这种不规则的变化构成的，因为他们太无辜（uskyldige）而不可能如此，并且这恰恰就成了他们的托辞（Undskyldning）；[240]这事情发生在他们身上，他们自己却不知道这事情是怎么发生的。有时候这样的人甚至还会是一些追求理想的热情狂想者。正如买抽奖彩票的人们没有从输钱之中得到任何教训，这些人也不曾从他们的恋爱之中学到任何东西。后者所指当然不包括 aus meinem Leben（德语：我的生活）中的那位诗人，他太伟大了，因而不可能不得到教训，他太优越，因而不可能不收获好处；如果他能够在同样的程度上获得伦理上的启迪，如同他自身天赋才华的程度，那么，比起别人，他首先就会发现并解决掉这问题：到底有没有一种杰出的精神存在（Aandsexistents），如此杰出，乃至它在最深刻的意义上是无法与“那爱欲的”兼容的，因为，这样一种回答，说一个人爱许多次、说一个人分配出自己的优越，这回答只是一种使人困惑的误导，不管是在审美上还是在伦理上，它都无法满足那我们能够称作是“一个本分的男人对生活的更严肃的要求”的东西。那位诗人无疑是学到了很多东西，确实，正如最新近的哲学把“谈论康德的诚实道路”弄成了骂人的话，[241]同样，歌德也以优雅的姿态对克罗普斯多克调侃地微笑，因为他如此投入地老是在想着：已经再次与人结婚了的梅塔，他的初恋，是不是会在来生里属于他。[242]

那么，在这样的一种存在之中发生了一些什么呢？一个人并不停留在“恋爱”这一步，而“决定”也不出场。“决定”是出自一种反思而形成，以便去把握“恋爱”，但现在这反思把握错了，它成为了一种对恋爱的反思。因此我在这里进行彻底的论述，以便指出在以后将会再次被展示的问题：“决定”的反思恰恰让“恋爱”停留在那里并且去关心一些其他的完全不同的东西。那个在 aus meinem Leben（德语：我的生活）中存在着的诗人则没有获得任何决定，他不是诱惑者，他也不去成为丈夫，他成为——行家。

在怎样的意义上说每一种诗人的存在本身应当是一首诗，以及在怎样的折射角下他的生活在这方面应当符合他的诗歌，对这样的问题我不敢妄作判决。然而不管怎样，这样一点是很明确的：一种类似于 aus meinem Leben（德语：我的生活）中这个人的存在必定会对虚构的创作[243]有影响。如果这是歌德自己的生活，那么这看来就能够解释这一事实：我们在歌德这里想要但却找不到的东西就是悲怆(Pathos)。[244]直接性的悲怆是他所没有的,因为他过于理智,[245]但却又没有一路完全走到底而赢得那至高的悲怆。那个存在着的诗人每一次面对逼向他的危机时,就逃之夭夭。他在所有可能的方向上逃跑。他讲述道,他受到过严格的宗教教育。[246]这是一种童年的印象,肯定不是那些随着岁月而从一个人身上褪淡去的无聊往事,因为在宗教的意义上下面这一点是确实的:一个人是作为孩子,学习到最好的东西并且赢得一种永远永远都无法以别的东西替代的预设前提。然后在他的生命里出现了一个时期,在这个时期里,对这一宗教性的印象几乎把他完全压倒。这是危机,并且完全正常;事情恰恰就是这样,如果一个个体人格具备的精神性越多,那么一个为他设定出的任务,"去保存和重新赢得童年虔诚的信仰",就越艰难。那么现在,那位诗人在做什么呢?本来,按他自己的叙述,他用上了各种各样的练习[247]来训练让自己不在黑暗之中害怕、不因看见尸体或者单独在夜里置身于群墓之间而感到恐惧。现在,他逃之夭夭,[248]他拉开它和自己的距离、避免接触。我的上帝,如果一个人多少有点害怕单独走在黑暗之中,这倒也不怎么可怕;但是,在这样的时候退缩,就是说,在事关"要在自己的童年印象之中对自己忠实"的时候,在事关要去拼命为父母的宝贵回忆而努力的时候,即使这努力意味了要带着"对每一种'对生活或者对一种有意义的存在的要求'的放弃"一路走到绝望(因为尽管那位诗人一再再三地回忆自己的母亲,难道他会以为,这在她眼里或者在父亲的眼里只是某种偶然的事情:他们当年只是偶然地让宗教的因素对孩子构成如此重大的影响?),在事关要去拼命为与死者们共有的同一种信仰、为那被死者们视作是"只有

一件不可少的”[249]的事情(这也是一个人自己在孩提的无辜之中曾经以自己的灵魂全心全意地接受过的东西)而努力的时候,——在这样的时候退缩,难道这退缩不应当遭到报复吗?这报复就是:悲怆(Pathos)在诗歌之中不在场。如果说那位诗人就是歌德自己,这个事实也并不因此而得到解释:这备受崇拜的半神英雄,他的偶然的表达和陈述被收集、被出版、如神圣文物般被崇拜,[250]这个备受崇拜的半神英雄,他被人称作是思想国度中的国王,如果我说得委婉一些:他其实却是宗教性之永恒国度的有名无实的国王。在歌德健康的智慧里应当有着针对精神妄念的良方,尤其是针对沉郁(Tungsind)的,他自己就一直知道怎样去避开这沉郁。多么奇怪啊。每个人都从自己孩提时代的教养里知道,对于那有着沉郁之天性倾向的人,消遣[251]是最危险的,确实危险,甚至对于没有这种天性倾向的人也是如此;多么奇怪啊,一个人,在他变得年长一些并且更成熟一些的时候(如果他认为更睿智的人会在如下方面不同于简单的人:睿智的人明白后者所明白的事情,明白得更清楚,还明白更多的一些事情,并且他不认为睿智者应当这样地被标示出来:睿智者所唯一不理解的东西就是那简单的人所明白的东西),他知道,“逃离一个任务”就是签约将自己和自己的灵魂卖给一个或迟或早的沉郁;但是,歌德则一直知道怎样以另一种方式来避开这个。但不管怎么说,这只是为了阐明“那爱欲的”。

也许行家们会同意我的说法:他的女性人物都是一些在大手笔之下塑造出来的形象。但是如果我们做出进一步的审视,那么我们就可以看见她们中最好的那些恰恰没有落在那真正的女性理想性之中,而是落在这样的光线区域之中:如果一个态度暧昧的人在这光线下看着她们，他恰恰就知道怎样去发现那可爱的方面，怎样去使得那火焰燃烧起来，而且他也知道怎样带着一种高雅的优越感来注视这熊熊大火。她们是可爱的，非常可爱，被描绘得极其美妙，然而在极大的程度上受到羞辱的却并不是她们，而是“女人性”(Qvindeligheden)；这“女人性”在她们身上蒙羞，因为人们觉得，那种对于她们而言是高高在上的明智性（它知道怎样去享受、知道怎样去品味，并且在快感消失之后也知道怎样去拉开她们与自己的距离）几乎是合理的，或者至少是情有可原的。

在aus meinem Leben(德语：我的生活)中的那位诗人是这一距离理论的大师。他自己曾如此善意地解释这之中的过程是怎样的。[252]只是我们不要忘了，那位诗人并不想使人获得教益，绝不，他自己意识到这不是什么被赋予每一个人的东西，这是他天性的特有物，他是一个获得了特别待遇的个体人格。现在，那位诗人固然是一个半神英雄，而我这个愚鲁得要谈论他的人则是一个尖矛市民；然而幸亏还有一些东西是每一个小孩子都能够明白的，并且这道理对于什么人来说都一样，不管你是半神英雄还是法院里的法官还是靠救济生活的人。这样，每当有一种生活中的人际关系要来控制住他，他就不得不通过诗化这关系来与之拉开距离。各种人的天性是多么的不同啊，或者，他们也许倒不是那么地不同！诗意地虚构一个生活关系，这怎么说？在这里它与我们所谈的事情毫无关系，不管我们是否因此而得出一部诗歌杰作，唉，从这方面看，在一个半神英雄和一个可怜的法官以及那接受救济的人之间就有着天壤之别了。借助于距离来诗意虚构出一种真实的生活关系（注意，一个人必须作为担保者来为之辩护）与在这之中伪造伦

理因素没有两样，既不多也不少，并且把这关系作为一种事件或者一种思维努力，为之盖上一个假印戳。确实，如果一个人在口袋里有一个避雷器，那么他在雷雨天里很安全，这没有什么好奇怪的！有多少生手和外行不是屈膝而逢迎地带着景仰之心走过这一特有天分？然而每一个人却多多少少地有着这一特有天分，这很简单：就是自然而纵欲的人[253]对“那伦理的”的闪避措施。在犯罪者们那里，我们常常发现这一虚构的能力，这一“在各种诗意的轮廓里移除真正的生活关系”的能力；沉郁者们也常有这能力，只是要加上这样的差异：审美的沉郁者通过这能力赢得一种缓解，伦理的沉郁者则通过这能力而获得一种加剧。有可能，快乐的歌德也稍稍有点沉郁，正如智慧的歌德有相当一部分迷信。这样，“能够诗意虚构出一种真实的生活关系”属于一种既寻常又可疑的特有天分。当然不是每一个“进行诗意虚构”的人因此就都创作出大师之作；又有谁会傻到说这种话的程度呢？但是，考虑到“那伦理的”的情形，那种差异，那种区分出“这一个是半神英雄，是的，也许甚至还是独一无二的半神英雄[254]，而那一个是一个傻帽”的差异就彻底无关紧要了。“那伦理的”是不可收买的；如果我们的主自己为了创造世界而不得不允许自己稍稍不符合规则，那么，这伦理仍不会让自己受打扰，尽管天地以及之中的所有一切仍是一件很像样的杰作。

现在，如果在 aus meinem Leben（德语：我的生活）中的那位诗人存在是诗意的，那么让我们向婚姻说晚安道别吧，这婚姻至多只能成为垂暮之年的一种皈依处。[255]如果那种存在是诗意的，那么我们又能够为女人做一些什么呢？那样的话，她当然也要设法变得诗意。如果一个男人，一个已经在“那爱欲的”之中经历和尝试了无数次的男人，甚至可以说是筋疲力尽了的，厚着脸皮娶一个年轻的女孩为妻以便让自己稍稍获得一点青春，以便在他开始变老的时候让自己获得最好的照顾，那么这已经是很不美观了；而如果一个年长的女士，一个饱经风霜的老处女找一个年轻人作丈夫以确保自己有一个安居处和精巧的刺激，这则是令人反感的，到了这样的时候，“那诗意的”就开始挥发消散了。

正如婚姻不允许一个人侍奉两个主，[256]它同样也不喜欢叛变者。所罗门说得很美：得到妻子的人从上帝那里得到一个好礼物，[257]或者把这话改得稍稍现代一点：对恋爱的人，神给予了恩典；在他与他所爱的人结婚时，他做了一件好事，并且，在他完成了他所开始的事情时，他就是在很好地做这事。[258]

上面刚说的这些东西自然是不能够以任何糟糕的方式来推荐婚姻的决定。婚姻的决定本身就是它自己的更好的推荐，因为，如上面所说，对于一场恋爱，它是唯一具足的形式。

于是，现在的事情是去看，这决定怎样才能够出场，那预设于这决定之中的反思怎样才能够达到一个它与恋爱的直接性相叠合的点。一旦我们把恋爱拿掉，那么，“想要对‘一个人是不是要结婚’进行反思”就成了一个笑话。这确实是对的，但这并不意味了一个人就有理由把恋爱拿掉，——每一次在一个人试图把“决定”与“恋爱”隔离开并且在之后使得“想要对之进行反思”变得可笑的时候，他总会把恋爱拿掉。

一种这样的对于“一个人是不是想要结婚”的反思在没有恋爱在场的情况下是可笑的，有两个古代的智者已经真正认识到这一点并且将之意味深长地提了出来，但是正如我们将在下面看到的，这并非是为了向讥嘲婚姻的人们提供武器。有人说，苏格拉底曾这样回答一个向他问及婚姻的人：结婚或者不结婚，你都会后悔。[259]苏格拉底是个反讽家，他反讽地隐藏起自己的智慧和真理，想来是为了不让它们变成城邦每个人都能够挂在嘴上的传言，但他不是讥嘲者。反讽是奇妙的。就是说，提问者的愚蠢是在于：去问第三个人关于一个人永远也无法从第三个人那里得知的东西。但是，并非是所有人都像苏格拉底那么有智慧，人们常常让自己极其严肃地去与一个提出愚蠢问题的人发生关系。如果没有恋爱，反思就根本无法被竭尽，而如果一个人在恋爱，那么他就无法这样提问。如果一个讥嘲者想要使用苏格拉底的言辞，那么他就会将之弄得像是一场讲演，[260]使之成为某种完全不是它所是的东西，——它本来是对一个很傻问题的一个深刻反讽的、无限智慧的回答。通过把对一个问题的回答转化成一个讲演，我们能够创作出某种疯狂的喜剧性效果，但是我们就彻底败坏了苏格拉底式的智慧，并且歪曲了这可靠的见证，——它很明确地是以这样的方式开始叙述这故事的：一个人问他（苏格拉底），人是不是应当结婚。对此他回答：不管你是做这个还是做那个，你都会后悔。如果苏格拉底不是那么地反讽，他肯定会这么表述：你关心的这事情，你想怎么办就怎么办吧，你是并且继续是一个笨蛋。因为并非每一个后悔的人由此就证明：现在，在他后悔的瞬间，他是一个比他处在那不动脑筋的行为瞬间时更强大更好的个体人格，有时候，后悔恰恰能够最好地证明后悔者是一个琐碎的人。——关于泰勒斯有这样的故事：他的母亲催促着他去结婚，他先是回答，他太年轻，还没有到结婚的时候；而在她后来再次提出这要求的时候，他回答，现在已经不再是结婚的时候了。[261] 在这一回答之中也有着某种反讽的东西，训导着世俗的明智性，因为这种世俗明智想要把一场婚姻弄成一种类似于买房子的生意。就是说，只有一种适合于准时结婚的年龄，这就是在一个人恋爱的时候，在所有别的年龄段里，一个人不是过于年轻就是过于年长。

这样的事情考虑起来总是让人很愉快；因为，如果轻浮在爱欲的领域里是灾难性的，那么，某种类型的明智则具有更大程度的灾难性。但是，苏格拉底的一句话，正确地理解的话就是，有能力去刈割（就像带着其长柄镰的死亡），去把所有茂盛地蔓延的、滔滔不绝地想要混进一场婚姻的理智闲话全都刈割掉。

因此，在这里，我在这关键性的要点上停下：我们要为恋爱设定出一个决定。但一个决定预设一种反思，而反思则是直接性的屠戮天使。[262] 事情就是这样，如果“反思要袭向恋爱”的说法是对的，那么就永远都不会有什么婚姻了。但反思恰恰不应当袭向恋爱，甚至是这样：在“通过反思而到达决定”的行动开始之前，以及在这行动的同时，有着一种否定性的决定在那里阻隔着所有这一性质的反思，作为一种内心剧烈冲突的犹疑（Anfægtelse）。[263] 在反思的屠戮天使原本是要跑出去对“那直接的”吼叫死亡的同时，却有着一种直接性是它所放过的：恋爱，它是一种奇迹。如果反思袭向恋爱的话，那么这就意味了我们应当去检查一下，被爱者是不是与那对一种理想[264]的理想的抽象观念相对应。所有这样的反思，哪怕只是最飘渺的，都是一种罪过，同样也都是一种愚蠢。哪怕爱者有着看上去是最纯洁的热情，想要去发现那可爱的东西，设想他有着一个声音“多么甜美，哦！多么甜美”，[265]设想他有着愿望的轻盈，设想他有着一个诗人的所有口才来如此精巧地进行反思，甚至最多愁善感的女性灵魂也只想听这美妙的声音、只想感觉那祭品的甜美气息，而不会发现这罪过，——这仍是一种想要耗尽情欲之爱的企图。然而，正如情欲之爱的神是盲目的[266]而恋爱本身是一个奇迹——这是爱者和最绝望的反思都承认或者不得不承认的，同样，爱者在这一神视的洞察力之中应当保重自己。有一种端庄，对于这种端庄，哪怕最具崇拜性的仰慕也是一种侮辱，这是一种对被爱者的不忠，尽管这一仰慕（在爱者看来）甚至更为密不可分地将他与她紧紧绑在一起，然而它其实仿佛已经是为他松绑了；这是一种类型的不忠，因为在这仰慕之中潜伏着一种批评。另外，美是短暂的，美好会消失。因此，我们这样说：恋爱之端庄的基础是一种综合，如果一个人想要把她的所有可爱都置于这一综合之中，这对于被爱者是一种侮辱。[267]反过来，有一种女性的可爱，这可爱在本质上则又是妻子和母亲的可爱，它并不要求羞怯，而与此同时，哪怕她有一张天使的面容，“想要仰慕这美”也是一种罪过，它已经喻示了恋爱的和谐平等性已经不再处于平衡。但是，我听一个爱者说：在这一仰慕之中，我恰恰感觉到被爱者的崇高，因此在根本上没有，没有任何“我反过来也被爱”的双向性。哦，哪怕一个人是在算计着无限的量，他也还是在算计。因此，不管那被爱者是女人之中最美好的一个，还是她并非在这种意义上是最受宠的，——对于全部恋爱的内容来说，唯一正确、简短、精炼而充分的话就是：我爱她。确确实实，如果一个人在一开始没有任何别的话好说，而到后来也同样寡言地将自己的灵魂简洁地保持在恋爱的真实表达上，这对这被爱者来说是更大的忠诚，哪怕另外有人能够把人类和诸神的种族都邀请到自己对“这被爱者之美好”的描述中作客，并且做得如此十全十美，乃至所有人类和诸神，他们全都倾倒羡慕地离开，——对于她，也仍然是前者更忠诚。

但是，那敢让人去看的东西，那敢接受仰慕的东西，那是她天性中的可爱实质。在这里，仰慕则不是一种侮辱，尽管这仰慕还是会从恋爱那里学会不去成为一个乏味的喋喋不休者或者生日诗人，[268]而是去成为一种宁静的喜悦的坚定不移的低吟声。[269]这一灵魂的实质要在婚姻之中才获得真正的机会揭示出自身，婚姻控制着作为繁荣之象征的各种任务的山羊角：这是一个人在成婚之日得到的最佳礼物。确实，这被爱者只是想让那个她愿为之奉献生命的人高兴，既然没有机会去给出更大的证明，那么她也同样很好地在比较小的事情上进行证明，她打扮自己只是为了让他欣悦：现在，她，这个丽人，在自己可爱的妆饰之中显得如此美好，以至于老人们忧郁地以目光追随着她，就像是追随海伦走过大厅；[270]确实，尽管事情是如此，但如果他，哪怕是有一根神经在他眼睛里让他看错，如果他去仰慕，而不是去把握恋爱的正确表达——“她这么做是为了让他欣悦”，那么，他就是走上了歧路，那么他就是在成为一个鉴赏者。[271]

因此，如果我们设想一段恋爱的时光，尤其比如说订婚的时候，因此就是说在婚姻之外的时光，人们常常会出差错，这恰恰是因为情欲之爱缺乏各种本质性的任务，因此它有时候甚至会使得双方都吹毛求疵。拜德里汀就古尔纳尔的目光所说的：

温柔地，就像坟墓打开自己的时候
把得救的灵魂送向天堂
她睁开柔美的眼睑
把自己的目光移向天空[272]

我们可以通过它来理解那整个“可爱的灵魂性的实质”相对于恋爱的直接性所作的自我呈示。这直接性是晦暗的东西，但是就像在坟墓打开自己的时候那样温柔，这个在灿烂中的变容者[273]从恋爱的隐蔽中脱身出来，化作灵魂性的美；在这灿烂变容的过程中，她属于她的丈夫。

既然反思不敢涉足于恋爱的圣地所在和直接性的净土，那么这反思在它达到“决定”之前该朝什么方向运动呢？反思转向恋爱与现实的关系。对于爱者来说，在一切事情之中最确定的就是他坠入了爱河，没有什么多管闲事的想法、没有什么证券经纪人在恋爱和一个所谓的理想之间跑来跑去，这是一条禁止通行的道路。反思也不问他是否应当结婚；他没有忘记苏格拉底。结婚就是：相对于一种已有的现实，进入一种现实；“去结婚”包含了一种非凡的具体化。这一具体化是反思的任务。但也许它是如此地具体（在时间、地点、环境、钟点、十七个关系等等方面都已经确定），以至于没有什么反思能够渗透进它？如果我们认定这一点，那么我们就也由此认定了：在总体上说，从来就绝不会有什么决定可被做出。一个决定仍一直是一种理想性；我在开始依据于一个决定而行动之前就有这个决定。但我是怎么获得了这个决定的呢？一个决定总是得到了反思的；如果一个人不留意这一点，那么语言就错乱了，而决定就被等同为一种直接的冲动，并且一切关于决定的说法都不是什么论述，正如这样的情形绝不是旅行：一个人驶了一整夜，但却拐错了道，于是他在一清早发现自己就在他所离开的那个地方。在一种纯理想的反思中，那个特定的决定[274]理想地腾空现实；这一理想的反思是某种比 summa summarum（拉丁语：总而言之）和 enfin（法语：最后，终于）更多的东西，而出自这理想的反思的决定则恰恰就是那个特定的决定[275]：那个特定的决定[276]是那通过了一种纯理想的反思而得出的理想性，而这理想性是行动所获取的营运资本。

"但是"，有人说，"这也挺好，但这将需要很多时间，就在青草成长的时候，[277]一个这样的丈夫无疑不会成为一个胡椒单身汉店员，[278]但却会成为一个工匠行会里的老师傅。"绝非如此。另外，这同样的反对说法可以被用来针对每一个决定，然而，决定却是自由的真正开始，但我们对一个"开始"有着这样的要求：它必须及时到来，它必须以这样的方式与那要被完成的东西有着一种恰当的关系：它不能变得像一篇把整本书的内容全都提前说出来的序言，也不能像一份不让请愿集会的成员对之进行讨论的请愿书。[279]但是，快感欲望驱动每一项工作，恋爱者的快感欲望（它在所有这过程之中是同样的快感欲望）从早到晚地催促他，使得他清醒着并且不停地继续他的骑士旅行；因为确实，这"爱者试图要去找到决定"的探险要比一场奔向土耳其的十字军远征、比一次朝圣旅行更富有骑士精神，在情欲之爱的眼里要比所有其他壮举更招人爱，因为它与情欲之爱本身有着同一个中心。

于是，那个幸福的小伙子（因为，一个恋爱中的少年是幸福的，这就不需要什么人说了），在他的守护神的引导下行走着，并且观览着那个向他显现的对现实的理想描绘，而与此同时那被爱者坐着等着，安全而幸福；因为每次他回到她那里（为了再一次，在得到了旅途中的休息之后，重新去继续这旅程，直到他找到宝石，结婚礼物，决定，最美而唯一有价值的礼物），她从不曾看见他有所改变，正如他的爱情不曾改变，一点都没有改变，哪怕只是变为“想要是一个仰慕者”。

这小伙子没有许多可分发出去的瞬间，他所分发掉的每一个瞬间，他知道，都是一个他所分发掉的至福：这应当是去学会“迅速”的一种绝对有效的手段。但是，决定的好礼物也是至高的收获，婚礼服，没有这婚礼服他就是一个没有价值的人[280]：这应当是去学会“不过于匆忙”的一种好手段，否则的话，在“过于匆忙”之中，他就会因“匆忙”而匆匆离开决定。

恰恰因为这决定或者这决定者的情形是如此，反思变得理想化，[281]并且人们马上就跑上一条奇妙的捷径。如果很明确一条捷径更快地通向目标，比任何别的道路更快，而且又很安全，比任何别的道路更安全，那么为什么不走这捷径呢？人们这样评述说，反思是无法被竭尽的，它是无限的，[282]这说法很正确。确实，它不会在反思之中被竭尽，正如一个人再饥饿也无法吃掉自己的胃，正因此，如果有任何人讲述说自己竭尽了反思，那么，不管他是一个体系意义上的半神英雄还是一个报贩，我们都敢将之视作是一个明希豪森。[283]但反过来，反思竭尽于信仰之中，——信仰，作为决定，恰恰就是对“那理想的无限”的预先措施。[284]于是，决定就是通过那纯粹理想地竭尽的反思而赢得的新直接性，[285]这新的直接性恰恰对应于恋爱的直接性。决定是一种在各种伦理的预设前提上构建出的宗教人生观,[286]这种宗教人生观就仿佛是要为恋爱开辟道路并且保证它不遭遇任何外在和内在的危险。看!在恋爱中,相爱的人们就仿佛是在天堂旅行一样地被运送到现实之外的某个地方,就仿佛是在遥远的亚洲,在宁静的湖畔,或者在原始森林,——在这原始森林里,居住着沉默,[287]并且见不到任何人类的踪迹,但是决定知道怎样找到通向人类社会的路,并且开辟出安全的道路,而与此同时,恋爱则对这类事情不感兴趣,而只是处在幸福之中,就像一个让父母去解决所有麻烦的孩子。决定不是男人的力量,不是男人的勇气,不是男人的才智(这些只是各种直接的定性,它们并不均一地与恋爱的直接性对应,因为它们属于同一个层面而不是一个新的直接性),它是一个宗教性的出发点;如果它不是宗教性的出发点,那么做决定者就只是在自己的反思之中被有限化了,他没有带着恋爱的速度穿捷径,而只是留在了半途之中,一个这样的决定实在太糟糕,乃至它无法使得恋爱不无视它,恋爱宁可相信自己而不是听从这样一个一知半解不懂装懂的人。恋爱的直接性只承认一种直接性,即 ebenbürtig(德语:地位平等的,势均力敌的)的直接性,这是一种宗教性的直接性;恋爱太纯洁无瑕,因而除了上帝,它无法承认任何同知者。[288]但是"那宗教的"是一种新的直接性,在其自身之间有着反思,否则的话,异教倒成了宗教的,基督教反而不是。"那宗教的"是一种新的直接性,每一个人,如果他满足于追随健康常识的诚实道路,就会很容易地理解这一点。尽管我想我只会有很少的一些读者,我还是承认,我想我的读者会是在这些人之中,因为我绝非是想要去教导那一类以尼尔斯·克里

姆的方式来做出体系式的发现[289]的仰慕者,这类仰慕者,走出他们好好的外皮,以便去穿上“真正的表象”。[290]

如此成功地渗透进反思,直到你赢得决定,这不算很艰难,尤其是在你有着一种恋爱之激情作为动力的时候,如果没有激情,你永远都不可能达到任何决定,不过倒是有可能在半路上与张三和李四、与思想家和装饰品店主闲聊,在世界里看了许多东西,有许多东西可谈,就像那个因为无意的疏忽而在船上待得太久的人那样地周游世界;或者如果我用不太调侃的口吻说的话:那没有激情的人永远也看不见应许之地,相反倒是死在沙漠之中。[291]

现在,这决定[292]所想要的,首先是紧紧抓住恋爱。在这一远远地先于每一个反思的新直接性之中,爱者遇救而得免于“成为一个鉴赏者”;他自己屈从于义务之命令式并且在决定之祈愿式[293]中重新站起。相关于恋爱,他是对准了那本质性的东西并且摒弃那种批判性的反思游戏。

接下来,决定[294]想要在所有危险和考验[295]之中取胜。恰恰因为那走在决定之前的反思是完全理想的,所以,只须想到一个危险就足以使得决定者在宗教性的意义上做出决定。他可以为自己想象出任何一种危险,甚至这危险也可以只是“他无法在思想中提前考虑‘那将来的’”。在他使用自己的思想力和恋爱中的忧心去想它的时候,eo ipso(拉丁语:正因此)他将它[296]想得如此可怕,以至于他无法通过自己的力量来克服它。他搁浅了,他要么得放弃恋爱,要么得相信上帝。这样一来,恋爱的奇迹就被推进到信仰的奇迹之中,恋爱的奇迹就被吸收进一种纯粹宗教性的奇迹之中,恋爱的荒谬达成了与宗教性之荒谬的神圣理解。振作吧!一个单纯而正直的人尊重常识，他能够很好地理解："那荒谬的"是存在的，并且它是无法被理解的；对于体系思想家们[297]来说，这一点则被很侥幸地隐藏了起来。

最后，他想在决定之中穿过"那普遍的"而将自己置于与上帝的关系之中。作为特殊的，他在要与自己的恋爱一同出外历险的时候，不敢坚持他自己。他的安慰恰恰是：他就像其他人一样，在这一普遍的人性之中借助于信仰并借助于决定而处于与上帝的关系之中。这是决定的净化之浴，它就像客宴之前的希腊浴[298]或者阿拉丁在婚礼之前想要的沐浴。[299]所有被称作是世俗的虚荣、自私、糟粕的庸夫之勇、严重危险的瘙痒等等的东西全都被销蚀掉，在这决定之中，丈夫无愧地配得上恋爱的神圣礼物。

如果这爱者在他追随决定而去的半途遇上各种疑虑，觉得自己不是在这样一种"这特殊性即刻就在决定的洗涤之下褪失了"的意义上变得特殊，而是以这样的方式变得特殊——他不敢相信自己是一个普通的人，换一句话说，他在这里碰上悔（Angeren），那么，这会持续一段很长时间；而如果他确实是坠入了爱河（当然，这是我们所假定的），那么他就可以将自己看成是那被挑选出来要去接受生活考验的人，因为，在那恋爱横着问一个问题而这悔（Angeren）又竖着问同一个问题的时候，这考验就很容易会变得过于苛刻。

然而我在这里不想深究这一点，这一类麻烦不是普通的考虑所应当关注的事情，决定者碰不上这样的疑虑，他从自己的探险生涯返回到家园，就像一个骑士从十字军的远征归返一样，并且这样：

但是如果他回到家里帽子上有羽毛
呦呦嗨撒，这时就有了一个欢庆夜。[300]

于是，那个幸福的小伙子（因为，一个恋爱中的少年是幸福的，这就不需要什么人说了）找到了他所想要找的东西，他就像福音书中的那个人，卖了一切以便去买下有着珠子的田地，[301]他只在这样一点上不同于那个人，从某种意义上说[302]，他在卖了一切以便去买下这地之前就拥有着这地；因为在恋爱的田地里他也找到决定之珠。他朝圣旅行后回家，他属于她，他就绪了，——就绪了，可以出现在圣餐桌脚下，教堂将宣称他是真正的丈夫。

于是，我们现在就在婚礼上。我们的小伙子没有变成一个老人，绝非如此，要那样地成熟确实需要有岁月。当然，如果他不是真正处于恋爱状态，如果他没有伦理的需要，并且在他的灵魂里没有任何宗教的预设前提，那么，他到最后还是不会成熟。然而，“那永恒的”无需为找到真正合适的瞬间而去干预很多次，在这样的一个瞬间之中他是成熟的。固然这种成熟在某种意义上使得他变老，但这恰恰是这成熟赋予他的东西——“那永恒的”的青春，这样，恋爱也使得一个人变老。

一个爱着的少年是一幅美景，这是不用我们说的，但是我们也许却有必要说，一个丈夫是一幅更令人赏心悦目的景色，除非那圣餐桌会唤起人的愤慨（因为，在一个人走向圣餐桌的时候，如果他仅仅是作为一个爱着的少年，那当然是不对的）。[303]但是这丈夫是那爱着的少年，完完全全，他的爱不变，只是这爱有了决定[304]的神圣的美，这则是那少年的爱所不具备的东西。或者，难道他不是像那少年一样地富有和幸福？难道因为我在那唯一令人放心的安全之中拥有我的财富，我的财富也许[305]就变少了？难道因为我在盖了章的纸[306]上有着我对生活的要求，我对生活的要求就变小了？难道因为天庭里的上帝想要为我的幸福做担保，不是像厄若斯[307]那样只想开个玩笑，而是严肃而真实地要那样做，如此真实，确实是因为这决定紧紧地抓住了他，难道因此我的幸福就变得渺小了？或者，如果说那爱着的少年知道怎样去使用一种语言，而丈夫知道怎样去明白一种语言，那么，前一种语言是不是也许[308]就比后一种更神圣？难道婚礼仪式本身不就是一种如此晦涩的说辞，[309]晦涩得只有比诗人更擅长语言的人才能够明白？难道它不是一种如此鲁莽地冒险的承诺之词，以至于一个人哪怕只明白了一半，也会被吓得魂飞魄散？向一对爱人谈论义务，[310]——明白这个，但却恋爱着，以直接性的最牢固的带子与被爱者绑在一起！谈论人类所承受的祸因、谈论婚姻的艰难、[311]谈论女人的痛楚和男人冒着酸气的汗水，[312]——但却恋爱着，在恋爱的直接性中确信只有幸福在等待他们！听着这个，看着那决定，把意念锁定在那决定上，并且也能够看见[313]被爱者头上的桃金娘花环，[314]——确实，一个丈夫，一个真正的丈夫本身是一个奇迹！在风琴奏响的时候，能够听见被爱者的声音！在生活把所有严肃的力量置于他和被爱者的头上的时候，能够坚持情欲之爱的快感！

但是现在，让我们看她的情形[315]，因为没有决定就没有婚姻。一个女人的灵魂没有并且也不应当有男人所具的那种反思。于是，她因此就不会达成决定。但是她从审美的直接性到达宗教的直接性，就像鸟那样迅速，并且我们能够在另一种意义上谈论一个女人，完全不同于谈论一个男人。我们说：这是一个堕落的女人，恋爱无法使得她变得虔诚。在宗教的直接性中，他们作为夫妇相遇了。但是男人通过一种伦理的发展而达到这宗教直接性。一个希腊的智者曾经说过：女儿们要在她们在年龄上是女孩而在理智上是妻子的时候出嫁。[316]这是一种非常美丽的说法，但是人们必须记住"在理智上是妻子"不同于"在理智上是男人"。女人所具的最高的理智，在她有着荣誉和美的同时所具的最高理智，是一种宗教的直接性。

这样的考虑常常使我欣悦：一个女孩和年轻男人以怎样的方式相互对应才会是合适的夫妇。老实说，如果一个人不为这样的考虑而欣悦的话，那么他也许对自然层面中最美的东西——一对恋人会有感觉，但是他不会有精神的感觉，并且也不会有对精神的信仰。如果人们要说，这样的东西很罕见：一场这样的表达理念的婚姻；好吧，也许这样的事情也同样地罕见：有一个人，当然他像我们所有人一样地相信不朽性，相信上帝的存在，这样的一个人，他竟然确实地在自己的生活之中表达出这理念。

女人在其直接性之中本质上是审美的，但恰恰因为她本质上是如此，因而通往"那宗教的"的过渡也就近在脚下了。女性的罗曼蒂克在下一个瞬间就是"那宗教的"；如果不是如此，那么它就只是一种感性的热情，就只是感官性的魔性感召，端庄所具的神圣纯洁性被转化成了一种诱惑而撩人的昏暗。

这样，直接的恋爱是在女人的身上。这里是共同的地方。但向"那宗教的"的过渡则没有反思地发生。就是说，一种隐约的预感闪过她的意识，她预感到这想法（而男人的反思则理想地竭尽这想法的内容），这时，她就晕倒了，与此同时，丈夫急着赶过去，他同样地被感动，但他的感动是通过反思的，他不会被压倒，他坚定地站立着，爱人倚靠着他，直到她重新睁开两眼。在这一晕眩之中，她被从情欲之爱的直接性中转移到了“那宗教的”的直接性；他们在这里重新相遇。现在她已就绪，已经准备好了让自己进入婚礼，因为，没有决定就没有婚姻。

现在，有什么东西丢失了吗？难道因为情欲之爱的至福在自身之中反映出了天国的祝福，恋爱的幸福就变少了么？难道因为这一切变成了严肃，“相爱者想要永恒地属于对方”就成了一种现世的定性了？至高的严肃在最可爱的玩笑之中作为辅音是不是就不如恋爱直接地想要的一切那么美？因为，如果一个人纯粹直接地说话，那么他就只是像在开玩笑一样地说。如果爱者想要以生命去为自己的情欲之爱冒险，并且，她，被爱者，对此说阿门，那么，即使在他冒生命之险的时候，这也是高贵的，这能够使得石头感动，愿那发笑的人倒霉吧，但是在某种意义上，这却仍只是玩笑而已；因为，如果一个人直接地丧失、直接地大胆冒险，那么这个人就尚未明白他自己。

有一幅描绘罗密欧与朱丽叶的画像，一幅永恒的画像。从艺术的角度看它是不是很出色，我对此不做评论，它的各种形式是不是美，我不做判断，我在这方面缺乏品位和技能。这幅画中永恒的成分是，它描述出一对相爱的人，并且是在一种本质的表达之中描述出他们。无需任何解说，人们马上就明白它，另一方面，任何解说都无法解说出在恋爱的美丽处境之中的这种平静状态。朱丽叶充满仰慕地扑倒在她爱人的脚下，但是，从这一崇拜的姿势中，她的奉献之心在一道充满了天国至福的目光之中将她抬起，但罗密欧则使得这道目光停下，并且，所有情欲之爱的思念在一吻之中永远地得以平息；因为永恒所反射出的光辉为这瞬间映出晕轮，正如罗密欧与朱丽叶不会想到，任何观赏这幅画的人也不会想到，还会有下一个瞬间存在，哪怕这瞬间只是要被用来重复这一吻的神圣封印。不要去问相爱者，因为他们听不见你的声音；但去人世间询问，问这事情是发生在哪一个世纪、在哪一个国家、在一天里的什么时候、几点钟，没有人做答，因为这是一幅永恒的画像。

他们是一对恋人，是一个艺术的永恒对象，[317]但一对结了婚的夫妻则不是。我是不是不敢提及一对夫妻？是不是因为缺少一些婚姻所具的无形荣华，所以那一对恋人就更荣华一些？如果是那样的话，我又为什么想要作为丈夫呢？就是说，并非每一对恋人都是罗密欧和朱丽叶——“有罗密欧和朱丽叶做样板”，这是令每一对恋人欢喜的美丽愿望——，正如并非是每一对结了婚的夫妻都是完美的夫妻，在这里我们所谈的只是样板，这样板根据其至尊无上的地位（如果我敢这样说的话）来决定执事者们的职位。

这样，她就不是仰慕着地跪下，因为我们能够感觉到，那种被设定在情欲之爱的直接性之中的差异、那种为男人带来优势的男性力量，被提升到了一种更高的统一体、被提升到了“那宗教的”的神圣的平等性之中。她只是沉下身子，她想要在恋爱的仰慕之中跪下，但是他强劲的手臂抱着她的使她站立着。她瘫软下来，不是面对看得见的东西，而是面对那无形的东西，面对这印象的过度剧烈，这时她就抓住他，而他则已经在支承着她。在抓着她的时候，他是被感动的，如果这亲吻不是双向的相互支持的话，那么他们两个就都会踉跄。这不是画像，在画面的处境里没有平静状态；因为，正如我们看见她几乎是在仰慕之中沉下身子，这样，我们在这一中断了的姿势之外看到了一种新的姿势的必要性：她挺直地站在他身边，我们预感到一幅新的画面，那就是婚姻的真实画面，因为结了婚的夫妻是同一基础上的邻角。[318]那把不完整性带进了第一幅画面东西是什么？我们在这一踉跄之中寻找的东西是什么？那是“决定”的平等性，那是“那宗教的”的更高直接性。

因此，让我们不要去理会所有纯粹地排斥自身的反对意见吧。甚至在这反对意见带着讥嘲说 habeat vivat cum illa（拉丁语：让他拥有她、同她生活在一起）[319]的时候，它也只不过在仿效丈夫的说辞，因为这是他所想要的；这反对意见无法去想要“一个人应当不去结婚”，因为那样的话，它当然就没有什么可嘲讽的了，而我们所有人就都会像这反对者一样地卓尔不群了。这样，我觉得婚姻就是一切之中最令人觉得安全的了。恋爱说：永远是你的；婚礼仪式说：你应当离开一切去属于她；[320]反对意见说：保留她吧。但如果那样的话就没有什么反对的说法了；因为，即使反对的说法认为丈夫变得可笑，这丈夫也并没有因此而受到阻碍，他仍然离开一切（也包括这讥嘲）去待在她那里。确实，即使讥嘲者本身想要她，即使他在召唤反对意见的时候站出来，——但这样的事情不会发生，因为那被召唤的是正当的反对，就算那正当的反对都“从此保持沉默”，[321]即使如此，也仍绝不会有人发消息说要找那不正当的反对。

根据时间与场合，并且按一个丈夫的身份所应做的，我在这里与各种常常好像是从空中捞出来的反对意见，匆忙地打着空气斗

了一下拳;[322]既然我这样做了,那么,我也想从另一个方面来看一下这事情。

这样,我不说婚姻是至高的生活,我知道一种更高的生活,但是如果一个人没有道理地想要跳过婚姻,让他倒霉吧。就是在这条狭窄的通道之中,我选择了我的位置,以便在思想之中检查那些想要混过关的人,如果我可以这样说的话。我们很容易就能够看出,那种出自生活的装腔作势会在什么方向上出现。它必定会是在"那宗教的"的方向上出现,在精神的方向上出现,这是因为,一个人在"作为精神"的同时想要忘记自己也是人、而非像上帝那样仅仅是精神。[323]

我们可以想象一下,把中世纪对婚姻不屑一顾的看法重新置于一种完全不同的形态之中,把它当作这样的一种智力形态来看:它不是出于神学教理和超级道德的原因而放弃婚姻,它拒绝婚姻,是因为精神所具的漫不经心的轻率。与之相对应的极端已经表白了自己;因为,恰恰由于那种自以为是的智力形态在伦理点上失败了,所以它能够去鼓吹对肉体的崇拜,[324]但是,对肉体的崇拜则表达出:相对于这智力形态,肉体已变得无关紧要。这反过来的表述是:它完全被取消;精神性虽然生活在肉体之中,但却不想承认这速朽的肉体,虽然在现世之中有着自己的家园,却不承认这现世性、不承认自己暂时的常存处所,[325]虽然是从有限的碎片之中集聚出自己,却不承认这有限。[326]"中心偏离"有各种不同的类型,以上帝为中心的中心偏离有着一种对"把它所应归属的地方指派给它"的不过分的要求。[327]但是,思辨则是以上帝为中心的,并且以上帝为中心的思辨者和以上帝为中心的理论都是以上帝为中心的。[328]

只要事情还是这样继续下去，并且以上帝为中心的中心偏离将自身限制在每星期三次在四到五点间到诵经台去以上帝为中心，而除此之外则作为我们其他人之中的一员是公民和丈夫和射鸟大王，[329]只要事情是这样，我们就不能够说现世被分配得不公正；于是，我们可以把这样的一种“一星期三次的理论性地偏离主题”，一件顺路的差事，看成是没有进一步后果的事情。

相反，如果我们把智力形态之崇拜当作一件严肃的事情的话，如果个体有着足够的魔性理想性，能够按照自己实验性的决定去重构自己的全部生活，就像丈夫按照自己的美好决定去做那样，也就是说，在这样的意义上做：每一种反对、生活中的每一个反证都可以被看作是精神考验，[330]于是，他就做了自己所能够做的事情来表明自己是一种例外。无法否认，一个个体至少可以在一段时间里冒一切风险来做出一个实验性的决定，也无法否定，他甚至能够以生命为之冒险，但是他并不由此赢得任何正当合理性，正如一个人无法根据时效来获得对赃物的拥有权。在某种意义上，一个这样的人也确实是一种例外；他在这样的意义上也是一种例外：他作为一个魔，有着比人类平均所具的意志力更大的意志力，——按魔性的说法，人类没有足够的意志力来使自己邪恶。

不过，一个这样的人，不具备任何能力去游说一个法官并使法官不宣称他缺乏正当合理性；在人们看见他坠入他为自己准备的深渊的时候，他没有任何能够去感动同情之 viscera（拉丁语：内脏，内心）的东西。就是说，纯粹的智力形态是一种巨大的抽象，在抽象的那一面什么都看不见，任何东西都看不见，甚至没有一丝一毫的蛛丝马迹，能够让人联想到一种宗教的理念。例外是一个移居异乡者，但这个移居异乡者属于很特别的一种类型，因为他不是移居到美洲或者大洋彼岸世界的另一个部分，或者到坟墓的另一边，不，他消失了。我们曾让他的否定意见准确地瞄准了婚姻，因而看起来他似乎是仍会有许多现世性的兴趣。然而事情却不是这样。就是说，婚姻是现世性之中的中心元素，人格特性无法直接地将自己置于与国家之理念的关系中。事情本来会是这样，他想要为国家而完全地牺牲自己，因此不结婚。但这是一种虚无的矛盾，在这矛盾之中他不考虑自己的理念的后果，对他来说，顺从比公羊的脂油更宝贵。[331]如果他想要相对于自己的理念名正言顺地跳过婚姻，那么，他的理念相对于国家的理念就必定是无关紧要的了。正如在任何地方那样，在这里我们也必须记住：我们所谈的不是关于“一个个体人不结婚”的偶然事件，这里的问题只是关于“不愿结婚”。每一个（如果我可以这样说的话）在精神之世界里有等级的个体人格都有着决定，并且这等级是相对于决定而言的。

无限的抽象在自己身后得到一个藏身处；一旦那放弃了世界并且立下了 votum castitatis（拉丁语：贞洁誓言）[332]的人有了宗教背景，那么，与他所要赢得的东西相比，毁灭之热情只是一种小小的冒险。[333]一个这样的人不会走出这样一步，他不会为乌有而一步跨出生活。他固然不是盯着酬报看，但却如饥似渴地朝着酬报的方向努力工作，就像划船的人，朝着目的地划，但却一直是以背对着目的地，他就是以这样的方式努力地工作着，努力把自己弄到生活之外去。

确确实实，这样的行程是一种宗教的抽象化，但是，如果这一类东西会以一种方式变得如此陈旧，乃至它无法再现在一种重复之中，那么这说法就不怎么合理了。很明显，“那宗教的”被闲置了足够长的时间；在它开始带着理想的能量开始蠢动的时候，如果它又弄错了的话，这也没有什么可奇怪的。要为“那宗教的”找到真正的具体化方式不是容易的事情，因为“那宗教的”一直有着无限的抽象作为自身的预设前提，并且它绝非简单的直接性。有时候，一个人也许出于善意把“那宗教的”说得非常美丽非常真，而有时候他可能只借助于单纯一句话就把一切全都取消了，因为事实表明，他是在谈论纯粹直接的东西。我的目光没有间断地对准着婚姻。我仍然将此看成是一种 pium desiderium（拉丁语：虔诚的愿望）：为婚姻获得一个真正的宗教表达，去准确而无条件地阐述明白“中世纪绝望地放弃了的东西是什么”以及“前几个世纪（这几个世纪因为比中世纪走得更远而有着足够的骄傲，然而我们却只能在世俗性而不是在宗教性之中做这样的理解）在什么事情上只做出了极小的贡献”。我觉得，去想一想这样的事情，对一个丈夫来说是有好处的，如果他有一小点想当一个作家的愿望，那么，那么他就可以去写一点关于这样的事情；另外，所有别的事情都已经有人在做了，哪怕是天文学。[334]

然而，无法否认，从宗教的角度看，“一个人是否已婚”本质上是一个无关紧要的问题。在这里，“那宗教的”打开了抽象之无限深渊。虽有如簧巧舌也无济于事。如果一个人忧虑地想要在宗教的讲演寻找指导，那么，比起他自己所想的，比起讲演者自己所知的，他也许更经常地会找到一种意义暧昧的多重解释。在谈论婚姻的时候，人们赞美婚姻；相反如果一个人到死都没有结婚，他死了，那么，谈论当然就不是关于婚姻的，于是，人们借助于几乎有点幽默的转折来谈论道：要么一个人结过婚，要么他没有，这根本就是无所谓的事情。但是，如果一个人要把两种说法都听一下的话，他的情形又是如何呢？因为，在人们想要以这样的方式来谈论的时候，如果一个人想要做一个好的听者，去听从指导和教诲，这就实在是太难了，比做一个以各种各样方式来为人提供服务的雄辩家要难得太多了。人们强调现世性的意义，它的伦理意义；人们将之称作恩典的时节、皈依的场所、决定的期间，它为永恒做决断；但这时一个孩子死去，人们致悼词，或者人们在一次布道之中间接地提及失去了小孩的悲伤父母，人们在所有现世性的虚无之外有着幽默诙谐，人们把七十年当作一种恶痛的苦劳和精神之销蚀来谈论，[335]人们谈论所有河流奔向大海而大海却并不被灌满。[336]这样倒还是罗马人更始终如一，他们让小孩子们在极乐世界里哭泣，因为这些孩子们得不到许可去生活。[337]然而，人们在努力建设着体系，[338]我的上帝，相对于这成就，还想要"一种人生思考"，这要求当然就已经会是太过分了。[339]现在，我们在这样的程度上也很确定：事情的关键就根本不在于"有许多美好的说法"，不在于"在所有说法中都有着意义"，而是在于"在所有说法中都有着同一种意义"。[340]

然而，哪怕事情是如此，即使宗教的抽象是某种消失了的东西、某种陈旧的东西、某种被克服了的东西[341]（最后的这一表述渊源于体系性的帮助，如果我可以这样说的话，这种体系性的帮助太好用了，乃至把"永恒的一代的发展"与"每一代对所经历的东西的重复"混淆起来），让我们假设就算是这样吧，它也完全可以在这里找到它作为谈论之对象的位置。如果说一场真正的恋爱并非是一个人每天都能够看见的日常景观，那么，一场真正的婚姻则自然是更为罕见。蒙混过关是没有用的，这只会是把胜利送给诡辩家们，他们也知道怎样去从“那宗教的”之中去提取出一种尖酸刻薄的成分来。在你不能够带着明确的信心知道“自己是对的”的时候，如果你面对反对你的说法，哪怕是最富有诡辩性的反对，那么，你能够为自己做出的最恰当的辩护就是“蔑视这反对”。[342]

于是，宗教的抽象想要让自己单独属于上帝；为了这爱，它愿意去拒绝、放弃和牺牲一切（这是一些微妙细节上的差异）；在这爱之中，它不愿意让自己被任何其他东西打扰、分神或者吸引；相对于这爱，它不愿意让账目之中有任何双重性，所有交易自始至终都应当是在一种纯粹的与上帝的关系之中发生的，——它不是通过任何其他事物来与上帝发生关系的。[343]在这样一种抽象之中，骄傲可以与相对于上帝的谦卑有着非常宗教性的调和，但是暂时，抽象仍然必须被视作是非正当的，因为它完全抽象地与它所放弃的东西发生关系。想要更具体地把握（为了继续停留在我的话题上）恋爱之美的实在和婚姻之真的实在，这不是一门功课；为此而全神贯注地投入，这是精神上的考验。[344]这是抽象化的不人道，但对这不人道我们却应当做出谨慎的判断，并且最重要的首先是不去赞美铁路投机买卖[345]和委员会的蠢事，[346]以及诸如此类的忙碌——就仿佛这样的喧哗或者嘈杂是现世真正的内容。

对人类的不人道也是对上帝的无理胡缠。如前面所说，不人道不在于“想要那至高的”；“想要那至高的”根本就不是不人道。并且，各种公告或者诅咒在这里是毫无意义的（这些公告或者诅咒来自一家精神的济贫院，[347]尽管在世俗的意义上看它是个挺富有的地方，在那里一个人因为与大多数人一样而有着尊严，在那里贝壳放逐法的妒忌和碎陶片的辩论依据[348]被用于每一个更好的人)。不人道也不是在于“想要将自己的人生观建立在某种偶然的东西上(许多人因为这偶然的东西而被排斥在外)”，因为例外并不否认，每一个人都能像他那样去做这事情，所有关于“固然这是某种伟大的事情，但不是每个人都能够做的，这样的话，世界会变成什么样子”的说法都是出自济贫院，[349]在那里，人们无法理解并且不愿理解这样的道理：如果事情是这样的话，那么人们就该把其余的事情留给上帝，上帝肯定能够做这事情，他没有被减缩到“需要济贫院的协助”的地步。不，不人道是在于，他根本就不明白“对于大多数人来说，他们的生活之实在是什么”，他对此没有任何具体的观念。但是，如果他哪怕只是在表面上需要让人觉得他是对的，这一具体的观念就是并且继续是必要条件。对上帝的无理胡缠是一种没有分寸的伙伴情谊，尽管他自己并不这样理解。他甚至可能会真的是很谦卑，但是，从人之常情上说，一个臣民也可能以这样的方式对自己的君王有最忠诚的热情，并且远远地超过了那些既不冷也不热[350]但却既是 numerus(拉丁语：数目)又是 pecus(拉丁语：牲口)[351]的人们，然而在他寻求获准觐见君王时，他却会想要获得许可通过另一条路径，不同于那条指令给所有臣民的路径。如果遭到拒绝，并且要听这样的一些话：“另一条路，那么让我们看一下，我们能够做一些什么”，——这在我看来，无疑是非常可怕的。就是说，如果一个人确实是有着足够的真挚去领会，“那宗教的”是至高的爱，那么，如果他发现：他允许了自己太多事情，他有了过多的自由，使得圣灵悲伤，[352]侮辱了自己的恋爱，这对于他必定会是肝肠寸断的毁灭性打击。唉,如果他确实认为自己把至高的表述给予了自己的这种关系的话,这打击必定只会是更沉重。

因此,这样的一种宗教性的例外会无视“那普遍的”,他会不惜以更大的代价来超越现实的境况。由此我们马上可以看出他名不正言不顺。而如果他想要出低价的话,事情就会更麻烦。他完全 in abstracto(拉丁语:在一般意义上,抽象地)承认现世之实在,或者说,为了继续停留在我的话题上,“去结婚”的实在;但是,他是不幸的,不适应于这一喜悦、这一存在之中的安全感,他是沉郁的,他对于他自己是一个负担,并且觉得自己对他人也会成为一个负担。不要急不可耐地做判断,更弱者也有自己的权利;沉郁也是某种现实的东西,我们不能够用笔划一下将之删除。因此,在如此地解说了关于生活之后,他就在宗教的抽象之中找到安慰。当这个以非同寻常的路径来寻求获准觐见君王的人几乎唤起了同情的时候,看来这是另一个故事了,并且,他的请求获得批准也就是一件很正常的事情。

然而,这里却还是有疑点:他完全抽象地谈论他所要放弃的东西。恰恰因为他是沉郁的人,他对于“生活对于别人是如此快乐和幸福”有着一种抽象的观念。但是,陌生者如何,这个问题不是我们能够 in abstracto(拉丁语:在一般意义上,抽象地)知道的。在这之中也有着欺骗性,这欺骗性与所有沉郁是不可分割的。不管沉郁者是在与怎样的不幸做斗争,哪怕它会是如此地具体,它对于他总是有着一种掺有幻想,因此也就是掺有抽象的混合成分。然而,如果这沉郁者一旦在什么时候进入了存在,那么这也就只会成为一些小动静,一点点虚假,这毫不妨碍他能够参与正常社交并且看上去与其他人一样，尽管在他主动或者被动地做出的最微不足道的事情里，他自己都获得一小点来自想象力的不竭资源的补助，就好像是基金会的补助经费 ad usus privatos(拉丁语：仅供个人使用)。[353]相反，如果这允许他 in abstracto(拉丁语：在一般意义上，抽象地)处理整个存在，那么他就永远都无法真正地知道他所放弃的东西是什么。他认为别人享受着存在之喜悦，而这种喜悦对于他成为了一种负担，一种双重的负担，因为他在事先就已经要承受足够多的东西。这里有着沉郁的可笑的一方面；因为，相对于生活，沉郁的情形就像是贺贝尔所讲述的那个裁缝学徒的情形。[354]他想要随一艘被人沿着莱茵河向上游拉的船航行，并且与船主讲价钱，这时船主就说，如果他在船的一边帮着一起拉纤的话，那么他只须付半价就行。唉，沉郁者的情形就是如此；通过抽象地与生活发生关系，他以为就可以半价地在生活中蒙混过去，他没有感觉到他其实是和那些船夫们一样地在拉船，而且还要另外为此付钱。

这两种形式的例外所缺乏的东西很明显地就是“曾经历过”。由此，我们很容易看出，没有人能够通过自己而成为一种名正言顺的例外。首先必须有什么事情发生。另外，就像我在前面所说，我是在假设地说，因为我不知道是否有着或者曾经有过任何名正言顺的例外，但是我会尽我的可能深入到问题的核心。这样的事情必定是以另一种方式发生的；这必定会是一个对生活有着安全感但突然在生活途中被拦下的人。因此，他必须有着一场恋爱，一场真正的恋爱。确实，有一句老话说，爱神是人所无法抗拒的，[355]但是，如果一个人是从一开始就决定去让自己与现实对抗，那么他就总是会有力量去驱散情欲之爱的鼓舞作用，或者将之扼杀在出生的一刻。面对一种直接的存在，情欲之爱是更强大的力量，但是，面对一个在事前就已经武装起来对付它的决定，它就不是更强大的力量了。

这样，我首先要求：他必须是真正地坠入了爱河。一场被打断的恋爱对一个人来说是足够了，但是，如果要让这爱者自己打断它，那么这一断裂就是他手中的一把没有剑柄的双刃剑，尽管他必须抓住它；这样，不管在他自己还是在别人看来，这一行动都同样造成极深的痛楚。也许有人会说："只要恋爱已经是被给定了，那么，从这条路上获得例外就是不可能的了；因为在恋爱之中一切都是孤注一掷，就是在下得失攸关的大赌注；并且，在恋爱之中一切都是为一个爱人而孤注一掷，这是把至高的赌注再翻倍；'抽身反悔'是多么不可能的事情，'想丧失一切，包括荣誉在内'是多么不可能的事情；这是不可能的事情，如果他真的爱着的话。"是的，如果他不是真正地爱，那么，他就不可能成为例外——如果真的有这样一个例外存在的话，但在另一种情形之下倒不是不可能。[356]这确实是可怕的，一种恐怖；但这也确实应当是如此。如果一个人想要与现实决裂，那么他至少就应当知道，他在与什么东西决裂。我根本一点都不是残酷的；正如在平静地坐在调查委员会的审讯室的时候，我召唤出所有恐怖来把人吓回到法律和公正的和平的篱笆围栏之内，这时，我根本就不是残酷的；同样，我在这里也丝毫不是残酷的。这样的事情是可能的，如果一个人在恋爱之中把幸福的枝条弯到地上，他可能把这枝条折断而自己则被这枝条的劲力抛掷进死亡的痛苦之中，就像那惨遭这死刑的不幸的人，只是他要遭受更多痛苦，因为他也把自己所爱的人撕成了碎片；这样的事情是

可能的，在他安全地与自己的幸福一同航行[357]的时候，他会爬下来在船上钻一个洞，把他自己和别人一起推进海难——如果他真的是坠入了爱河，他有可能会这样做；如果他没有坠入爱河，那么，他就不可能会成为这例外——如果真有这样的例外存在的话。将一把剑交到一个疯狂者的手上，这是可怕的，而在他是这样的时候，如果幸福被放在了他手中，那也会是同样地可怕；因为，如果他是如此，无需变得丧心病狂就已经是可怕的了。在这里，我不想追究什么东西会驱动起他，我只想描述各种心理学上的预设条件，各种可能在场的灵魂状态，如果我们在总体上要讨论关于“一种名正言顺的例外”的问题的话。

接下来我要求的是：他必须是一个丈夫。如果失去这一点，那就比失去荣誉更可怕，没有父亲的孩子们的哭叫声[358]淹过所有蒙羞之耻，比受欺骗的少女的孤独更可怕的是母亲被离弃时说不尽的悲惨。“这是不可能的”，有人说，“如果他真的是以这样一种方式与生活有着关联，那么，要断裂开是不可能的”。是啊，如果他不是以这样一种方式与生活有着关联，他就不可能会成为这例外——如果真有这样的例外存在的话；相反，另一种情形则不是不可能，[359]哪怕事情可以是如此可怕，乃至它使得灵魂冻结、使得感情窒息。然而，那坐在调查委员会的审讯室里的人，他不可以被任何恐怖撼动而偏离真相，不可以对公正有一分一毫的欺诈；例外不可以用一笔巨款来购买自己名正言顺的正当资格，而是必须一直支付，直到付清最后一文钱。[360]如果说“恋爱是否来自上帝”这个问题仍然无法确定，如果说一场恋爱仍无需预设一种宗教的解读为前提，那么，婚姻则是无条件地渊源于宗教。于是，那要断裂关系的人不仅把所有悲惨带给了自己，并且也将之带给了他所爱的人们，他使得生活自相矛盾，也使得上帝自相矛盾。这对于一个疯狂者来说不是不可能的，然而他却无需是丧心病狂的。我在这里不想也不试图推定，那能够驱动他的东西是什么，我只阐述各种心理学上的预设条件；如果这些条件在它们的所有恐怖之中没有在场，那么他就没有成为名正言顺的例外。

那么，现在断裂已经发生了，我继续我的话题。我要求：他在这之后要爱生活；如果他变得对生活有敌意，那么他就是名不正言不顺的，因为，“他是例外”这个事实并不使那“他在之中是例外”的东西变得逊色[361]。带着别人所不具备的热情，他必定是深爱着他所断绝的东西，并且他在这种热情之中必定会比那为自己的幸福而喜悦的人在更大的程度上觉得每一件美丽的事物都是可爱而令人愉快的；因为，如果一个人拒斥某种普遍的东西，那么他必定就比那安全地生活在这普遍的东西之中的人更清楚地知道它是怎么一回事。看，在一个这样的人（如果这样的一个人是存在的话）想要谈论婚姻的时候，他会具备一种几乎任何作丈夫的人都不具备的火焰，至少我要让地方给他，他会带着一种（任何作丈夫的人都不具备的）对婚姻的所有宁静喜悦的了解来谈论；因为，这断裂的责任为他带来的苦恼，必定会使得他的灵魂在对于他所毁灭了的东西的观想之中保持着警醒和勤勉，并且，新的责任首先要求他知道他自己做过了一些什么事情。如果一个这样的人（如果有一个这样的人存在的话）谈论例外的正当合理性的话，那么，与他相比，我的位置就只是一个下属的位置，他是一个总监察；因为他必定是熟知每一个藏身处、每一个角落、每一条没人想到会有一条路的歧

路，他必定能够在黑暗之中看出破绽，别人则会觉得在那里根本不会有任何有别于正当合理性的东西。

他自己必定觉得这断裂是不幸和恐怖，因为这之中令人痛苦的是：他被迫停下了，并且不是像一个冒险家那样浪漫地放弃生活的具体内容。他确实把握了并且继续把握着生活的全部实质，尽管他毫无欺诈地成了一个被生活本身毁掉了的破产者。另一方面，他必定会把这断裂的后遗之痛理解为刑罚之苦，因为，尽管他的理智对“发现自己的罪过”[362]是绝望的，但既然他确实是坠入了爱河，确实是带着自己的全部灵魂属于自己的婚姻生活——虽然脱离的痛楚对于他是同样地巨大，甚至大于对他所爱人们的毁灭之痛，这绝望之热情还是必然会在这样的想法之中找到自己的喜悦：他为曾犯的过错而向上帝做出正式的赔礼道歉，[363]他与幸福者一样地签署了同样的大宪章——“天意之路是纯粹的智慧和公正”。

他必定会以这样的方式来理解这断裂：在生活之中找到了安全感的他（因为最可爱的教养是借助于一个妻子的谦卑顺从来让自己得到培育，最使人年轻的教学是教育自己的孩子，最佳的庇护所就是在婚姻神圣的高墙背后），现在被扔了出来，被扔进新的处境，被扔进最可怕的生命危险。就是说，这是很确定的事情，他无法有所不同，但是通过这一步他还是冒险进入了找不到任何轨迹的无限空间，在那之中达摩克利斯之剑[364]就悬在他的头上晃动，如果他往天上看，在那里，陌生的诱惑的索套正在套向他的脚，如果他往地上看，在那里，没有任何人伸出帮助之手，在那里，哪怕是最大胆的不惜牺牲生命的引航员也不愿意冒险出发，因为一个人就

此将失去的不仅仅是生命，在那里，没有任何同情心会来关照他，甚至最温柔的同情也无法关注他，因为他冒险进入了虚空，面对这虚空一般人只会颤栗着地退缩。他是一个反叛尘世的造反者；感官性在与“那精神的”的善意的理解之中是一根拐杖，正如时间，而他则使得自己成为了感官性的敌人；因为感官性对于他已经成为了一条蛇，而时间则成为了良心不安的瞬间。[365]人们以为战胜感官性是很容易的；是的，事情也确实是如此，如果我们不去通过“想要消灭它”来刺激它的话。我们对相爱的人不谈这一类事情，因为恋爱使得他们对那些只被造反者所发现的危险一无所知；恋爱不知道为什么婚姻会被制定出来，但是一种严肃的说法则知道它被制定出来，是：ob adjutorium，ob propagationem，ob evitandam fornicationem（拉丁语：为了协助，为了繁殖，为了避免淫乱），[366]修道院里的经验能够为这一文本写上可怕的脚注。沿着这条路，我们在心理学的意义上构建出浮士德的灾难[367]，——浮士德恰恰就是因为想要作为纯粹的精神，所以到最后沦陷在感官性的暴烈反叛之下。如果一个人是以这样的方式孤独，那么他有祸了！他被整个生活离弃，然而他并非没有伴侣，因为，所有同情的激情在一种焦虑的回忆之中吞噬地燃烧着，这焦虑的回忆在每一个瞬间里都在为他召唤出那些被毁灭者之悲惨的画面，在每一分钟里，都会有突然的事情带着恐怖扑向他。

他必定认为没有人理解他，他有着清醒的头脑来承受这样的事实：对于他，人类的语言只有诅咒，人类的心灵只有那种觉得“他的苦难是他咎由自取而活该受苦”[368]的感情。然而他却不可以硬起心肠来对抗这一切，因为在同一瞬间他是没有资格这么做的人。

他必定会感觉到误解对他的折磨完全就好像苦行者在每一瞬间感觉到自己光身子所穿的刚毛衬衣[369]对自己肉体的刺扎,——以这样的方式,他身上所穿的就是误解,身穿这误解是一件可怕的事情,它就像赫拉克勒斯得自翁法勒的衣服,[370]他在之中被烧灼。

重复一些最本质的要点:他不可以觉得自己比"那普遍的"更高,而是必须觉得自己更卑微,他必定是 à tout prix(法语:不惜一切代价地)想要留在那里,因为他确实是坠入了爱河,而且不仅仅是坠入爱河,更重要的是,他是个丈夫,他为了自己的缘故必定想要留在那里,还有那些他愿意为之奉献生命的人们,他为了他们的缘故必定想要留在那里,但是现在他看见他们的悲惨,自己却仿佛是一个被人砍去了手和腿的人、一个被人从嘴里拔掉了舌头的人,就是说,没有了任何与人沟通的途径。他必定会觉得自己像是所有人之中最可怜的,是人类中的污秽,[371]他必定会是双倍地感觉到这个,因为他知道,不是 in abstracto(拉丁语:抽象地,一般地),而是 in concreto(拉丁语:具体地),知道什么是那美的。然后他瘫倒在地;在这里他需要这样一句话,一个独一无二的话,最后的、最极端的话,如此极端,以至于它存在于人类语言之外,而在这句话不出现的时候,在证词不在他这里的时候,在他无法撕开那被封口的公务急件(这急件必须在到达接件者手中以后被撕开并且在信中有着来自上帝的命令)的时候,他就在自己的所有悲惨之中绝望地瘫倒。这就是"成为一种例外"的开始,如果这样的一个例外是存在的话;如果这一切不存在,那么他就不是名正言顺的。这一悲惨无疑是最深重、最煎熬人的悲惨,在之中痛苦毫无止息,除非悔[372]能够向他挥出鞭子,在这里所有人类的苦难都亲自到场来进行折

磨，在这里痛苦不会停止，正如一座被包围的城，并不因为守卫换岗，或者因为新的守卫是来自敌人的另一个兵营，它就不再被包围了，并且这痛苦也以这样的方式相互交替换岗：如果一个人自己的痛苦打瞌睡了，那么同情的痛苦就醒来了，如果同情的痛苦打瞌睡了，那么自己的痛苦就醒了，悔[373]的查哨队在每一个瞬间都会来检查这守卫是不是醒着；我要说的是，所有这些问题都超越了我的理解力：从这一悲惨中是不是会发展出一种至福？在这种恐怖的乌有之中是不是会有着一种神圣的意义？必须有怎样的信仰才可能使一个人相信上帝会以这样一种方式介入生活？就是说，这一切如此地向这受苦和行动着的人呈现出来，如果上帝真的是那介入者，那么他肯定就考虑好了对那些被毁灭者们的拯救，只是在决定之瞬间，这被上帝抓住的人，这个被选择的人，他对此只能是一无所知的。我不知道，到底有没有名止言顺的例外存在；如果有着这样的例外，那么他也不知道这么一回事，甚至在他瘫倒的这一瞬间也不知道，因为，如果他对此哪怕只是稍有一丁点的感觉，他就会是名不正言不顺的。

我没有想让自己被卷入这样的问题：是什么东西能够让一个人以这样的方式去绝望，以至于他想要从神圣那里骗走精神，并且不以那种使得神圣喜欢的分派精神的方式来接受这精神？或者这样的问题：一种“神圣的偏爱”，它忌邪地[374]使用“嫉妒”的可怕考验[375]来作为自己的最初表达，而一个人又是怎么会变成这种“神圣的偏爱”的对象的？我只不过是曾有这样的愿望，想要描绘出心理学意义上的各种预设前提。看，在这里，一个修道院的候选人，他不敢让自己沉湎在中世纪的特选事物之中，但他对现代的意识很陌生，他以最贵的价钱买下了价格最贵的苦难。我的描述就像一件缝制好了的衣服；它是各种苦难的刚毛衬衣，例外必须穿上它，——我想，不会有任何误会的快感会爱上这套衣服。

我不残酷；哦！如果一个人有着一个丈夫所能够具备的幸福，那么，他就太幸福了，幸福得无法残酷；如果一个人如此深切地爱生活，在誓言的反复宣许过程中如此深切地爱生活，以至于对他来说一个誓言比另一个誓言更宝贵，因为他在对生活的爱之中依附于她（我仍然以幸福的最初的爱的胜利决定拥抱着她），依附于自己的妻子（为了妻子的缘故，一个人要离开父母），依附于那能够取代损失的东西、那使得我的婚姻生活更美丽更年轻的东西，我的最爱[376]——，他们的喜悦、他们的快乐、他们无辜的心灵、他们在向善之路上的进步[377]使得平凡的日常生计成为一种无法评估的盈余，也使得我为我的生活状况的感恩和我为我亲人所作的祷告在我眼中就像一个国王为自己国家的感恩和祷告一样重要，[378]——那么，这个人就太幸福了，幸福得无法残酷。[379]但是，在一个人坐在调查委员会的审讯室里的时候，他不会被任何想要扭曲正义之路的东西、任何想要把真相引上歧路的东西吓住。我不会走来走去试图去发现什么人能够穿上那件刚毛衬衣，相反我要对那轻率者叫喊，如果他想听的话，他不应当去这些路上冒险，——按自己的想法主动去冒险的人已经走失了。但对于我，这恰恰是生活之美好的新证据：生活以这样的方式被包围起来，没有人会受到诱惑想要冒险走出去；生活以这样的方式确立其基础，哪怕只是关于那恐怖的想法也必定会足以粉碎所有关于“想要成为例外”的痴愚而轻率而自以为是而不健康而神经质的说法；因为，即使我所要求的一切都已

被给出，我仍然不知道，一种名正言顺的例外到底是不是存在；当然，我想要将此作为最可怕的恐怖加上去：即使一个人想要作为例外，他也永远无法在自己的这一生命之中确定地知道，他自己到底是不是例外。因此，哪怕他的代价是失去一切，是饱受所有各种各样苦难的煎熬，他也无法为自己买下一种确定。

相反，我则是带着确定性知道，我有一样东西，无论讥嘲、精明，还是这些考究所展示的恐怖，都无法将之从我这里夺走，这东西就是我婚姻的幸福，[380]或者更准确地说，就是我对于“婚姻之幸福”的信念。现在，恐怖已经远远地消失，我不再坐在调查委员会的审讯室里，而是坐在我的书房，就像一场雷电重新使得风景微笑，我的灵魂重新兴高采烈地让我去写婚姻的事情，这在某种意义上是我永远都无法写完的。换句话说，正如丈夫不是一个性急的人，婚姻也不是什么就可以被一下子解释清楚的东西。我刚刚去办了一个用上了酷刑的案子，[381]现在我回到了家，我在她身边，她，所有生活的力量联合起来赋予我许可去合法地拥有她，她，是她为我缩短了那些黑暗的日子而为我们幸福的理解增加了一个永恒，她，是她在我的苦难之中消减痛苦、参与进我的忧虑并且增大我的各种喜悦。看！现在她恰好走过我的门；我明白，她等着我，但是她不愿走进来，唯恐打扰。只一瞬间，我的爱人，只一瞬间，我的灵魂如此富有，在这一瞬间我如此雄辩健谈，我要将这写在纸上，一篇关于你的颂词，我可爱的妻子，然后我要去说服这个世界，让全世界相信婚姻的有效性。但我会及时地，在明天、在后天、在八天之后，可怜的笔，我会及时地将你扔开，我已经做出了我的选择，我接受了暗示和邀请。在思想在一个幸福的瞬间里自愿地呈现出自

己的时候,让一个可怜的作家去坐着颤抖吧,颤抖着唯恐有人会打扰他;我什么都不怕,但我也知道那更好的东西,它是比那种在一个男人的头脑里出现的最幸福念头更好、比那被写在纸上的对于最幸福的念头的最幸福表达更好,我知道那更无限地宝贵的东西,它比一个可怜的作家能够用他的笔来写出的每一个秘密都要更无限地宝贵。

注释:

1. **受骗者比不受骗者更智慧**]古希腊智者高尔吉亚(约公元前483-前376年)曾如此说及戏剧观众,普鲁塔克的《雅典人最著名的是善战还是智慧?》中有对此的描述(第五章348c)。

参见:Bellone an pace clariores fuerint Athenienses,也称De gloria Atheniensium. Plutarchs moralische Abhandlungen, overs. af J. F. S. Kaltwasser,bd. 1-5,Frankfurt a. M. 1783-93,ktl. 1192-1196; bd. 3,1786,s. 363。

克尔凯郭尔在日记中则说,他是在《戏剧表演的艺术》中第20页的脚注中发现这个说法的(H. T. Rötscher, *Die Kunst der dramatischen Darstellung*,Berlin 1841,ktl. 1391)。

这句格言作为反题针对的是约翰纳斯诱惑者的话:"享受欺骗而不被欺骗,这是怎样的情欲快感啊",在之后法官威尔海姆会对之做更深化的讨论。

2. **哥白尼体系和托勒密体系**]文艺复兴时期,波兰天文学家尼古拉·哥白尼(Nicolaus Kopernikus,1473-1543年)提出的太阳是地球和其他行星所围绕的公转中心的日心说取代了古希腊埃及的天文学家克劳狄乌斯·托勒密(Klaudios Ptolemaios,约公元前140年)以地球为中心的宇宙观。

3. **就去结婚吧……也去结婚吧**]这一表述是针对《非此即彼》的间奏曲中"非此即彼:一个心醉神迷的演说"的反题。见《非此即彼》,上卷,中国社会科学出版社,第26页:

结婚,你会后悔;不结婚,你也会后悔;结婚或者不结婚,两者你都会后悔;要么你结婚要么你不结婚,两者你都会后悔。去为世界的各种荒唐而笑,你会后悔;为它们而哭,你也会后悔;去为世界的各种荒唐而笑或者而哭,两者你都会后悔;要么你去为世界的各种荒唐而笑,要么你为它们而哭,两者你都会后悔。相信一个女孩,你会后悔;不相信她,你也会后悔;相信一个女孩或者不相信她,两者你都会后悔;要么你相信一个女孩,要么你不相信她,两者你都会后悔。吊死你自己,你会后悔;不吊死你自己,你也会后悔;吊死你自己或者不吊死你自己,两者你都会后悔;要么你吊死你自己,要么你不吊死你自己,两者你都会后悔。这个道理,我的先生们,是所有生活智慧的精粹。我不仅仅是在一个单个的瞬间,如斯宾诺莎所说æterno modo(拉丁语:以永恒的方式)地观察一切,我是持恒地

æterno modo。这个，许多人在他们做了这一件或者那一件事情之后去统一或者中介这些对立面的时候，以为他们自己也是如此。然而这却是一个误解；因为那真正的永恒不是在非此即彼的后面，而是前面。因此他们的永恒也将是一个痛楚的“时间上的延续”，既然他们将有那双重的后悔来供他们慢慢消耗。我的智慧则很容易领会；因为我只有一个基本原理，而且我并不从这一基本原理出发。我们必须区分非此即彼中后续而来的辩证法和这里所暗示的永恒者。这样，当我在这里说，我不从我的基本原理出发，这时，这说法就不是一个“从该原理出发”中的对立，而只是对于我的基本原理的那否定表达，通过它，我的基本原理将自身领会成是对立于一个“从该原理出发”或者一个“不从该原理出发”。我不从我的基本原理出发；因为，假如我从它出发，我会后悔，假如我不从它出发，我也会后悔。因此，如果在我的最尊敬的听众们中有谁觉得在我所说过的东西中还是有着“某样东西”，那么，他只是以此证明了他的头脑并非是完全适合于哲学；如果这让他觉得，在我所说的东西中有着运动，这证明同样的结论。相反，对一些听众，他们有能力随着我的思路去想，哪怕我没有搞出任何运动，我现在要阐释那永恒的真相，通过这阐释，这一哲学仍然是自在的(i sig selv)，并且不承认什么更高的。也就是说，假如我从我的基本原理出发，那么我就不能够再终止；因为，如果我不终止，那么我会后悔；如果我终止，那么我会后悔，诸如此类。反过来，既然我现在绝不从我的基本原理出发，那么我就总是能够终止；因为我的永恒出发点就是我的永恒终止。经验显示了，对于哲学，“去开始”根本就不是什么艰难的事情。恰恰相反；它不就是从“无”开始的吗，就是说，总是能够开始。相反，让哲学和哲学家们感到艰难的，是“去终止”。而这个麻烦也让我避开了；因为，假如有人相信，我在我现在终止的时候真的终止了，那么这就说明他没有思辨性的概念。也就是说，我现在没有终止；而是在那我开始的时候，我终止了。因此，我的哲学有这卓越的优点：它简短，并且它无法驳倒的；因为，如果有人来批驳我，那么我敢说我有权宣布他是发疯了。哲学是持恒的 æterno modo，并且不像那已故的欣特尼斯那样只有几小时是为永恒而活的。

4. **在许许多多舌头中说话**］就是说，以一种陌生或者无法领会的语言说话。可参看《使徒行传》(2:3－4)：“又有舌头如火焰显现出来，分开落在他们各人头上。他们就都被圣灵充满，按着圣灵所赐的口才，说起别国的话来。”

也可参看《哥林多前书》(14:2)。在弱化的意义上:说没有意义的话。

5. **在天上变得聪明**]俗语,指一个人不切实际,做不了实在事。在霍尔堡的喜剧《埃拉斯姆斯·蒙塔努斯》(*Erasmus Montanus*)(1731 年)的第一幕第六场中用这句话来描述主人公埃拉斯姆斯·蒙塔努斯:“拉斯姆斯·贝尔格无疑是一个天上的聪明人,但在大地上则是个傻瓜。”参看《丹麦剧场》第五卷。

6. **那位诗人讲述诡计多端的尤利西斯**]按传统的说法,荷马是出自公元前八世纪的古希腊长篇叙事诗《奥德赛》的作者。主人公奥德修斯(拉丁语“尤利西斯”)是伊卡塔岛的国王,但参与了特洛伊之战(荷马在另一叙事诗《伊利亚特》中叙述了这一战争)并且在回家的路上走上迷途。在无数次历险之后他终于与自己的妻子珀涅罗珀重新团聚。

7. **见识过许多人的城邦以及他们的性情**]指向《奥德赛》第一歌第 3 句:“见过许多城邦,认识了它们的习俗。”

8. **通过这奇迹由荣华变为荣华**]指向《哥林多后书》(3:18),之中保罗写道:“我们众人既然倘着脸,得以看见主的荣光,好像从镜子里反照,就变成主的形状,荣上加荣,如同从主的灵变成的。”

9. **自然魔术**]魔术表演,借助于自然科学知识造成的各种效果,看上去让人觉得像是超自然的,而在事实上是科学规律在起作用。

10. **充当蜡烛**]按丹麦原文直译就是“持灯”,一种俗语说法,出自丹麦的婚礼习俗:新婚之夜伴郎伴娘们手里拿着灯跟随新婚夫妇一同到婚床。转义就是“在事外作呆子”,也就是中国俗语“当电灯泡”的意思。既然克尔凯郭尔的时代没有电灯泡,那么这里就翻译成“充当蜡烛”。

11. **阿尔夫**]在霍尔堡的很多部喜剧之中出现的一个淳朴的雇农。

12. **像一个弑父者一样地被装进一个口袋扔到水里去**]在古罗马,对弑父罪(parricidium)的惩罚是:与四种活着的动物,亦即,一条狗、一只鸡、一条蛇和一只猴子,一同被缝进一个袋子,然后被扔进水中。见西塞罗的 *Pro Sexto Roscio Amerino*,11,30。

13. 在丹麦语中 tro 作为形容词是“忠诚、忠实、可靠”,“不忠”作为名词就是 tro 加上否定前缀 u 再加上名词性后缀 skab:u-tro-skab。但是 tro 作为名词和动词则是“信、相信、信仰”。作者在这里游戏于 tro 这个词的不同词性和前后缀变化。

14. 信(Tro)。

15. 信念(Overbeviisning),也就是说,不是勉强的半信半疑,而是确定的信念。
16. **女人出于本分应当在信众的集会中保持沉默**]指向《哥林多前书》(14:34)中保罗所说的:“妇女在会中要闭口不言,像在圣徒的众教会一样。因为不准她们说话。她们总要顺服,正如律法所说的。”
17. **拉奥孔的悲惨**]特洛伊的祭司拉奥孔,他在做祭祀的时候,与他的两个儿子一起被从海上出来的两条巨蛇勒死。按维吉尔在《埃涅阿斯纪》中的说法是因为他徒劳地警告了特洛伊人不要把希腊人留在城墙外的木马拉进城。
18. 在这一句中,开头的“如果这是一种担保的话”中的“这”是指“在我觉得快乐满足并且感恩却又不停止我尘俗的幸福的同时,我也预感到那可能会沿着这条路而降临于一个人的恐怖,预感到一个作为丈夫的人所营造的地狱,——作为丈夫,adscriptus glebæ(拉丁语:被捆绑在大地上),他想要让自己摆脱束缚但却因此只是不断地发现这对于他是多么不可能,他想要砸断一条锁链但却因此只是发现又有一条更具伸缩力的锁链永远地捆绑着他”,就是说,这意思是:如果“在我觉得快乐满足并且感恩却又不停止我尘俗的幸福的同时,我也预感到那可能会沿着这条路而降临于一个人的恐怖,预感到一个作为丈夫的人所营造的地狱,——作为丈夫,adscriptus glebæ(拉丁语:被捆绑在大地上),他想要让自己摆脱束缚但却因此只是不断地发现这对于他是多么不可能,他想要砸断一条锁链但却因此只是发现又有一条更具伸缩力的锁链永远地捆绑着他”是一种担保的话……
19. **如同哈曼所说**]哈曼(Johann Georg Hamann,1730 - 1788 年)德国哲学家和作家,出生于哥尼斯堡并在那里长大。他的晦涩而充满隐喻的文字构成了与启蒙时代纯粹的理性理想的斗争的重要部分。哈曼强调对立面(比如说感官与精神、历史与理性)的悖论性统一。他的思路中的一个核心点是:上帝通过“成为人”而认可了具体的现实。哈曼是雅可比(F. H. Jacobi)的亲密朋友。在 1785 年 1 月 22 日给雅可比的信中,哈曼写道,关于在一个人自己心中产生出来的怀疑:“Es giebt Zweifel, die mit keinen Gründen noch Antworten, sondern schlechterdings mit einem Bah! abgewiesen werden müssen,-so wie es Sorgen giebt, die durch Gelächter am Besten gehoben werden können.”*Friedrich Heinrich Jacobi's Werke*,

bd. 4,3,1819,s. 34.

20. “那另一性别”(det andet Kjøn),根据上下文关联,有时候也可以译作“第二性别”。

21. **在烈火窑中**]指向《但以理书》(第 3 章),在之中说及尼布甲尼撒王把三个犹太人扔进“烈火窑中”,因为他们不敬拜尼布甲尼撒王的神和金像。但是烈火不侵这三个人,尼布甲尼撒王就转信犹太人的神。后面所说的“我这里有一个天使”也是指向这个故事:转信之后,尼布甲尼撒王说:这三个犹太人的“神是应当称颂的。他差遣使者救护倚靠他的仆人,他们不遵王命,舍去己身,在他们神以外不肯事奉敬拜别神”(第 28 节)。

22. **国王的头衔和尊严,德·文德尔和哥特兰、石勒苏益格的公爵等等**]在克尔凯郭尔时代,丹麦国王有着各种正式头衔,其中包括德·文德尔和哥特兰、石勒苏益格的公爵等等。丹麦国王“伟大的瓦尔德玛”1169 年战胜了吕根岛上的文德人之后,丹麦国王的头衔加上了“德·文德尔”,瓦尔德玛四世 1361 年征服了哥特兰之后加上了“德·哥特尔”,1460 年克里斯蒂安一世被选作石勒苏益格-荷尔斯泰因的公爵后,国王的头衔又加上了这一头衔。在克尔凯郭尔的时代,这个“等等”意味了“荷尔斯泰因、斯多马恩、迪特玛斯肯、欧尔登堡(的公爵)”。

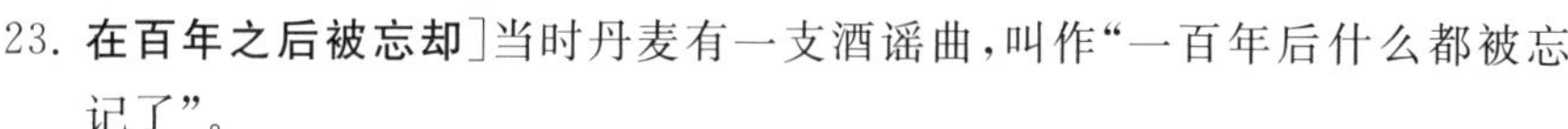

23. **在百年之后被忘却**]当时丹麦有一支酒谣曲,叫作“一百年后什么都被忘记了”。

24. **即使这玫瑰不再是那么红,那也是因为它变成了一朵白玫瑰**]在与前面出现的“衔位的绶带”的关联上,这一表述可能是指带有“丹麦国旗勋章”的绶带上的黑白相间的颜色。丹麦国旗勋章的衔位在 1671 年被设立,1808 年更新后,它的荣誉标志银十字架,可以授予一个人而不考虑这个人的社会地位。

25. 丹麦语名词“丈夫”(Ægtemand)是由形容词“真正的”(ægte)和名词“男人”(Mand)拼在一起构成的。

26. **考索大道**] Corsoen,丹麦语中的外来语,用来标示“跑道”,意大利城市的主街也叫考索;出自拉丁语 cursus,意为“跑;跑道”。

27. **我的罗德岛和我的跳舞场**]黑格尔在《法哲学原理》之中同时用希腊语和拉丁语引用了这样一句来自《伊索寓言》的成语:“Ιδοὺ Ρόδος,*ἰδοὺ καί* τὸ πηδημα./*Hic* Rhodus,*hic* saltus”(这里是罗德岛,你就在这里跳吧),然后黑格尔替换了句子中的用词,把“跳”换成了“跳舞”,这句子就成了 hic

Rhodus，hic salta，在德语里就是“*Hier* ist die Rose，*hier* tanze”（这里是罗德岛，你就在这里跳舞吧）。

典故出自《伊索寓言》第 33 篇：一个牛皮大王吹嘘自己曾在罗德岛跳得很远，在场的人都可以证明；这时有人就对他说：如果这是真的，你也不用找见证，就当这里是罗德岛，就在这里跳吧。

28. **在有一天死亡要分开我们的时候**］指向《巴勒的教学书》（*Balles Lærebog*）中的表述，第六章，“论义务”，段落 D，第一节，第一小节：“根据上帝的命令，一个男人要在婚姻中与一个妻子结合在一起直到死亡分开他们。”

29. **et hæc meminisse juvat . . . juvabit**］拉丁语：回忆这事情也是一件欣愉的事情……也将是一件欣愉的事情。这是对维吉尔《埃涅阿斯纪》中一个著名句子的“变化的”引用。这句子是在第一卷，第 203 句：“et haec olim meminisse juvabit”：埃涅阿斯在沉船被海浪冲上岸之后安慰人们说：“也许在什么时候/你们会带着欣愉和感恩回忆这件事。”

30. **各种辅音字母（各种词根）**］是指希伯来语。在希伯来语中各种词根的标示用于那些共同构成一个词的词根的辅音字母（基本元素），与之相关联的是一种基本意义。通过加在辅音上的元音，这一基本意义变得具体并且在各种不同的方向上产生微妙变化。

31. **cum grano salis**］拉丁文：带着一颗盐粒；就是说带着常识理智，带着一点保留。这说法似乎是出自古罗马作家老普林尼（23－79 年），他在其《自然志》第 23 卷第 77 章中谈论一种抗毒药方，这药方是在小亚细亚国王米特里达梯六世那里（在公元前 63 年他死的时候）发现的。这药方说，要碾碎两颗核桃、两颗无花果和二十片芸香的叶子加上一颗盐粒（addito salis grano）。这抗毒药据说能够使人在一天之内百毒不侵。

32. **一个恶毒的讥嘲者所说的……爱情和婚姻有同样的一些辅音字母……元音来决定出差异**］这说法的来源不详。

33. **《创世记》中……以扫亲吻雅各**］《创世记》（33：4）。

34. **那些博学的犹太人不觉得以扫有这一性情……这就成了：他咬他**］在希伯来文的关于《创世记》的文字中有关于这样一个讨论的记载：这讨论是关于“加点的词”（“点”，就是 puncta extraordinaria）。两个拉比相互提出自己的解读。一个说这个词意味了“以扫由衷地亲吻雅各”，而另一个则这样解读：以扫想要咬雅各，但雅各的脖子成了大理石，以扫的牙齿短钝并且松动。

就是说，克尔凯郭尔似乎对这一讨论是有所知的，但看来却误会了那些用在词上的点。他没有把它们理解为 puncta extraordinaria，却将它们理解为各种元音，——元音变动的时候，这词就改变意义。然而从“亲吻”到“咬”的意义改变不仅仅蕴含元音的变化，而且也有一个辅音字母的变换：在“亲吻”中有着词根 nšq，而在“咬”中的词根则是 nšk。

35. “恰恰是更加直接说出来的”这一句按丹麦语原文直接翻译本应是“恰恰是更不加保留地直接以言辞说出来的”，但这描述在汉语中显得有意义重复，因此译者接受编辑的建议，按 Hong 的英译本翻译，简化了一下。

36. **情欲之爱是有着自己的神的**］在希腊神话里是厄若斯，在罗马神话里是埃莫。

37. 厄若斯(Eros)作为名字是爱神的名字，但是作为概念名称，则是“爱欲”。

38. **尽管有这说法是上帝设立了婚姻**］在婚礼仪式上，牧师对新婚夫妇说：“这样，这就是你们的安慰：你们知道并且相信，你们的婚姻状态在上帝看来是正当的并且得到了他的祝福。因为这被写在《创世记》的第 1 章中。”然后牧师朗读《创世记》(1：27－28)：“神就照着自己的形像造人，乃是照着他的形像造男造女。神就赐福给他们，又对他们说：‘要生养众多，遍满地面，治理这地。也要管理海里的鱼，空中的鸟，和地上各样行动的活物。’”见《丹麦圣殿规范书》(*Forordnet Alter-Bog for Danmark*)，s. 260f。在同样的仪式上，牧师朗读《创世记》(2：18－24)：“耶和华神说：‘那人独居不好，我要为他造一个配偶帮助他。’耶和华神用土所造成的野地各样走兽和空中各样飞鸟都带到那人面前，看他叫什么。那人怎样叫各样的活物，那就是它的名字。那人便给一切牲畜和空中飞鸟、野地走兽都起了名。只是那人没有遇见配偶帮助他。耶和华神使他沉睡，他就睡了。于是取下他的一条肋骨，又把肉合起来。耶和华神就用那人身上所取的肋骨，造成一个女人，领她到那人跟前。那人说：‘这是我骨中的骨，肉中的肉，可以称她为女人，因为她是从男人身上取出来的。’因此，人要离开父母与妻子连合，二人成为一体。”见《丹麦教堂仪式书》，s. 258f。

39. Hong 的英译本把“关于上帝的想法”(Tanken om Gud)译作 the idea of God(“上帝的理念”或者“上帝的观念”)，但在这里因为不是说一种概念，所以译者仍按丹麦语原文的字面意义翻译为“关于上帝的想法”。

Emanuel Hirsch 的德译是“der Gedanke an Gott”（“对上帝的想法”）。F. Prior et M.-H. Guignot 的法译是“l' idée de Dieu”（“上帝的理念”或者“上帝的观念”）。

40. 名词“定性”的丹麦文是 Bestemmelse，有“定立性质”或“确定出的性质”的意思。这个词在本书中会频繁出现。

41. **一个讥嘲者、一个诱惑者、一个隐居者**]诱惑者是指诱惑者约翰纳斯。隐居者是指维克多·艾莱米塔（Victor Eremita，拉丁语：胜利的隐士，那在孤独中胜利的人），也就是《非此即彼》的出版者。讥嘲者可能是指康斯坦丁·康斯坦丁努斯。

42. 这里是说，上帝是“作为精神”的上帝。

43. **宙斯与赫拉**]宙斯与赫拉（克尔凯郭尔将之写成 Here）是希腊神话中至高的神。结婚了的神。赫拉是婚姻的监守者，宙斯则是父权家族的保护者。在罗马神话之中是朱庇特和朱诺。

44. **Τελειος和 τελεια**]希腊语阳性和阴性的形容词：完全的，完美的。源自τελος（télos，目的、目标，完满）。在宙斯和赫拉的关联上意味了（婚姻之）“圆满者”。

45. **我也不妄用精神上的鹰隼的目光来使我自己有权去藐视**]也许是指向格隆德维（N. F. S. Grundtvig）。格隆德维在《北欧神话或者象征语言》（*Nordens Mythologi eller Sindbilled-Sprog*，Kbh.1832）使用这一表述来形容预言性的诗人或者洞察者。比如说，关于莎士比亚：“对于莎士比亚所预设的那种在人的生活之深度中的力量和鹰隼目光，人们是怎么说的。”克尔凯郭尔在《恐惧的概念》之中也对格隆德维做了类似的调侃：“难道人们没有时常看见，某个聪明透顶的神秘教义传播者是多么出色而勇敢地滥用一整个神话总体，以便让所有单个的神话通过他的鹰眼而成为他的单簧口琴上的一种心血来潮的冲动。”

46. **项目制造者们对“时代所要求的是什么”这个问题的回答**]这里是指海贝尔（J. L. Heiberg）。“项目制造者”这个词早在霍尔堡的剧本《伊塔西亚的尤利西斯》（1724 年）中就被谈及过。这是一个贬义的名词，是指一个带着许多无法实现的想法到处奔忙的人。对于克尔凯郭尔，人是可能性和必然性的综合。而“项目制造者”则属于忙碌于可能性而看不见必然性的人。

47. **朱庇特和朱诺**]罗马神话中诸神里至高的结了婚的一对，相应于希腊神话里的宙斯与赫拉。

48. **历史文献学中的问题**]在克尔凯郭尔手写版的《非此即彼》下卷(1843年)之中的一个加写页中有这样的解说:"这是如此聪明的做法,相对于婚姻而言,这做法的始作俑者是他们,朱庇特和朱诺被称作是 adultus(拉丁语阳性形容词:完全成年的)和 adulta(拉丁语阴性形容词:完全成年的),τελειος(希腊语阳性形容词:完全的,完美的)和 τελεια(希腊语阴性形容词:完全的,完美的)"(*Pap*. IV A234,s. 92)。因此,克尔凯郭尔曾认为 téleios 和 téleia 在宙斯和赫拉的关联上可以被译作是拉丁语 adultus 和 adulta(完全成人的)。只在大地上各种生物的关联上,尤其是在人类的关联上,téleios 和 téleia 可以有这种意义。在写《人生道路中的诸阶段》的时候,克尔凯郭尔认识到了自己的这一拉丁语翻译不成立,并且决定压下自己不正确的解说。

49. den individuelle Tilværelse。或译作"个体的存在"。这里的"个体的"是一个形容词,不是名词"个体"的所有格。

50. 在《非此即彼》的下卷中有着关于"有限的'为什么'"的说法(社科版《非此即彼》下卷 63-65 页……90 页):

由于婚姻以这样的方式是一种内在的和谐,它自然就在其自身之中有着其目的论(Teleologi);这就是,既然它不断地以其自身为前提条件,并且,在这样的情况下每一个关于它的"为什么"的问题也就都成为一种误解,平庸的常识就能够非常容易地对这误解做出解释,这常识——尽管它在通常看上去比那个认为"婚姻是所有可笑事物之中最可笑的"的歌唱师巴希尔要稍稍谦逊一点——却还是很容易不仅仅引诱你,而且也引诱我去说:"如果婚姻不是什么别的东西,那么它就真的是所有可笑事物之中最可笑的东西了。"

然而,为了打发时间,让我们稍稍进一步深入地看一下这之中的随便某一个细节吧。即使在我们各自的笑之间有着极大的差异,我们也还是完全能够稍稍在一起共同笑一笑。这差异差不多就会是一种与在我们想要说出对于"为什么会有婚姻存在"这个问题的答案"这就得去问我们的上帝了"时所用的不同的语气相类似的差异。另外,在我说"我们想要共同地稍稍笑一笑"的时候,有一点是绝对不应当被忘记掉的:在这方面我有多少事情需要归功于你的观察,因为这些观察,我作为一个已婚男人实在是对你感激不尽。就是说,在人们不想去完成那最美丽的工作时、在他们想要在罗德斯——那是向他们指定出来作为跳舞地点的罗德斯——以外的所有别的地方跳舞，那么，就让他们成为你和其他的捣蛋鬼的牺牲品吧，你们这些躲在熟识的面具下面的家伙是最知道怎样去出他们洋相的了。然而，有一点却是我想要挽救的，有一点是我从不曾也永远不会允许自己去以一笑置之的。你常常说，到处走动着单独地去询问每一个人他为什么结了婚，这肯定是“完全绝妙的事情”，这时，人们会发现：通常是非常无足轻重的事情变成起那决定性作用的东西；并且，“婚姻连带所有其后果”，像这样的一个如此巨大的结果能够从如此小小的原因里产生出来，——正是在此中你探究着那可笑的东西。我不该继续在这谬误性的话题上盘桓了，这谬误是在于：你完全抽象地盯着这无足轻重的事情，而一般地说来，只是因为这无足轻重的事情进入了各种各样定性的多样化，所以它才会导致出某种后果。相反，我所想要强调的是那些婚姻——那些尽可能不去具备“为什么”的婚姻——中那美的东西。“为什么”越少，爱情就越多，这就是说，如果我们在之中看见那真的东西。当然，对于那轻率的人，在之后确实会显示出这曾是一个小小的“为什么”；对于严肃的人来说，这显示出来的则是一个极大的“为什么”，这是让他高兴的。“为什么”越少，越好。在那些低阶层之中，通常婚姻无需什么重大的“为什么”就得以缔结了，但因此这些婚姻回响着那么多“怎样”（他们该怎样相处、他们该怎样抚养孩子，等等）的频繁度就要小得多。除了婚姻自身所具的“为什么”之外，从来也不会有什么别的是属于这婚姻的，但这是无限的，并且是在这样一种意义上——也正是在这样的意义上我在此把这关系看成是：没有什么“为什么”，——而这也是你会很容易使自己确信的；因为，假如我们要用这一真实的“为什么”去对这样的一个遵循常识的俗气丈夫回答他的“为什么”，那么，他也许就会像《精灵们》中的校长那样说：“那么让我们获得一个新的谎言吧。”你也还会看出来，为什么我不愿意并且不能够为这一对于“为什么”的缺乏找出一个喜剧性的方面来，因为我怕那样的话就会丧失掉那真的东西。真正的“为什么”只有一个，而且它在自身中有着一种能够镇压住所有“怎样”的无限能量和力。那有限的“为什么”是一个集合体，一窝蜂，每个人都从中取自己的，这个多一点，那个少一点，全都一样糟糕；因为，即使有一个人能够在自己的婚姻入口处把所有的“为什么”结合成一体，那么他仍然就恰恰还是所有丈夫中最蹩脚的。

人们为这一婚姻之“为什么”所给出的在表面上看起来最像样的回答之一就是：婚姻是一所品质的学校，一个人结婚以求陶冶自己的品质并使之高贵。我现在要让自己进入与一个特定事实的关联，我是因为你的缘故才留意到它的。那是关于一个“你所抓住的”公务员，——这是你自己的表述并且这表述与你自己完全相像；因为，在你的观察有了一个对象的时候，你就不会有任何顾忌，你就会认为你在追随你的使命。顺便提一下，他是一个很有头脑的人，尤其是具备诸多语言知识。一家人围坐在茶桌前。他抽着烟斗。他的妻子不是很美丽，看上去相当普通，相对他而言有点老，在这样的意义上人们会——正如你所说及的——马上就想到这之中必定有一个奇怪的“为什么”。在茶桌上坐着一个年轻的多少有点苍白的新婚妇人，看来她知道另一个“为什么”；主妇自己斟着茶，一个16岁的年轻女孩，不是很漂亮，但丰腴而活泼，把茶端给大家；看来她尚未到达一个“为什么”。在这样一个大方得体的聚会里，你的不得体也找到了一个位置。你因为公事而去他那里并且已经徒劳地去过了好几次了，你自然觉得这处境实在是太有利而不会就此让它被白白浪费掉。恰恰是在那几天里，人们在谈论着关于一个被解除了的婚约。这家人尚未听到这一重要的内地新闻。各个方面都在诉说这个案件，就是说，所有人都是起诉指控者，于是这案子进入了被判定的阶段，并且罪人被革出相应阶层的教门。人们对此看法不定，众说纷纭。你甘冒不韪以旁敲侧击的暗示说了一句偏向于对被判者的话，这话当然不能算是对相关之人有利，而只算是给出一个起提醒作用的关键词。这话没能起到你想要让它起的作用，这时你就继续说：“也许那整个婚约就是一个仓促的决定，也许他未曾对那意义重大的‘为什么’作出阐述，一个人几乎能够说出那应当是先于如此决定性的一步的‘aber’（德语：但是），enfin（法语：简言之），一个人为什么结婚，为什么，为什么。”这些“为什么”中的每一个都被以一种不同音色说出，但却是同样地蕴含或表述着怀疑。这太过分了。一个“为什么”就已经会是足够的了，但是一个这样的全然动员、一个在敌营中的Generalmarsch（德语：全队整装进军）则是决定性的。这一瞬间到来了。带着一定的和善（在这和善上却仍然烙有占压倒优势的常识印痕），主人说：是啊，我的好人，我可以对你说为什么：一个人结婚，因为婚姻是一所品质的学校。这时，一切就都被启动了，部分地因为反对、部分地因为赞同，你使得他在莫名其妙之中超过了

他的自身状态，这就成了对妻子的小小教诲、使得那年轻的妇人愤慨、让年轻女孩则感到惊讶。我在当时已经因你的行为而责备过你，不是因为主人的关系，而是因为那些女人们，——对于她们而言，你已经恶毒到了足以使得这场面变得尽可能地难堪而又持久。这两个女人无需我的捍卫，并且这也只是你一贯的逢场作戏，这引导着你去保持不让她们从你的目光中消失。但是他的妻子，也许她也确实爱着他，对于她来说，听这岂不是很可怕？还有，在整个处境之中有着某种不得体。就是说，常识理智的反思根本没有使得婚姻道德化，以至于它其实是在使婚姻不道德化。那感官性的爱情只有一种神圣变形——在之中它在同样的程度上是审美的、宗教的和伦理的，这就是爱情；那常识理智性的算计使得它在同样的程度上既不是审美的也不是宗教的，因为"那感官性的"没有处在它直接应当在的位置。于是，一个为了这样和那样东西等等而结婚的人，他迈出了在同样的程度上既不审美也不宗教的一步。他意图中的善意根本没有用；因为那错误恰恰就是：他有着一种意图。如果一个女人结婚，是为了（是的，这样的疯狂是我们在世界中听见的事情，一种看起来是给予了她的婚姻一个巨大的"为什么"的疯狂），是为了给世界生产出一个拯救者，那么，这一婚姻就是在同样的程度上是既不审美的、又不伦理不宗教的。这是某种人们并不能够经常为自己弄明白的事情。存在着某种由"常识理智之人"们构成的阶层，这样的人带着极大的鄙视将"那审美的"视作杂碎和儿戏并且在自己的可怜的目的论之中自以为自己高高地在这之上；但其实却恰恰反过来，这样的人因为他们的常识理智性而在同样的程度上是既不伦理又不审美的。因此，去看另一性别总是最好的，它既是最宗教的又是最审美的。另外，主人的阐释是够琐碎的了，我无须再对之进行介绍；相反，作为这一观察的终结，我祝愿每一个这样的丈夫都得到一个粘西比作妻子，并得到尽可能地调皮捣蛋的孩子，这样，他就能够希望去拥有要达成他的意图所必需的条件。

……

作为这一考究的收获，我可以在这里强调：我们看见，如果一场婚姻是审美的和宗教的，那么它就不可以有任何有限的"为什么"；而这恰恰是那最初的爱之中的"那审美的"，这样一来，婚姻再一次 au niveau（法语：同水准于）那最初的爱。这就是婚姻中的"那审美的"：婚姻在其自身中藏有一种丰富多样的"为什么"，而生活将这丰富多样的"为什么"公开在自己的全部祝福之中。

51. **τελος(希腊语：目标)在各种神秘之中的意义**]这意义会是在宇宙意义上的"目标"或者"更深的意义"。Ta téleia在希腊语中意味了各种更高的神秘或者仪式(参看柏拉图的《会饮篇》210a，这可能是克尔凯郭尔的来源)，而Teletē 则是入会仪式的技术名词(参见柏拉图的《会饮篇》365a)。

52. 这句直译的话应当是："婚姻是一个 τελος(希腊语：目标)，但却不是为自然之追求——这样的话我们就触及 τελος在各种神秘之中的意义，而是为个体性。"

"为……"在德国唯心主义哲学中是一个概念性的介词，但是中国的读者肯定会不习惯。所以译者在编辑的建议之下把这句改写一下：把"为自然之追求的目标"和"为个体性的目标"改写成为"自然之追求的目标"和"个体性的目标"。

53. "直接的"在克尔凯郭尔那里和德国唯心主义哲学中是一个重要的概念性用词(形容词或者名词)。所谓"直接的"就是"没有经过反思的"或者"初始的"。

54. 这里的这个"自由"是一个概念名词。"自由的作为"就是说"自由之所作所为"。

55. 亦即各种反对婚姻的观点。

56. 见前面的关于"直接的"的注释。

57. 见前面的关于"直接的"的注释。

58. **就像没有偏差的磁针**]这里所考虑到的是磁性指北针，它对北的指向几乎在任何地方都有偏差。偏差的原因是磁力北极和地理北极的距离总是有着不规则的变化，因为磁力的两极随地核中的运动而游移。

59. Hong 把"ligesom"(似乎、看来像是)译成英文"as it were"，因为这个英语惯用语在各种不同关联会有各种不同理解("宛如、好像"、"或者说"、"仿佛"等等)可能会引起读者误读。这里的意思是"看来就像是"。德文译作"gleichsam"，法文译作"pour ainsi dire"。

60. 见前面的关于"直接的"的注释。

61. **第四幕中阿拉丁对精灵的命令**]准确的说法应当是在欧伦施莱格尔《阿拉丁》的第三幕中，主人公给灯神发出与婚礼有关的命令。

62. 见前面的关于"直接的"的注释。

63. **为我举行一场美好的婚礼……为我们带来甜美的享受**]引自《阿拉丁》第

三幕。在引文之后,阿拉丁问:“我亲爱的奴隶,你能够!诚实地对我说你能够做到吗?”

64. 见前面的关于“直接的”的注释。

65. **拿走它**]本来是“不期待拥有它”(因为它在事先已经被拿走了)。在《马太福音》(6:2;6:5;6:16)有类似的表述(“他们已经得了他们的赏赐”)。

66. 直译是“如果是那样的话”,“那样”是指前面所否定的部分,也就是说“如果婚姻可以是某种根据时间和机会而出现的残碎的东西、某种在相爱者共同生活一段时间之后才发生在他们身上的东西话”。

67. “这样的可怜状态”就是指前一句中的堕落状态。

68. **以哈曼的话来说:事情恰恰正是如此**]这句话出自哈曼 1759 年 7 月 3 日写给林德纳(Johannes G. Lindner)的一封信,这封信谈论了英国哲学家休谟对基督教的一个反对的说法。休谟说,任何理性的人,如果不是通过一个奇迹,都不会去相信基督教;既然单纯的理性无法令人信服于基督教的真理,那么这信仰就必须预设出一种无法被打断的奇迹作为来扭曲所有理性的基础,并且教会我们去相信习惯和经验的对立面。在引用了休谟的反对之后,哈曼写道:“不管休谟是带着一种嘲弄的表情,还是带着一种深沉的表情,不管怎么说,这都是正统的说法,并且是在这真理的一个敌人和追击者的嘴里的一个真理之见证:他的所有怀疑证明他的陈述”(Hume mag das mit einer höhnischen oder tiefsinnigen Miene gesagt haben; so ist dieß allemal Orthodoxie, und ein Zeugniß der Wahrheit in dem Munde eines Feindes und Verfolgers derselben—Alle seine Zweifel sind Beweise seines Satzes)。*Hamann's Schriften*, Friedrich Roth, bd. 1-8, Berlin (und Leipzig) 1821-43, ktl. 536-544; bd. 1, s. 406.

69. **在异教文化之中,人们对单身汉予以惩罚,奖励那些生育许多孩子的人们**]在罗马共和国的第一百年里推行着这样的政策来鼓励婚姻和生育。马库斯·福利乌斯·卡米卢斯在他作为监察官(约公元前 400 年)的时候推出了对单身汉进行经济处罚和提高税收的政策。后来共和国去除了这一政策,但是到了凯撒的时代,这一政策又被推行。奥古斯都(公元前 27 到公元 14 年间的凯撒)为有孩子的男人提供诸多优惠而对不结婚和没有孩子的人们进行一定的经济限制和权利限制(比如说在遗产继承的可能性上和在对奖金补助的享受上)。

70. 这一句是按照 Hong 的英译本翻译出的。按丹麦文直译的句子应当是“人们所说的那种‘去结婚’是完全能够很成功地被做到的，无需作出一个决定”。

71. **我不知道是否存在一首第二手的诗歌**]这里也许是指向诗人和哲学家保罗·马丁·缪勒(Poul Martin Møller)对当时丹麦诗歌的抨击，他认为这些诗歌是“出离了生活”，它们模仿者般地从其他诗歌里获得营养。

72. **这样的一些婚姻既无法与恋爱也无法与决定构成同花顺**]作者在这里用上了纸牌游戏的术语，我对句子做了一定的改写。如果按照原文直译，这句子就应当是：“这样的一些婚姻既无法在‘恋爱’的花色是王牌花色时有‘恋爱’的花色，也无法在‘决定’的花色是王牌花色时有‘决定’的花色”(之中的单引号是译者加的)。

73. **叫牌和不叫牌**]作者在这里又用上了纸牌游戏的术语。

74. **异教文化中的幸福**]根据希罗多德的《历史》第 1 卷第 32 章记载，吕底亚富有而强大的国王克罗伊斯认为自己是人类中最幸福的人。邀请了雅典的智慧者的梭伦，向他展示自己所有的财富，并且想知道梭伦怎么看待他的幸福。雅典的梭伦说：“这是我所看见的，你是极其富有并且统治着许多人；但是你问我的问题则是我所无法对你说的，因为我还没有看见你幸福地终结你的生命。”他说：“如果一个人直到最终拥有最多并且带着好心情结束生命，那么他就应得，哦，国王，按我的看法，他就应得至福极乐的说法。对每一样东西，我们必须看它怎样终结；有许多人，神把幸福置于他们眼前，然后完全彻底地毁灭他们。”

75. 丹麦风俗，三十岁仍然是单身的话，人们就会把胡椒瓶(罐)作为生日礼物送给他。Pebersvend 这个词的本义是胡椒店员。过去从德国汉莎商业联盟城市中派出的胡椒调味品商，有着保持独身的义务。后来在丹麦就成了标示三十岁以上老单身汉的名词。

76. **他不受审判**]参看《约翰福音》(5:24)：“我实实在在的告诉你们：那听我话，又信差我来者的，就有永生，不至于定罪，是已经出死入生了。”这里的“不至于定罪”，在丹麦语《圣经》中是“不受审判”。

77. 几率可能性与哲学中的“可能性”概念是不同的，在数学中被称作“概率”，是对随机事件发生之可能性的度量。

78. **比起对男男女女的江湖医生的惩罚，我们更应当将这样的人关进教养院**]原文直译应当是“比起对聪明的男人和妇人们的惩罚，我们更应当将这样的人关进教养院"。"聪明的男人和妇人"是指乡村里的各种没有受过教育也没有行医许可证但却以非正规方式为人治病的人们。丹麦在1794年9月5日发布规定,将这类人定性为庸医,可以对之进行处罚,屡教不改者送进教养院。

79. **一条狗在水里追逐影子**]指向《伊索寓言》:狗嘴里咬着一块肉过河,在水中看见其自己的影子。以为河里也有一条狗也咬着一块更大的肉。它决定去夺那另一块肉,结果他自己咬着的肉反而从嘴里掉下,沉到水底去了。

80. **那在荒漠里看见十字架的人,如果他被蛇咬了,他会痊愈**]查看《民数记》(21:9):"摩西便制造一条铜蛇,挂在杆子上。凡被蛇咬的,一望这铜蛇就活了。"在《新约》中,在教会传统中,这条铜蛇被解读为被钉在十字架上的基督。

81. 见上面所说的"婚姻是恋爱与决定之综合"。

82. "在自身之中有着'那永恒的'在场并完成这一购买过程的决定",就是说:"那永恒的"在这决定之中在场并且完成购买过程。所谓的"购买过程"关联到上一个段落里所说的"没有任何结果敢在拍卖的时候喊价,因为那被买进的东西是要 à tout prix(法语:不惜任何代价地)被买进的"。

83. **不可变更的遗赠(Fideicommis)**]信托的财产,比如说一种资本或者一种地产,通过遗嘱决定下来,被绑定作为对一个家庭的恒定经济支持或者作为对一种基金的维持。只有这财产的利息或者以这财产为资本而获得的流动收入是可以动用的,但作为资本的财产本身则不能动用。

84. 这里要考虑到"悬浮",就是升到空气中,脱离大地。拉到大地上,重接地气。

85. "……负面的决定也是如此;但在这种情况下自由是空白而赤裸的,简直就像是发不出声,难以进行表达,……"这句的丹麦语是"dette har den negative Beslutning ogsaa; men saaledes blank og bar er Friheden ligesom stum, haard at udtale"。

Hong 的英译是:"the negative resolution also has this, but the freedom, blank and bare, is as if tongue-tied, hard to express"("……负面的决定也有这一性质;但自由,空白而赤裸,就像是舌头被捆,难以作出表达")。

Emanuel Hirsch 的德译是作了延伸解读的:"dies hat der negative

Entschluß ebenfalls; aber wenn sie dergestalt leer und bloß ist, so ist die Freiheit gleichsam stumm, schwer auszusprechen"("……负面的决定同样也有此性质;但是由于这负面决定在这种情形之中是空白而赤裸的,因而自由就像是发不出声,难以作出表达")。

F. Prioret M.-H. Guignot 的法译是"et c'est le cas également de la décision négative; mais dans ce cas la liberté, sèche et nue, est comme muette, dure à exprimer"("……负面决定的情形也是如此;但在这种情形之中,自由,空白而赤裸地,就像是发不出声,难以作出表达")。

86. **牧师对相爱的人们说他们应当相爱**]指教堂婚礼仪式中牧师所说的话。

87. 根据编辑的建议,译者在这里稍作改写。原文直译是:"正如感觉到恋爱的窃窃私语,这一婚礼的宝贵见证,能够取悦感官,在同样的程度上,那句鲁莽的话说出'你应当爱她',也是同样地受欢迎的。"

88. **大胆犯险**] 谚语"大胆犯险就赢了一半"的前半句,曾被海贝尔(J. L. Heiberg)用作青春剧的剧名。

89. **一个想要把事情弄得甚好的全能者**]指向《创世记》第 1 章,在创世六天之后,"神看着一切所造的都甚好"。

90. **普罗米修斯,他被锁链困住**]指向希腊神话中的英雄普罗米修斯,他为人类从诸神那里盗火,受到惩罚被锁在高加索山的悬崖上,鹰每天来啄食他的肝脏。

91. **既被签又被联签**]这两个词的意义无法被确定地给出,但它们涉及到银行中的程序,比如说,在有价值的债券上必须有多个有着不同职责的银行工作人员的签名。

92. "括号里的这种人",也就是说,"那与'那现世的'负面地发生关系的人"。

93. **这决定都像是一张遭到拒付的无效支票**]原文直译是:这决定都被抗议。这"抗议"是一个信贷概念,是指"宣告一张支票为空头支票"。

94. **在哀哭中,也许还咬牙切齿……没有婚礼服,那么他就被驱逐出去**]在《马太福音》(第 22 章)中,耶稣讲了一个比喻:"天国好比一个王,为他儿子摆设娶亲的筵席。就打发仆人去请那些被召的人来赴席。他们却不肯来。王又打发别的仆人说:'你们告诉那被召的人,我的筵席已经预备好了,牛和肥畜已经宰了,各样都齐备。请你们来赴席。'那些人不理就走了。一个到自己田里去。一个作买卖去。其余的拿住仆人,凌辱他们,把他们杀了。王就大怒,发兵除灭那些凶手,烧毁他们的城。于是对仆人说:‘喜筵已经齐备,只是所召的人不配。所以你们要往岔路口上去,凡遇见的,都召来赴席。’那些仆人就出去到大路上,凡遇见的,不论善恶都召聚了来。筵席上坐满了客。王进来观看宾客,见那里有一个没有穿礼服的。就对他说:‘朋友,你到这里来,怎么不穿礼服呢?’那人无言可答。于是王对使唤的人说:‘捆起他的手脚来,把他丢在外边的黑暗里。在那里必要哀哭切齿了。’因为被召的人多,选上的人少。”

95. **银河(奶水之路)就是因朱诺的奶水而得名**]根据希腊神话,银河(按西方语言直译的话是“奶路”)是如此出现的:底比斯国王安菲特律翁之妻阿尔克墨涅遭化身为安菲特律翁的宙斯诱奸,生下赫拉克勒斯。出于她对宙斯之妻赫拉的畏惧,她把孩子遗弃在荒野中,之后赫拉(在罗马神话中的名字是朱诺)不知情地给他喂奶。神圣的奶水使得他不朽(并因此也得到赫拉克勒斯——“赫拉的荣耀”这个名字)。而赫拉克勒斯在猛吸奶水的时候咬痛了赫拉,她把他拉开,有几滴奶水洒出来落在天穹之上,就成了天上的银河。

参见 P. F. A. Nitsch, *Neues mythologisches Wörterbuch*, 2. udg. ved F. G. Klopfer, bd. 1-2, Leipzig og Sorau 1821 [1793], ktl. 1944-1945; bd. 1, s. 814。

96. 就是说:以“同情”筑起的篱笆。
97. 就是说:“同情”关怀着这果实。
98. **看见一个妻子像……树一样地长满绿叶,……开花并结出……果实**]指向《诗篇》(128:3):“你妻子在你的内室,好像多结果子的葡萄树。你儿女围绕你的桌子,好像橄榄栽子。”以及(1:3):“他要像一棵树栽在溪水旁,按时候结果子,叶子也不枯干。凡他所作的,尽都顺利。”
99. **就让他去照顾病人……让他去看顾监狱中的人**]指向《马太福音》(25:35-36),在之中耶稣预说出他将在天国中对他所选出进入永生的那些义人说的话:“因为我饿了,你们给我吃。渴了,你们给我喝。我作客旅,你们留我住。我赤身露体,你们给我穿。我病了,你们看顾我。我在监里,你们来看我。”
100. 在丹麦文原文中这里是逗号,Hong 的英译是破折号,Emanuel Hirsch 的德译是冒号,F.Prior et M.-H. Guignot 的法译是逗号。译者觉得用分号比较合适。
101. **他没有弄掉他的酬报**]在《马太福音》(6:2;6:5;6:16)有相反的表述(“他

们已经得了他们的赏赐”)。

102. **在神圣的疯狂之中**]指向柏拉图的对话录《斐德罗篇》,之中对这一概念以及它的不同形态(先知的热情、宗教的狂喜、诗歌的灵感和爱欲的疯狂)有着很长的论述(244a－245b;256;265b)。

103. **无用的仆人**]见《马太福音》(第25章)之中耶稣的比喻。那个从主人那里拿到钱之后不是通过这些钱去获得利息而是将之埋在土里的仆人被称作是“无用的仆人”;他被“丢在外面的黑暗里”。也参看《路加福音》(17:10)。

104. **poscimur**]拉丁语:“我们被要求”,职责召唤。对这个拉丁语词的使用可以回溯到贺拉斯的 *Carminum liber I* 之中开头的句子。

105. 这一句直译就是“真正理想化的决定必定在同样程度上是具体的,就像它是抽象的”。

106. **那张量出迦太基范围的皮**]根据罗马神话,腓尼基的狄多在她从泰尔到利比亚的逃亡途中,从突尼斯湾登陆,向柏柏人部落首领马西塔尼求买一张牛皮之地栖身,得到应允;于是她便把一张牛皮切成一根根细条,然后把细牛皮条连在一起,在紧靠海边的山丘上围起一块地皮,建起了迦太基城。

参见 Vergils, *Æneide*, 1. bog, v. 365－369 (*Virgils Æneide*, bd. 1, s. 25)。

107. **甚至连上帝本身都不至于如此忌邪**]上帝是忌邪(译成中文这个词在不用于描述上帝的时候被译作“嫉妒”)的,甚至上帝都不至于忌邪(嫉妒)到如此程度。指向《出埃及记》(20:5):“不可跪拜那些像,也不可事奉它,因为我耶和华你的神是忌邪的神。恨我的,我必追讨他的罪,自父及子,直到三四代。”

丹麦文是“Gud selv er ikke saa nidkjær.”Hong 的英译“God himself is not as jealous”。Emanuel Hirsch 的德译是“so ‘eifrig’ ist noch nicht einmal Gott”。F.Prioret M.-H. Guignot 的法译是“Dieu lui-même n'est pas aussi jaloux”。

108. “不一致”,也就是说,自身中的各个部分有相互矛盾的地方,比如说,一句话的前后有矛盾,那么这句话就有着逻辑上的不一致。

109. 或者说:在决定之中他们决定想要相互是对方的一切。

110. **……费加罗对伯爵夫人说……她是唯一的一个这样的女士**]在莫扎特

的歌剧《费加罗的婚礼》(*Le nozze di Figaro*,1786 年)(文字由 Lorenzo da Ponte 根据博马舍的一个剧本改编)第二幕第二场中,理发师费加罗为了分散伯爵的注意力(因为伯爵想要追求费加罗的未婚妻苏珊娜),就写了一张匿名字条给伯爵说有人试图要和伯爵夫人约定幽会。在事后费加罗向伯爵夫人坦白了自己的诡计,他发誓说,他之所以敢这样写,是因为他能够肯定,事情不是这样的。

111. 作者在这里是用语法中的各种概念来做比喻。印欧语系的词有着各种变型,在词性上有阴阳中性(现代英语没有性,现代北欧语则有通性中性),在词数上有单数复数,在词格上有主格、所有格、与格、宾格等等。

112. **或者想象他在波浪汹涌的大海上跳舞,或者想象他跳过峡谷**]指向谚语“这里是罗德岛,就在这里跳吧。”

113. **义务之剑每天都在他的头上悬舞**]指向关于达摩克利斯(公元前 300 年)的传说。

达摩克利斯是意大利叙拉古的僭主狄奥尼修斯二世的朝臣,他赞美狄奥尼修斯说他是世上最幸运的人。狄奥尼修斯决定让他尝试一下这种幸福,在晚上为他设出宴席,让他在珍贵的餐桌上尽享美食和俊男,但与此同时在他座位上方挂着一把以一根马鬃悬起的利剑,这剑就在他的头上悬舞着。

西塞罗在 *Tusculanae disputationes*(第五卷第 21 章 61 – 62)中讲述了这个故事。

114. **时间之充实**]见《加拉太书》(4:4):“及至时候满足,神就差遣他的儿子,为女人所生,且生在律法以下。”也参看《哲学碎片》和《恐惧的概念》中相关章节。“时间之充实”(Tidens Fylde)对克尔凯郭尔是一个重要概念。“到了在上帝根据自己的拯救计划想要的那个时候”。参看:《以弗所书》(1:10):“要照所安排的,在日期满足的时候,使天上地上一切所有的,都在基督里同归于一。”

115. **像俄耳甫斯那样地把恋爱带进白天**]指向希腊神话中关于歌手俄耳甫斯的故事。他得到冥王的许可把自己死去的妻子欧律狄刻带回人世,条件是在两人尚未进入人世之前两人的目光不能相遇。但他的爱使得他急不可耐而回头看她,于是永远地失去了她。

116. **明了化(Forklaring)**]这里的丹麦语 Forklaring 有双重意义:一是意味了“解释,说明”,一是意味了“变形,变貌(比如说耶稣的变容:耶稣在山上的时候从身上突然发出光芒);进入理想形态,美化,理想化”。我将之译作“明了化”可以算是一种试图覆盖这双重意义的尝试。

117. **婚姻是神圣的并且得到了上帝的祝福**]见前面的关于“**尽管有这说法是上帝设立了婚姻**”的注释。

118. **听上去就像仙女们的声音出自夏夜的洞窟**]参看《酒中真言》中对这句诗的注释。

119. 直译是“它也知道怎样使用大量”。

120. 这“永恒”是“现世”的对立。

121. **总是同样的东西并且是关于同样的东西**]指向柏拉图对话录《高尔吉亚篇》490e。卡利克勒说:苏格拉底,你怎么老是在说同样的事情。苏格拉底回答说:这些事情不仅仅是同样的事情,而且也是关于同样的事情。

122. **你永远也不要再去你曾到过的地方**]在沃尔夫(P.A. Wolff)的抒情剧《普莱希鸥萨》(*Preciosa*)第二幕中,吉卜赛女首领维亚尔达说:“如果你到过一个地方/那么你就再也不应当去那里。”1822－1845 年间该剧在皇家剧院演出过 74 次,由玻耶(C.J. Boye)翻译(Kbh.1822 年),配乐是魏碑尔(C.M. v. Weber),是皇家剧院最受欢迎的剧目之一。

123. **智者高尔吉亚……受骗者比不受骗更智慧**]见前面的关于“受骗者比不受骗更智慧”的注释。

124. **因纯粹的理智而赤身裸体半疯狂地从家里跑出来**]指向古希腊数学家和物理学家阿基米德(Arkimedes,约公元前 287－前 212 年)的轶事。他在浴盆之中洗澡,在洗到一半的时候,他发现了阿基米德定律(“浸在液体或气体里的物体受到竖直向上的浮力作用,浮力的大小等于被该物体排开的液体的重力”)。因为这一发现所带来的兴奋,他赤身裸体地跑到街上喊“我发现了”。

参见 Vitruvius,*De architectura*, 9. ,praefatio,10。

125. **犹大之吻**]根据《马太福音》(26:47－50),犹大通过给耶稣的一个吻来向全副武装的敌人指示出耶稣。

126. **一个早熟的聪明小孩错过了灵魂中的一个环节而马上以反思来开始自己的生活**]参看年轻人在《酒中真言》中的讲演。

127. **那对反思的许多说法、对之的崇拜**]在黑格尔和他的学生们那里,反思标示了精神的辩证自我发展之中的第二个环节,它否定或者扬弃直接性。在第三个环节，调和或者综合，我们达到一种新的直接性，而这新的直接性却又唤出一种反思，如此递进，直到辩证过程终结于绝对知识，在绝对知识之中，主观与客观、认识与对象之间的差异被取消了。在这里所指向的是一种不与自身对立面调和而不断地指向其自身的反思；被黑格尔称作是“坏的无限”的现象。

128. 这里作者又在调侃黑格尔的辩证法，这里的“进去”亦即“出来”：想要去想“那爱欲的”，将自己想象进它，也就是说，想象自己出离它。

129. **那个唯一失去了自己天鹅外衣的仙女**］指向亨利克·赫尔兹（Henrik Hertz）的浪漫戏剧《天鹅外皮》（哥本哈根，1841 年）中的主人公海莲娜。但她不是仙女，而是希腊七公主之一。七个公主穿着有魔力的天鹅外皮飞到丹麦。年轻的公爵沃尔梅尔看见她们七姐妹在艾斯罗姆湖里游泳，就藏起了海莲娜的天鹅外皮，因此使得她无法飞回家。在 1841 年 6 月 24 日到 1844 年 12 月 18 日之间在皇家剧院上演了 5 次。

130. **隐藏起自己的赤裸**］见《创世记》第 3 章之中关于罪的堕落的故事：上帝呼唤男人，男人回答说：“我在园中听见你的声音，我就害怕。因为我赤身露体，我便藏了。”

131. **一个多少有点被现代化了的希腊范畴**］指向希腊斯多葛主义的哲学家克律西波斯（大约公元前 280 -前 207 年）所说的一句话。克尔凯郭尔在他的手稿《非此即彼》第二卷的“那审美的和那伦理的两者在人格修养中的平衡”的分部扉页中加上了：“‘选择自己’不是什么幸福论，我们很容易看出这一点。很奇怪，克律西波斯就已经在试图要以这样的一种方式来把幸福论提高为至高目标：他展示出，一切事物之中的根本驱动力是将自己维持在本原的状态，如果成功，至福就出现。”参看腾纳曼：《哲学史》，第四卷，第 318 - 319 页。

132. 这里的“选择”在原文之中是动词不定式，因此译者加上双引号。

133. **我把神的物归给神**］指向《马太福音》（22:21），之中耶稣对法利赛人问他关于给凯撒缴税的问题的回答：“耶稣说：‘这样，该撒的物当归给该撒，神的物当归给神。’”

134. 女打扮师（Pyntekone），在从前欧洲有这样的职业，一般是少女从事这工作：帮人设计应当在某个特定场合穿什么样的衣服。

135. 奇迹，也就是说，那“我们应当有勇气和心肠去相信”的“那奇妙非凡的东西”。

136. 厄若斯(Eros)作为名字是爱神的名字,但是作为概念名称,则是“爱欲”。

137. **如果一个人见了上帝,那么他就必定死去**]参看《出埃及记》(33:20)上帝对摩西说:“你不能看见我的面,因为人见我的面不能存活。”也参看《士师记》(13:22):“玛挪亚对他的妻说:‘我们必要死,因为看见了神。’”

138. **反思之忧伤骑士**]指向塞万提斯的小说《堂吉诃德》的主人公堂吉诃德,他被称作是“忧伤形象之骑士”。

139. **上帝从乌有之中创造**]从二世纪起越来越广为流传的关于《创世记》第1章的基督教解读认为上帝是从乌有之中创造的。比如说可参看《巴勒的教学书》第二章“论上帝的作为”第一节第一小节:“上帝从一开始从乌有之中创造出了天和地,仅仅只凭自己全能的力量,为了所有他的有生命的受造物的益用和喜悦。”

140. **虚空,虚空**]指向《传道书》(1:2):“传道者说,虚空的虚空,虚空的虚空。凡事都是虚空。”也许也指向《传道书》(11:10):“因为一生的开端,和幼年之时,都是虚空的。”

141. **这是一个奇迹:一个孩子出生了**]指向《以赛亚书》(9:5)之中关于耶稣诞生的预言:“因为有一婴孩为我们而生,有一子赐给我们。政权必担在他的肩头上。”

这句的丹麦语原文是:“...hvo takker ikke i Glæde over Tilværelsen, ikke som var Barnet et Vidunder af Barn (Forfængelighed,Forfængelighed), men det er et Vidunder,at et Barn er født.”(如果直译的话就是“谁会不在生存的喜悦之中感恩,并非仿佛这孩子是一个神童(虚空,虚空),但一个孩子出生了,这是一个奇迹。”)其中有模棱两可的地方。Hong的英译保持的这种模棱两可(“Who is not grateful out of joy over life,not as if the child were a wonder child (vanity,vanity),but it is a wonder that a child is born”)。F. Prioret M.-H. Guignot的法译则给出了一个明确的解读(“qui ne se sent pas reconnaissant de la joie de vivre,non pas parce que l'enfant est un prodige d'enfant,(vanité,oh vanité !),mais parce que c'est un prodige qu'un enfant soit né”),本书译者接受了法译本的解读:“不是因为……而是因为……”

142. **像泰勒斯那样地说:出于对孩子的爱,他不想要孩子**]根据第欧根尼·拉尔修的《哲学史》,第一卷第一章第二十六节,自然哲学家,米利都的泰勒斯(公元前 640 -前 546 年)曾说过,因为他对孩子们的爱,他不愿做父亲。

143. **一种通过反思而得到的直接性**]见前面关于"那对反思的许多说法、对之的崇拜"的注释。

144. **甚至一个诱惑者也不缺乏想要参与这赞美的厚脸皮**]指向诱惑者约翰纳斯在《酒中真言》中的讲演。

145. 丹麦风俗,如果一个人三十岁仍是单身的话,人们就会把胡椒瓶(罐)作为生日礼物送给他。参见前面的注释。

146. **那些在神殿的院子里坐着兑换银钱的人们**]参看《马太福音》(21:12-13):"耶稣进了神的殿,赶出殿里一切作买卖的人,推倒兑换银钱之人的桌子,和卖鸽子之人的凳子。对他们说:'经上记着说,我的殿必称为祷告的殿。'你们倒使他成为贼窝了。"

147. **眼中的箭**]这一表述指向希腊神话中爱神厄若斯(拉丁语是埃莫),按后古典主义的说法是用来引发出恋爱的箭。如果一个人被金箭击中,意味了幸福的爱情;如果他被铅箭击中,这就意味了不幸的爱情。参看 W. Vollmer,*Vollständiges Wörterbuch der Mythologie aller Nationen*, s. 191。

在保罗·马丁·缪勒的诗歌《四月歌谣》(1819 年)之中有这样的诗句:"美惠的小女孩们/红,白蓝,/到处发送她们的箭一样的目光。"

148. **Hen. Cornel. Agrippa ab Nettesheim**] Heinrich Cornelius Agrippa von Nettesheim 的拉丁语形式。阿格里帕·冯·内特斯海姆(1486-1535 年),德国哲学家和神学家;一个有争议并且充满神话的形象,他作为士兵、医生和教师在欧洲到处旅行。他的命运多变,有时候他是在王公们的手下做事,有时候被关进狱中或者被作为异端通缉。在他的首要著作《关于秘密的哲学》(*De occulta philosophia*,1533 年)中,他试图把各种精神潮流,诸如新柏拉图主义、赫耳墨斯主义和卡巴拉主义结合起来。他把魔法看成是一种与物理、数学和神学一样的科学。在其文章《论科学和艺术的不确定和空虚》(*De incertitudine et vanitate scientiarum atque artium declamatio*,1526 年)中,他拒绝沿着知性的道路获得知识的可能性;他认为,只有"个人的上帝关系"导向真相。在克尔凯郭尔的藏书里有他上面提及的这篇文章,出版于 1622 年,和下面提及的文章收在同一本书中。

"个人的上帝关系(det personlige gudsforhold)"也就是说"一个人亲身体验的与上帝的关系"。

149. **de nobilitate et præcellentia foeminei sexus ... libellus**]拉丁语:一本关于女性的高贵和出色以及其优越于男性的长处的小册。此书 1529 年出版于安特卫普,克尔凯郭尔的藏书有此书。

译者不懂拉丁语,所以无法自己翻译出拉丁语书名。以上书名根据哥本哈根大学索伦·克尔凯郭尔中心的注释中的丹麦文翻译转译的。Hong 的英译"On the Nobility and Excellence of the Female Sex, and the Superiority of the Same over the Male Sex"(论女性的高贵和出色以及其优越于男性的长处)。Emanuel Hirsch 的德译是"Büchlein von Adel und Auszeichnung des weiblichen Geschlechts, sowie von seinem Vorzug dem männlichen gegenüber"(一本关于女性的高贵和出色以及其相对于男性的长处的小册)。F.Prioret M.-H. Guignot 的法译是"De la noblesse et de la qualité du sexe féminin et de sa supériorité sur le sexe masculin"(论女性的高贵和优质以及其相对于男性的优越)。

150. **这本书终结处的诗句**]这附加在书中的诗歌是印在书的开始处,有可能是 L. Beliaquetus 写的。但是我们无法从别处对这个作者进行了解,有可能这作者是阿格里帕·冯·内特斯海姆的笔名。这首诗的标题是"De foeminei sexus praecellentia"(论女性之出色),内容为"Desine vaniloquax sexum laudare virilem/Plus aequo, laudum ne sit aceruus iners/Desine (si sapias) sexum damnare malignis/Foemineum verbis, quae ratione carent./Si bene lance tua sexum perpendis vtrumque/Foemineo cedet quisquis virilis erit/Credere si dubites, et res tibi dura videtur/Haud alias visus nunc mihi testis adest/Quem nuper vigilans extruxit Agrippa libellum/Ante viros laudans formineumque genus"(让我们停止一切对男人的浮夸的赞美,这样我们就能够得免于一大堆空洞的陈词滥调。如果你本来是聪明的,你就停下你关于女性的责难性的和恶毒的痴愚说法。因为你友善地把两种性别置于你的秤中并且难以相信这是可能的,就是说,每一个男人都必须为女人让出地方,这事情仍然让你觉得很麻烦,于是我就在这里引出一个完全陌生的见证,亦即阿格里帕最近所写的那本书,他赞美女性而非男性)。

151. 亦即,前面所说到的"对恋爱和婚姻的幸福的完全而绝对的确定"。

152. **在五月二十八日协会**]丹麦军官和后来的政治家车尔宁(A. F. Tscherning)在1831年计划以这个名字组构一个协会。这个协会根据一项法令的日期来命名——弗雷德里克六世通过这项法令答应了要施行各种咨询性的社会各等级的议会制度(这是人民统治的最初萌芽)。这个协会的成立目的是:为协会成员处理公共事务的实践创造可能性。然而丹麦的总理府在1831年10月份禁止组构有着这样的目的的协会,人们只能够在第二年五月二十八日在哥本哈根的一个射击场开庆祝会。第一次庆典是在1832年。海贝尔(J. L. Heiberg)在一篇题为"给村庄牧师的信"中讽刺调侃了这些庆典上人们的侃侃而谈。

153. **"用打火石来做肥皂"**]这是在调侃当时普遍流行的"发明精神",这种"发明精神"曾引发出各种各样古怪的项目。比如说,在1840年代,一个德国人想要用土豆来酿制啤酒;在1844年,有人用橡子来作为咖啡的替代品,等等,无奇不有。

154. "更可靠更有经济实力",原文直译是"更佳"(bedre)。

155. **现在我洗干净我的手了**]指向《马太福音》(27:24):"彼拉多见说也无济于事,反要生乱,就拿水在众人面前洗手,说:'流这义人的血,罪不在我,你们承当吧!'"

156. **在那本小书中,这被作为一种证明的依据:在希伯来语中女人叫夏娃(生命)、男人叫亚当(土地)**]

阿格里帕的《一本关于女性的高贵和出色以及其优越于男性的长处的小册》,第50页:"mulier tanto viro excellentior facta est, quanto excellentius prae illo nomen accepit: nam Adam terra sonat, Eua autem vita interpretatur. At vita ipsa quam terra est excellentior, tam viro ipso mulier est praeferenda"(在被创造的时候女人就已经如此优越于男人,这一优越体现在她的名字之中。因为亚当意味了土地,而夏娃这个名字则被翻译成生命。既然生命本身比土地更重要,这样,我们就不得不赋予女人比男人更大的意味)。阿格里帕继续强调:这不是一个无足轻重的论证,既然那既创造了万物又为万物命名的神必定是在无差错之中选择了各种表达着事物本性及正确使用法的名字。

157. **如果一个女人落水,她在水上游泳**]阿格里帕的《一本关于女性的高贵和出色以及其优越于男性的长处的小册》。*Antonioli*,第50页:"Praeterea si contingat mulierem cum viro pariter in aquis pereclitari,

omni externo adjutorio semoto, mulier diutius supernatat, viro citius subsidente fundumque petente”(另外,有时候还有这样的事情发生,一个女人和一个男人一起在水上遇到生命危险,没有人能够来帮助他们,这时,女人就能够保持让自己在水上漂很久,而男人则很快地向下沉到底)。这里,阿格里帕是在自己的论证的结尾处。他论述了,女人是更高的生命物,因为她是在乐园之中被造出来的,而亚当则是在原野里和野兽们一同被造的。这是一种特别的恩典,就仿佛这女人被造的高贵的地点融化进了她的天性的一个部分;因此,与男人相反,她不会晕眩,因此她能够在水面上待更久。

158. **有助于帮我们解释“中世纪有如此多女巫被烧”的事实**]与民间的想象有所不同,在中世纪欧洲并没有发生很多猎巫审判事件。真正的猎巫审判高潮是从十六世纪开始并且在文化复兴的时候达到顶峰,主要是在1575-1675年期间。在那些不合格的法庭参与的审判之中,嫌疑人常常被置于一种或者多种“巫术考验”中。其中最常见的一种就是水中的考验:嫌疑人被脱光,并且她的手和脚都被绑在十字架上,并且右手被与左脚大拇趾绑在一起。她在这种状态中被扔进水中,腰上绑一根绳子,因为人们认为水不会接受有罪的人。因此,如果她沉到水底,那么她就被认为无罪;而如果她漂起,那么她就被烧死。

另外,阿格里帕是第一个为那些被指控为巫师的人们做辩护的人;他在为人辩护方面是如此成功,以至于他自己不得不在1519年逃离麦茨城。

159. **安提戈涅**]指向希腊悲剧作家索福克勒斯(Sofokles,约公元前496-前406年)的悲剧《安提戈涅》。安提戈涅(Antigone)是俄狄浦斯与其母约卡斯塔乱伦结合后生下的女儿。她的兄长波吕尼刻斯攻打忒拜失败,与自己的孪生兄弟厄特俄克勒斯互相残杀身亡。安提戈涅为了自己对兄长的神圣责任而与国家的律法对抗,不顾舅父克利翁的反对而为兄长的遗体举行了埋葬仪式。这里有着这种来自希腊神话的深化暗示:英雄的毁灭首先是作为家族的辜招致的后果。

160. 丹麦文为:en æsthetisk Phantasi-Anskuelse af det Skjønne。

161. “我知道,在任何时候,在任何情况下,我都能够去她那里寻找安慰和帮助,她这颗心从不曾中止过为我而搏动”,这一句,我参照了Emanuel Hirsch的德文版中的“改写翻译”,直译的话,应当是“我知道,在任何时候，在任何情况下，只要我有求于她，那么她的这颗心就没有中止过为我而搏动”。

162. **患有致死疾病的人**］见《约翰福音》(11:4)，耶稣说：“这病不至于死，乃是为神的荣耀，叫神的儿子因此得荣耀。”

163. **自然科学家教导说，母亲的乳汁对于那有致死疾病的人来说是有着拯救性作用的**］这里指向阿格里帕《关于女性的高贵……》。见前面的注释。(“出于同样的理由，自然赋予了女人一种奶汁，它是如此营养丰富，以至于它不仅仅滋养婴儿，并且也使得病者重获力量，甚至还能够维持成年人的内在生命力。”)

Agrippa, *De nobilitate* etc.. *Antonioli*, s. 61: “Eademque de causa natura mulieribus tanti vigoris lac contulit, quod non solum infantes nutriat, verum etiam et aegros restaurat, et adultis quibusque ad vitae columen sufficiat.”

164. **那垂死的斗士**］指向一尊希腊雕像，早先被称作是“垂死的斗士”，因为人们认为这雕塑是在表现一个罗马角斗士。后来，在1821年，人们认定了这是一个高卢武士，于是这雕塑被改称为“垂死的高卢人”。这雕塑是一尊按照帕加马的希腊青铜雕塑(约公元前240-前220年)复制出的罗马大理石雕塑(差不多是在1622年在罗马的萨卢斯特花园被发现的，现存于卡比托利欧博物馆)。

165. **“精神销蚀”的辛劳恶苦**］指向《传道书》(1:13-14)：“我专心用智慧寻求查究天下所作的一切事，乃知神叫世人所经练的，是极重的劳苦。我见日光之下所作的一切事，都是虚空，都是捕风。”

166. 这句的丹麦文是：“og hvilken Fornærmelse i et lidenskabeligt Øiebliks Blussen at ville takke for en saadan Kjærlighed”。Hong的英译是“and what an insult to want to give thanks for a love like that in the emotional blaze of the moment”，其中的“like that”是丹麦文“saadan(如此的/这样的)”的英译，所以英文版读者不应当将之理解为“如果想感谢像在激情瞬间之炽烈中那样的爱的话，那会是一种怎样的侮辱啊”。

167. **那个诚实的簿记**］典故来源不详。

168. “轻率的青春女性过于急切地得出这样的结论(根本就不会想到这种做法是一种绝望)”，直译的话是“一种轻率的女性青春过于急切地做出这样的领会(却不去想：这是一种绝望)”。

169. 对克尔凯郭尔的脚注的注释：

[a] **尼尔森女士**]安娜·尼尔森(1803－1856年)从1821年起是皇家剧院演员。她在皇家剧院演了欧伦施莱格尔戏剧中的30多个不同的女性角色。另外,她还演了海贝尔的《精灵山》中的伊丽莎白,亨利克·赫尔兹《斯文德·迪尔令的家》中的赫尔维希夫人,莎士比亚《麦克白》中的麦克白夫人,席勒《玛丽亚·斯图亚特》中的主角,莫扎特《唐璜》中的多娜·爱尔薇拉,斯可里布《白女士》中的安娜等等。她特别擅长的是演出妻子和母亲的角色,她是金头发的北欧型,不同于黑发的犹太裔首席女演员约翰娜·路易丝·海贝尔,并且她也是唯一能够在当时的剧院与海贝尔夫人竞争的女人。并且在舞台之外,作为年轻有天赋的艺术家们的聚集点的尼尔森家也构成对保守剧院院长海贝尔家的竞争。安娜·尼尔森被称作"女士",因为她是一个演员,但不是有头衔身份者。而约翰娜·路易丝·海贝尔有"夫人"头衔,则是因为她与一个教授结婚。

[b] **杂耍剧**]这是受到德国的影响并且从名字(杂耍剧:vaudeville)上看也受到巴黎的戏剧生活的影响的剧种。海贝尔在1825年把杂耍剧引入皇家剧院。海贝尔是在他1819－1822年在巴黎的居留期间了解到这一戏剧体裁的。这体裁是一种市民性的阴谋喜剧,把歌曲曲目放置于轻松的、常常是人们在事前就知道情节的喜剧之中;人物是一些反英雄而滑稽古怪的人;冲突的元素带有演出地的本地色彩,总带有一串最终得到解决的爱情麻烦问题。海贝尔翻译和加工了许多杂耍剧,他自己一共写了九部,大多数是在1825－1827年,之后出了一部对这体裁的优越性的批评性阐述《论杂耍剧,作为喜剧性的创作类型,以及论它在丹麦舞台上的意义》。这一轻松的体裁在丹麦受到无与伦比的欢迎并使得海贝尔的名字作为丹麦主要剧作家而固定下来。海贝尔最重要的杂耍剧有《所罗门王和约尔根·哈特美尔》(1825年)、《四月愚人们》(1826年)、《评论家与动物》(1826年)、《罗森堡花园里的童话》(1827年)和《不》(1836年)。

[c] **胜利扛拉者**]在庆祝胜利时扛拉着一个人的人们。一群人拉着一个被崇拜的人的马车(把马解开,自己代替马拉)穿过大街小巷,这是一种特殊的欢庆方式。约翰娜·路易丝·海贝尔1842年11月17日演完了欧伦施莱格尔的悲剧《蒂娜》(演女主角蒂娜)之后,就被从皇家剧院

扛拉到布莱德街的家里。在这之前,只有弗雷德里克六世和雕塑家贝尔特尔·托尔瓦尔德森曾获此殊荣。

[d] **右手不会马上在当场的鼓掌中跑进左手**]贺拉斯有对于剧场观众情不自禁莫明其妙要鼓掌的愿望的批判表述:“concurrit dextera laevae.”Horats,*Epistolarum liber II*.

参见 *Q. Horatii Flaccio pera*,s. 264.

[e] **“那美的”在真之中**]暗示“那美的——那善的——那真的”的公式,可以回溯到古希腊的 kalokagathía(美和善)概念。这概念对于希腊人来说是在灵魂中美(高贵)和善(正直)的人的品格。在魏玛古典主义中,歌德和席勒重启这一概念,在丹麦的黄金时代,“那美的——那善的——那真的”的公式成了唯心主义世界观的一种力量源泉。人们认为这三者在最终是一体的,因此在艺术、宗教和科学之间也就没有什么对立。

170. **她就像在法版之上的天使**]据《出埃及记》(25:18-21),要在法版之上安置两个以金子做成的基路伯。

171. **让我们在今天爱,因为明天一切都过去了**]指向《哥林多前书》(15:32):“若死人不复活,我们就吃吃喝喝吧。因为明天要死了。”

172. **在有价值者那里有价值地坐着**]呼应于《罗马书》(12:15):“与喜乐的人要同乐。与哀哭的人要同哭。”

173. **non sine cithara**]拉丁语:并非没有里拉琴。指向贺拉斯对阿波罗的赞诗的结尾词,第一卷(*Carminum liber I*)第 31,20。在这里诗人希望有一个“不缺乏里拉琴”(nec cithara carentem)的老年。

参见 *Q. Horatii Flaccio pera*,s. 33.

174. **死在自己的窝中**]暗指《约伯记》(29:18):“我必死在窝中。”按传统的说法,丹麦国王弗雷德里克三世在 1658 年 8 月瑞典军队包围哥本哈根时说过同样的话,因为他坚持要留在城里参加保卫战。

175. **一个不断地弄脏那滋养着自身的食物的怪物**]出自莎士比亚的悲剧《奥赛罗》的第三幕第三场。很明显,这一翻译是基于德语(由施莱格尔和蒂克翻译的)译文:“[ein] Scheusal, das besudelt/Die Speise, die es nährt”。

参见 *Shakspeare's dramatische Werke*,bd. 1-12,Berlin 1839-41,ktl. 1883-1888; bd. 12,1840,s. 63。

当时的丹麦文译本，如果翻译成汉语则是："这不断地噬食着自身的怪物"（P.F. Wulff, *William Shakspeare's Tragiske Værker*, bd. 7, 1819, s. 97）。

176. 对这句句子我可以作这样的改写：

我不觉得这之中有什么可责备的，相反我对一个丈夫作出这样的要求：他的灵魂以这样的方式表示出最后的敬意，对她的：她曾令他蒙羞，而这敬意是对她的敬意；他也承认，她（如果我们想要这样说的话）对他有着足够重大的意义而能令他蒙羞，而这敬意是对她的敬意。

177. **一种地狱，它的寒冷杀死所有生命**］按照北欧神话，洛基的女儿赫尔（Hel）统治着地下的死亡之国，在极北之地，并且极冷。在这国度里的全都是死者，不过，按后来的传统都是一些病死老死的死者（而那些死于战争的战士则都去了瓦尔哈拉/Valhalla）。在赫尔的国度里的生活是悲惨而枯燥的。北欧语中的地狱（赫尔韦德/Helvede）这个词就是从赫尔的名字里衍生出来的。

参见 J.B. Møinichen, *Nordiske Folks Overtroe, Guder, Fabler og Helte*, s. 198。

178. **瓦尔哈拉的食物**］在北欧的神话中，死去的武士们在瓦尔哈拉——死亡大厅为奥丁所接受，然后作为瓦尔哈拉的居民艾恩赫尔耶尔继续生活下去。他们每天都相互搏斗、死亡、然后再复活，到夜晚喝由奥丁的婢女瓦尔基里们所斟的蜂蜜酒。他们所吃的食物是沙赫利姆尼尔的肉。在北欧神话中，沙赫利姆尼尔是一只每天上午被切割肉而下午完全恢复的神猪。专门供应给瓦尔哈拉的武士英灵们食用。负责烹煮的是神的厨师安德赫利姆尼尔（Andhrimnir）。

参见 J.B. Møinichen, *Nordiske Folks Overtroe, Guder, Fabler og Helte*, s. 456f。

179. **不单靠食物，也靠**］指向《申命记》(8:3)："他苦炼你，任你饥饿，将你和你列祖所不认识的吗哪赐给你吃，使你知道，人活着不是单靠食物，乃是靠耶和华口里所出的一切话。"也参看《马太福音》(4:4)。

180. **panis et circenses**］拉丁语：面包和戏。出自罗马讽刺作家尤维纳利斯的《十部讽刺剧》第 81 行。尤维纳利斯认为罗马人民从前把独裁统治权、军队和荣誉赋予随便什么人，现在可以无忧无虑而只想要两样东西：面包和戏。

参见 *Decimi Junii Juvenalis Satirae/Die Satiren des Decimus Junius Juvenalis in einer erklärenden Übersetzung* [af F.G. Findeisen], Berlin og Leipzig 1777, ktl. 1249-1250, s. 374。

181. **一个深刻的智者**]在学校教育的问题上，德国哲学家哈曼(J.G. Hamann)写道："Kindern zu antworten ist in der That ein Examen rigorosum; auch Kinder durch Fragen auszuholen und zu witzigen ist ein Meisterstück, weil eben Unwissenheit der große Sophist bleibt, der so viele Narren zu starken Geistern krönt"[回答孩子的问题确实是一场 examen rigorosum(严苛的考试)；盘问孩子并且使他们通过这问题而变得更聪明则是一种大手笔的作品，因为无知恰恰是并且继续会是最大的诡辩家，它为如此多的愚人戴上精神的王冠]。出自 *Fünf Hirtenbriefe das Schuldrama betreffend* (1763)，第三封信。

参见 *Hamann's Schriften*, bd. 2, 1821, s. 424f。

182. **这一场景是发生在东街**]东街是高桥广场(Højbro Plads)到国王新场(Kongens Nytorv)这一段，是哥本哈根主街最上等的区域。在克尔凯郭尔的时代，这是上层社会公民们出没的地方，丹麦最初的商店和橱窗就首先是在这里出现的。对这一"母亲在东街没有因自己儿子的不当举止而陷于尴尬"的描述，以及后面关于"年轻母亲在教堂中"的事情，都是针对《酒中真言》里时装设计师的各种说法的回应。

183. **调查委员会**]哥本哈根的一个权力机关，成立于 1686 年，目的是侦探(而不是审判)各种发生在首都的特别盗窃和销赃案。1771 年，调查委员会被置于当时成立的哥本哈根宫廷与城市法院之下，这法院的法官之一是调查组的主席。调查委员会 1842 年 1 月 5 日被废除，由宫廷与城市法院的第二犯罪室取代。这个第二犯罪室在 1845 年 2 月 28 日被转换为哥本哈根犯罪和警察法院(7 月 1 日生效)。调查委员会在查审的时候可以动用酷刑，直到 1837 年 12 月 6 日年通过提案被取消。

184. 这一句的直译是："也许有很少的一些这样的冲突，在这些冲突之中甚至温柔的父母也比'在这一切都是一件微不足道的小事但这一微不足道的小事却将他们推进一种尴尬的处境的时候'更容易弄错。"

185. Tusindfryd 在丹麦语里的意思是"雏菊"，但在字面上是由"一千"和"欣悦"构成。一般的雏菊在欧洲大多数地方都有野生，在丹麦也有，几乎一年四季开花。但是与接下来的文字所说相反，这种花在夜里会关上。

186. **那种奇花因百年绽放一次而引人注目**］指向美洲的龙舌兰（拉丁语：Agave americana），生长得很缓慢，由粗糙、呈剑形、带刺边的叶子构成其基生莲座。它的花秆则在短短几个星期里长到十二米高。在其故乡墨西哥，龙舌兰一般 6－10 年开花，但是在丹麦的花房里则需要 40－60 年。1836 年，在哥本哈根有一株 60 年的龙舌兰开花，花秆有 6 米高，有 22 根枝干，上面有差不多 3000 朵花。

187. **教团的未达资格的成员**］就是说尚未达到成年成员年龄的成员。在出生时受洗决定了小孩子已经是教团成员，但是必须达到再受洗年龄并且得到了再受洗（接受坚信礼）之后，一个人才是达到资格的成员。这资格首先是指接受圣餐的资格。

188. **难道那聪明的童女就不比愚拙的童女更长久地保持警醒**］指向耶稣在《马太福音》（25：1－13）中的比喻："那时，天国好比十个童女，拿着灯，出去迎接新郎。其中有五个是愚拙的。五个是聪明的。愚拙的拿着灯，却不预备油。聪明的拿着灯，又预备油在器皿里。新郎迟延的时候，他们都打盹睡着了。半夜有人喊着说：'新郎来了，你们出来迎接他！'那些童女就都起来收拾灯。愚拙的对聪明的说：'请分点油给我们。因为我们的灯要灭了。'聪明的回答说：'恐怕不够你我用的。不如你们自己到卖油的那里去买吧！'他们去买的时候，新郎到了。那预备好了的，同他进去坐席。门就关了。其余的童女，随后也来了，说：'主啊，主啊，给我们开门！'他却回答说：'我实在告诉你们：我不认识你们。'所以你们要警醒，因为那日子，那时辰，你们不知道。"

189. **ein Gelegenheithascher ... Vortheil sich ihm darbietet**］德语：一个机会之狩猎者，其目光能够烙刻和伪造好处，虽然不会有任何真正的好处找上他。引自莎士比亚《奥赛罗》第二幕第一场的德语（由施莱格尔和蒂克翻译的）译文。但是在施莱格尔和蒂克的译文中所用的词是 Gelegenheits*s*hascher。这句话是伊阿古说凯西奥的。

190. **合其时宜的言辞**］指向《箴言》（15：23）："口善应对，自觉喜乐。话合其时，何等美好。"以及（25：11）："一句话说得合宜，就如金苹果在银网子里。"

191. 直译的话，这个句子就是"难道这是原野里的花朵的不完美、是所有上帝之作的不完美：在显微的观察之下，它变得越来越可爱、越来越精密、越来越精致？"

192. **苔丝狄蒙娜在说出自己“崇高的谎言”时是伟大的**]在莎士比亚悲剧《奥赛罗》第五幕第二场，苔丝狄蒙娜在死在丈夫的臂弯里时对上场的宫女艾米莉娅说自己不是被杀而是自杀。这说法可能也指向雅可比(F. H. Jacobi)在给费希特的一封信中的说法(*Jacobi an Fichte*，1799年)：“Ja, ich bin der Atheist und Gottlose, der, dem *Willen der Nichts will* zuwider-lügen will, wie *Desdemona* sterbend log”(德语：是的，我是无神论者，并且是这样一个不信神的人，针对“什么都不想要”的意志，愿意像苔丝狄蒙娜在死前撒谎一样地撒谎)。参见 *Friedrich Heinrich Jacobi's Werke*，bd. 3，1816，s. 37。

193. **女性是更弱的性别**]见前面《酒中真言》康斯坦丁所说。对这一说法的批判也是针对康斯坦丁的讲演。

这句俗语，渊源于《圣经》的许多段落，比如说在《彼得前书》(3:7)中：“你们作丈夫的，也要按情理和妻子同住。因他比你软弱，与你一同承受生命之恩的，所以要敬重他。”另外，在莎士比亚的《哈姆雷特》第一幕第二场中哈姆雷特的台词：“软弱，你的名字叫女人！”

194. **那捆绑芬利斯狼的链子是无形的**]根据北欧神话中的传说，洛基和女巨人安格尔波达生了三个孩子，也就是芬利斯狼、尘世巨蟒(或译“米德高巨蟠”)和赫尔。因为所有的预言都说狼会是招致诸神劫而使得诸神毁灭的原因，因此诸神就以一条叫作格莱普纳尔的牢固链子将芬利斯狼锁住。这格莱普纳尔链子是侏儒们用六种奇异的元素打造出来的：亦即它由猫行走的声音、女人的胡须、山的根、熊的腱、鱼的呼吸和鸟的唾沫合成的。当然，它不是无形的，但却柔软而有弹性，在所有绳索在诸神劫时全都断裂之前，它是不可能被弄断的。

参看 J.B. Møinichen，*Nordiske Folks Overtroe*，*Guder*，*Fabler og Helte*，*indtil Frode 7 Tider*，Kbh. 1800，ktl. 1947，s. 101。但是 Møinichen 不正确的地方是把“女人的胡须”弄成了“女人的尖叫”。

195. “如果有人低级地在事情失控时笑出来”按原文直译应当是“如果有人低级得在事情失控时笑出来”，就是说“如果有人足够低级，到了‘在事情失控时笑出来’的程度”。

196. **师范学校毕业生**]在“师范学校毕业生”这个名词被贬义地使用的时候，常常是被用来说一个半有学识却喜欢卖弄的人。

197. **受骗者比不受骗更智慧**]见前面的关于“受骗者比不受骗更智慧”的注

释。智者高尔吉亚……

198. **霍尔格·丹麦氏从一只铁手套里握出汗**]这里所说也许是指向这段神话:在赫尔辛约的克伦堡要塞下面,人们长时间地一直听见武器声响,但没有人敢去调查是怎么回事。于是人们对一个死刑犯说,如果他愿意走到地下通道里搞清楚那是怎么一回事,那么他就能够得到赦免。他最后找到了一个地下洞窟。霍尔格·丹麦氏和他的那些身穿铁衣的巨人们就在这洞窟里围着一张桌子头靠着叉起的手臂坐着。霍尔格站起来,这桌子就坏了,因为他的胡子长到了桌板下面。"伸出你的手",霍尔格对死刑犯说。但这死刑犯却不敢伸出手,他只是递出一根铁棍子。巨人霍尔格握住铁棍子,于是棍子上就有了手印。巨人放开棍子说:"现在我很高兴,因为在丹麦还有着一些男人!"

参见 J.M. Thiele,*Danske Folkesagn*, 1.-4. Samling,1818-23,bd. 1-2,Kbh. 1819-23,ktl. 1591-1592; bd. 1,s. 24f。

霍尔格·丹麦氏(Holger Danske)是丹麦的神话英雄。

199. **让·保罗**]见前面有过的注释:让·保罗(Jean Paul)是德国作家约翰·保罗·弗里德里希·里希特(Johann Paul Friedrich Richter,1763-1825年)的笔名……

200. **solchen Secanten, Cosecanten ... besonders das Centrum**]德语:对于这些正割余割正切余切来说,一切都显得是偏离中心的,尤其是中心。引自让·保罗的探险小说《少年气盛的年岁》(*Flegeljahre*,1804年)的第一部分第14章。正割余割正切余切和中心都是数学三角之中的基本概念。

201. **如果一些东西是由上帝配合在一起的,……那么,思想就也必须将它们放在一起思考**]指向婚礼仪式上的用语:"如果什么东西是由上帝组合在一起的,那么任何人都不应当将它们分开。"这一婚礼仪式立足于《马可福音》(10:9):"所以神配合的,人不可分开。"

202. 三十岁以上的单身汉。见前面注释。

203. 对括号中的这段,我可以作出以下简明的改写:

这里说"胡椒单身汉",因为,尽管一个人可能是在那所谓的"爱欲的事物"中饱受考验,甚至这个人可以是无赖,或者更普遍一些,他是个牛皮大王,但只要他还没有结婚,那么人们在日常语言之中就会把他称作"胡椒单身汉"。

204. **异教文化以柏拉图的方式把女人弄成一种不完美的形式**]柏拉图在对话录《蒂迈欧篇》中(42a－b)有这样的说法。见前面《酒中真言》的相关注释。

205. **我从来就不曾见到任何这样的杂烩被做成功**]这一各种视角的杂合恰恰就是前面《酒中真言》中康斯坦丁·康斯坦丁努斯的讲演的特征。

206. **那种反对女人的说法倒是会有极深的反讽色彩……“她是纯粹的幻觉”的同情,提出这说法**]参看前面《酒中真言》中维克多·艾莱米塔的讲演。

207. 这里,“反讽”是个名词。不是形容词“反讽的”。

208. 这里,“殷勤奉承”是个名词。不是形容词“殷勤的”。

209. **伦巴底人**]日耳曼人的一支,起源于斯堪的纳维亚,今瑞典南部。四世纪在多瑙河边建国,568年占据北部意大利,征服伦巴底,直到774年,最后的伦巴底国王被法兰克国王卡尔大帝打败。

210. **霍夫曼小说中的那个疯狂的校长……我的恩典的这小小标志**]指向德国浪漫主义作家霍夫曼(Ernst Theodor Amadäus Hoffmann,1776－1822年)。霍夫曼以他的幻想故事著名,但他同时也是乐手、作曲家、画家和司法部门公务员。这场景在他的短篇小说《三个朋友的生活中的片段》(Ein Fragment aus dem Leben dreier Freunde)中出现,而这个短篇则又是他的框架故事《萨拉皮昂兄弟》(Die Serapionsbrüder,1819－1821年)中的一部分。疯狂的书记(不是校长)内特尔曼将自己视作是安汶岛的国王,并且按照他自己的理解是被关了很久;但现在,他的将军打败了保加利亚人(不是伦巴底人),所以他,作为国王,就可以回到自己的国家。于是就有了游行,他在之中头戴金纸做的王冠,并且拿着一把一头有着一只镀金苹果的尺当作权杖。他从自己的内衣口袋里拿出一些丁香分发送给人们,并说:“Nehm er die Wenigkeit, als ein Zeichen meiner Gnade und Affektion!”(德语:请收下这小意思,作为我的恩典和关爱的标志)

参见 *E. T. A. Hoffmann's ausgewählte Schriften*, bd. 1－10, Berlin 1827-28, ktl. 1712-1716; bd. 1, s. 175。

211. 这里,“反讽”是个名词。这里是拟人化地说“反讽”在俯首顺从,并顶礼膜拜。

212. **凯撒的……迅速征服**]指向凯撒的著名捷报 veni, vidi, vici(拉丁语:我来，我看，我征服）。这是罗马元帅和政治家盖乌斯·尤利乌斯·凯撒（Gajus Julius Cæsar，约公元前 101 -前 44 年）在公元前 47 年小亚细亚泽拉战役中打败本都国王法尔纳克二世之后发出的关于自己的闪电般的胜利的消息。在普鲁塔克的《凯撒》传记之中写道："凯撒率领 3 个军团前进，在泽拉附近的一场激烈战斗中完全摧毁了法尔纳克的军队，并迫使他逃回本都。为了告知罗马他取得的如此神速的胜利，凯撒写给他的朋友格奈乌斯·马蒂乌斯三个词：veni，vidi，vici。"

参见 *Plutarchi vitae parallelae*，bd. 1 - 9，stereotyp udg.，Leipzig 1829，ktl. 1181-1189；bd. 7。

213. **利希滕贝格在一个地方说**］《利希滕贝格的文稿》（*G.C. Lichtenbergs vermischte Schriften*）第二卷（1801 年）中"不同内容的评注"的第八段"文学评注"（第 278 页）说，"Wenn England eine vorzügliche Stärke in Rennpferden hat，so haben wir die unsrige in Renn-*Federn*. Ich habe welche gekannt，die mit einem einzigen Satz über die höchsten Hecken und breitesten Gräben der Critik und gesunden Vernunft hinübersetzten，als wären es Strohhalmen"（德语：如果说在跑马的方面英国有着特别的优越性，那么我们就在跑笔的方面有特别优越。我认识一些人，他们以一单个句子就越过了批评和健康理性的至高障篱和最宽沟堑，就仿佛它们是一些秸秆）。

214. **奥古斯丁**］Aurelius Augustinus（354 - 430 年），罗马四大天主教教父之一。出生在北非异教徒家庭，在迦太基学成讲演者。387 年皈依天主教，391 年成为神甫，然后成为主教，也是北非的主教。主要著作有《忏悔录》（*Confessiones*，397 - 401 年），他以此奠定了自传体裁；《论三位一体》（*De Trinitate*，399 - 419 年）和《上帝之城》（*De Civitate Dei*，413 - 427 年）。

215. **multo citius civitas dei … accelerarctur terminus seculi**］拉丁语：上帝的国度将更快地被实现，世界的终结将更迅速地到来。引自奥古斯丁的道德神学著作《论婚姻之善》（*De bono coniugali*）第十章，谈论关于"如果所有人都戒绝性交，人类将怎样传宗接代"的问题。奥古斯丁写道："multo citius Dei civitas compleretur，& adcceleraretur terminus sæculi."

参见 *Sancti Aurelii Augustini opera*，3. udg.，bd. 1 - 18，Bassano 1797-1807，ktl. 117-134；bd. 11，1797，sp. 740。

216. **以至于他的衣服后摆都几乎已经出离了存在**]按原文直译应当是“以至于他的衣服后摆都几乎没有留在存在之中”。这说法的来源不详。在《非此即彼》第二卷中也用到同样的表述:“就像一个诗人就一个古董专家所说的:只有他的衣服后摆还留在现在时中。”但是在《非此即彼》第二卷中也许是指欧伦施莱格尔的戏剧《意大利强盗们》(*De italienske Røvere*,Kbh. 1835,2. handling)中的古董专家斯特劳斯。

217. **我回到恋爱的话题上**]也是针对诱惑者约翰纳斯在《酒中真言》中的讲演。

218. 原文中丹麦文为 Kornmoden。现代丹麦语写作 kornmod。所谓的“夏日闪电”,是指一种特别的闪电现象,从地平线尽头发出,间歇的闪电,一般人们认为它是由远处的闪电在云层上的反射产生的不伴有雷声的闪光。通常见于夏季炎热的傍晚。在日语中被称作是“热雷”。英文 Heat lightning。

219. 这里稍有改写,根据丹麦语原文的直译是“这里在经验之中被展示出的这些东西”。Hong 的英译是“what is established hereon the basis of experience”(“这里基于经验而被确立出的东西”)。

220. **那头母山羊永远不会厌倦于去啃掉绿芽**]也许是指向克里斯蒂安·温特尔(Christian Winther)的诗歌《扫罗王和歌手》,之中有一句诗描写了山羊啃绿枝。

221. **敌人在撒播下恶的种子**]见《马太福音》(13:25):“及至人睡觉的时候,有仇敌来,将稗子撒在麦子里,就走了。”

222. **明希豪森们**]梦想家们、吹牛大王们。典故渊源于德国的男爵、军官和猎人明希豪森(Karl Friedrich Hieronymus von Münchhausen,1720－1797 年)。他以为其业绩编造的那些夸张的、不可思议的但却欣悦的谎言故事而闻名。他自己在 1781 年发表了这些故事中的一部分,四年后被译成英文,1787 年诗人毕尔格(G.A. Bürger)又将它们译回成德语。这一版本被扩展,在 1834 年被译成丹麦文。

上海译文出版社 1982 年出版的《O 侯爵夫人》中王克澄翻译的《吹牛男爵历险记》(根据毕尔格的德文本翻译)讲的就是明希豪森的故事。

223. 如果是直译的话应当是“借助于魔性的决定作出决定”。因为这两个“决定”以这样的方式出现可能会引起读者阅读上的不适应,所以将“魔性的决定”改成“魔性的果断”。

224. 那配得上神的礼物的人。承担得起神的礼物的人，就是说一个有价值的、与神的礼物相称的人。

225. **恋爱的偏差指向**］见前文中的“要么除了情欲之爱的催动之外根本就不需要更多，因为这种催动就像没有偏差的磁针坚定不移地指向同一个点，要么这决定就必定是从一开始就在场的”，以及关于“偏差的磁针”的注释。

226. **他在 aus meinem Leben(德语:我的生活)中所描述的歌德**］歌德(Johann Wolfgang Goethe ,1749－1832 年)德国诗人、剧作家、散文家、法学家、政治家和自然科学家。作为狂飙突进运动的诗人，他以小说《少年维特之烦恼》(*Die Leiden des jungen Werthers*,1744 年)奠定了自己在欧洲文学中的地位。但是在他在 1744 年魏玛宫廷任职并且开始了一段自然科学研究之后变得低调。歌德在 1786－1788 年间去意大利旅行，这次旅行为魏玛古典主义(歌德是主要人物)建立了基础，从 1794 年与席勒(Friedrich Schiller)关系密切。一方面以对自然规律的研究为出发点，一方面把古希腊解读为精神规律之启示的渊源，“教育”、“人文”和“和谐的自我扩展”等概念就出台了。这一期间歌德的主要著作是教育小说《威廉・迈斯特的学习年代》(*Wilhelm Meisters Lehrjahre*,1795－1796 年)。伟大的神话诗剧《浮士德》在 1808－1832 年面世。《我的生活。诗与真》(*Aus meinem Leben. Dichtung und Wahrheit*,1811－1833 年)是歌德的自传。在自传中，歌德描述了自己生活中的前 25 年，直到在魏玛任职时期。基本思想是:个体人必须追随自己天性的发展规律，哪怕结果(无论对自己还是对外部世界)会是令人痛苦的。威廉法官在这里无疑指的是在第 10、11 和 12 卷中对法学学生歌德与牧师的女儿弗里德里克・布丽翁(Frédérique Brion)之间关系的描述。歌德的戏剧《葛兹・冯・贝利欣根》(*Götz von Berlichingen*,1773 年)和《克拉维果》(*Clavigo*,1775 年)可以说是因这一关系的而写成的作品。

227. 这个它是指“婚姻”。

228. “坏的”(Slet)在这里表达了一种否定的评价:完全不令人满意的，糟糕的。但它不是“恶的”(ond)。

229. **以一种礼貌的方式**］引自克里斯蒂安・温特尔(Christian Winther)的诗歌《心碎》(*Hjertesorg*)的第二部分，诗歌描述少女抱怨她所爱的人，他来到妈妈家，打动了她却又离开她:“他理智而平静地让自己离开/以一种礼貌的方式;/最后我们不再/在我母亲的住处看见他。”

230. **透视学说**]也许是指向歌德毕生的对绘画艺术的实验,其中包括透视图,这在歌德自传《诗与真》之中有多处提及。比如说在第六卷的开始处:“Ich hatte von Kindheit auf zwischen Mahlern gelebt, und mich gewöhnt, die Gegenstände wie sie, in Bezug auf die Kunst anzusehen. Jetzt, da ich mir selbst und der Einsamkeit überlassen war, trat diese Gabe, halb natürlich, halb erworben, hervor; wo ich hinsah erblickte ich ein Bild”(我从童年时候起就和画家生活在一起,习惯于像他们那样地从绘画的视角出发来观察周围的世界。这里,我在森林里独处。这种一半天生一半后天获取的能力就出场了,不管我望向什么,我都看见一幅画)。见 *Goethe's Werke*, bd. 25, 1829, s. 15f。

231. **调解委员会**]调解委员会,一个在 1795 年 7 月 10 日设立的机构,它的工作是调解各种民事案件。

232. **集市货摊里的故事**]人们在集市货摊里表演的各种戏中的故事,常常是粗野喜剧类的。也许这里所想象的是那些木偶剧,在那个时代常常在集市里演出,并且属于很流行的娱乐。在《非此即彼》第一卷中提及,那关于唐璜和他的无数爱欲征服的故事在很早以前就作为集市货摊剧存在了。

233. **不管这是 Dichtung(德语:虚构,诗作)还是 Warheit(德语:真相)**]指向歌德自传的副标题 *Dichtung und Wahrheit*(中文版译作《诗与真》)——虚构和真相。

234. **他大人阁下**]“Seine Exzellenz”,类似于丹麦的各种衔位(根据 1746 年和 1808年的法令以及后来的附加规定,丹麦衔位包括有九个等类,以数字区分),在当时欧洲别的国家也有自己的衔位制度。有头衔的被称作“他大人阁下(丹麦语:hans Excellence;德语:Seine Exzellenz)”。歌德 1804 年在魏玛宫廷成为“der Wirkliche Geheime Rat”,因此他就有“他大人阁下”(Seine Exzellenz)的头衔。

235. **aut Cæsar, aut nihil**]拉丁语:要么做凯撒,要么默默无闻;或译作:只做第一,不做第二。有点类似于“不成功便成仁”的非此即彼,但不至于以生命为赌注。这句话是意大利文艺复兴时期的军事长官、贵族(瓦伦提诺公爵)、政治人物和枢机主教切萨雷·波吉亚(Cesare Borgia, 1475 - 1507 年)的名言。

——Cesare，与古罗马凯撒的名字是同一个词，意大利语发音为切萨雷。切萨雷·波吉亚是教皇亚历山大六世与情妇瓦诺莎·卡塔内所生的儿子。

236. 按丹麦文直译应当是“因为他恰恰抱怨了”，这里采用 Hong 的英译“for he expressly laments...”。

237. **扬**]Edward Young (1683－1765 年)，英国诗人和教士，他自己是立足于古典主义传统，但又在极大的程度上为罗曼蒂克的到来做了准备。他的最著名的诗歌是《控诉，或者关于生命、死亡和不朽的夜思》(*The Complaint or Night-Thoughts on Life，Death，and Immortality*，1742－1745 年)。他认为这首诗是对基督教的一种辩护，但是这首诗极大作用在于它温情的忧郁，其中对新建的墓地、柏树和苍白的月光有很多描述。

238. **他恰恰抱怨……因为阅读英国作家们的作品而变得沉郁**]《诗与真》第十三卷，在之中歌德叙述了书信体小说《少年维特的烦恼》的形成过程。

239. **不规则变化**]指在印欧语言的语法中动词的不规则变化。动词的不规则变化是指动词的过去式和过去分词不按一定的规则变化。这一类动词被称作强变化动词。

240. 丹麦语的“辜”是 Skyld，形容词“无辜的”(uskyldig)就是在“辜”前面加上否定前缀、后面加上形容词后缀。而名词“托词”(Undskyldning)则是来自动词“原谅”(Undskylde)，亦可译作“免责”或者直接说“免辜”。所以这两个词在这里有着这种关联：因为“无辜的”(uskyldig)，所以这就成了“免辜(之理由)”，亦即“托词”(Undskyldning)。

241. **最新近的哲学把“谈论康德的诚实道路”弄成了骂人的话**]德国哲学家康德(Immanuel Kant，1724－1804 年)在“人关于世界的知识(这知识很无奈地被烙上先天的直观形式和知性范畴的痕迹)”和“事物的本质(也就是人的认识所无法触及的‘物自身’)”之间划出了原则性的分界。与康德相反，德国唯心主义者们，诸如谢林(F.W.J. Schelling，1775－1854 年)和黑格尔，则声称人能够认识“那绝对的”。歌德在自己对自然科学研究之可能性的思考之中也对康德的知识批评进行了叫板。

242. 按原文直译应当是“是不是会在另一次的生命里属于他”。

歌德也以优雅的姿态对克罗普斯多克调侃地微笑，因为他如此投入地老是在想着：已经再次与人结婚了的梅塔，他的初恋，是不是会在

来生里属于他]克罗普斯多克(Friedrich Gottlieb Klopstock,1724－1803年),德国诗人,他的崇高感伤的风格意味了与理性主义的决裂。他的主要著作是一首关于基督的史诗《救世主》(*Der Messias*,1748－1773年),由26首六韵步诗构成。在1751－1770年间曾居住丹麦。结婚两次。第一次是与玛格丽塔·缪勒(Margaretha Møller,1728－1758年)的婚姻,玛格丽塔·缪勒也被称作梅塔,婚姻持续到她去世。第二次是与约翰娜·伊丽莎白·丁普费尔(Johanna Elisabeth Dimpfel,1747－1821年)的婚姻,从1791年持续到1803年克罗普斯多克去世。

克尔凯郭尔写道,梅塔是克罗普斯多克的初恋并且又重新结婚。这是对歌德自传《诗与真》第十卷中的一段文字的误解。歌德谈论克罗普斯多克与两个女人的关系:一个是最初的,他没有得到,因为她与另一个男人结婚了,另一个是妻子梅塔,他与她有四年婚姻:"Noch in spätem Alter beunruhigte es ihn ungemein, daß er seine erste Liebe einem Frauenzimmer zugewendet hatte, die ihn, da sie einen andern heirathete, in Ungewißheit ließ, ob sie ihn wirklich geliebt habe, ob sie seiner werth gewesen sey. Die Gesinnungen, die ihn mit Meta verbanden, diese innige, ruhige Neigung, der kurze, heilige Ehestand, des überbliebenen Gatten Abneigung vor einer zweyten Verbindung, alles ist von der Art, um sich desselben einst im Kreise der Seligen wohl wieder erinnern zu dürfen"(德语:作为一个老人他仍然夸张地被这样一种想法折磨:他把初恋献给了一个与另一个人结婚的女人,这样她让他处于不确定——她到底是不是真的爱过他并且值得他献出初恋。他让自己与梅塔结合在一起的那些感情,这种真挚平和的奉献投身,这种短暂神圣的婚姻,未亡人对新的结合的抵触,所有这些都是出自一种如此的纯粹,乃至在有一天他处于死者们的圈子之中时仍然能够平静地回忆这一切)。

243. "虚构的创作"也可翻译为"诗意的创作"。

244. 悲怆激情,原文为Pathos,有时候我将之译作心灵激荡,有时候译作悲怆或悲怆激情。

245. **过于理智**]这里的语言用法有着对"理智(知性)"和"理性"的区分的烙印。前者在丹麦语和德语中是forstand/Verstand,后者是fornuft/Vernunft。这种区分在十八至十九世纪是很普遍的。"理智(知性)"是指一种较为低级而局限的能力,它代表了作为感情的对立面的纯理性判断力,而"理性"则代表了最高智力的立足点——理智(知性)和感情统一于之中,因此人在这样的立足点上能够作出正确的决定。

246. **他讲述道,他受到过严格的宗教教育**]这必定是指向《诗与真》的第一卷:"Es versteht sich von selbst, daß wir Kinder, neben den übrigen Lehrstunden, auch eines fortwährenden und fortschreitenden Religionsunterrichts genossen. Doch war der kirchliche Protestantismus, den man uns überlieferte, eigentlich nur eine Art von trockner Moral: an einen geistreichen Vortrag ward nicht gedacht, und die Lehre konnte weder der Seele noch dem Herzen zusagen"(德语:自然,我们孩子在各种其他学科之外也不断地并且有计划地上宗教课。但是人们灌输给我们的教会抗议宗其实只是一种干涩的道德学说;一种有精神内容的讲演则是谈都不用谈了,这学说本身既无法吸引灵魂也无法吸引心灵)。

Goethe's Werke, bd. 24, 1829, s. 61f.

247. **按他自己的叙述,他用上了各种各样的练习**]《诗与真》的第九卷。参见 *Goethe's Werke*, bd. 25, 1829, s. 251-253.

248. **他逃之夭夭**]参看《诗与真》的第十五卷,在之中歌德叙述道,他让自己与苏珊娜·冯·克莱滕贝格周围的虔敬派的圈子拉开了距离,他在之前的某一时期曾进入过这圈子。参见 *Goethe's Werke*, bd. 26, 1829, s. 305-308。

249. **只有一件不可少的**]指向《路加福音》(10:41-42)"耶稣回答说:'马大,马大,你为许多的事,思虑烦扰。但是不可少的只有一件。马利亚已经选择那上好的福分,是不能夺去的。'"

250. **这备受崇拜的半神英雄,他的偶然的表达和陈述被收集、被出版、如神圣文物般被崇拜**]指向艾克曼的《歌德对话录》(Johann Peter Eckermanns, *Gespräche mit Goethe in den letzten Jahren seines Lebens*)。此书以两卷本出版于1836年,在1848年又增补第三卷。这部著作是出版者与歌德在1823-1832年间的对话。

251. "消遣"丹麦语 Adspredelse,有消遣、分散注意力、转移、注意力转向和散射的意思。中文相应的心理学词汇是"导离"。这个词是克尔凯郭尔经常使用的。

252. **他自己曾如此善意地解释这之中的过程是怎样的**]《诗与真》的第十二

卷："Aber zu der Zeit, als der Schmerz über Friedrikens Lage mich beängstigte, suchte ich, nach meiner alten Art, abermals Hülfe bei der Dichtkunst. Ich setzte die hergebrachte poetische Beichte wieder fort, um durch diese selbstquälerische Büßung einer innern Absolution würdig zu werden. Die beiden Marien in Götz von Berlichingen und Clavigo, und die beiden schlechten Figuren, die ihre Liebhaber spielen, möchten wohl Resultate solcher reuigen Betrachtungen gewesen seyn"(德语：在这个时候，在我处于对弗里德里克的状态的焦虑的煎熬之下的时候，我就同往常一样地在诗歌艺术之中寻求帮助。我重续我那中断了的诗意祈祷，以便能够借助于这自虐的苦行来与自己的良心达成和解并且获得其赦免。在《葛兹·冯·贝利欣根》和《克拉维果》中的那两个玛丽和那两个在戏中扮演她们的爱人的糟糕角色极有可能就是这样的悔罪考虑的结果)。见 *Goethe's Werke*, bd. 26, 1829, s. 120。

253. "自然的人"就是说，听任感官的激情和欲望引导自己的行为的人。
254. 直译的话是"也许甚至作为半神英雄还是独一无二的"。
255. **这婚姻至多只能成为垂暮之年的一种皈依处**]可能是在暗指这一事实：歌德在 1806 年他到了 57 岁的时候才结婚。新娘是一个普通的女人，克里斯蒂安娜·福尔皮乌斯(Christiane Vulpius)。她比歌德年轻 16 岁，从 1788 年起就一直是歌德的情妇和管家。
256. **侍奉两个主**]出自《马太福音》(6:24)："一个人不能侍奉两个主。不是恶这个爱那个，就是重这个轻那个。你们不能又侍奉神，又侍奉玛门。"
257. **所罗门说得很美：得到妻子的人从上帝那里得到一个好礼物**]《箴言》(18:22)："得着贤妻的，是得着好处，也是蒙了耶和华的恩惠。"这句话被用在丹麦教会的婚礼仪式上。
258. **一件好事，并且，在他完成了他所开始的事情时，他就是在很好地做这事**]见《腓利比书》(1:6)："我深信那在你们心里动了善工的，必成全这工，直到耶稣基督的日子。"
259. **有人说，苏格拉底曾这样回答一个向他问及婚姻的人：结婚或者不结婚，你都会后悔**]可参看第欧根尼·拉尔修的哲学史的第二卷第五章。第欧根尼·拉尔修在之中这样写苏格拉底："一个人问他，人是不是应当结婚？他答：要么你这样做要么你那样做，你都会后悔。"
260. **如果一个讥嘲者想要使用苏格拉底的言辞，那么他就会将之弄得像是**

一场讲演]在《非此即彼》上卷的“间奏曲”中，苏格拉底的回答恰恰被弄成了一个讲演，“一个心醉神迷的演说”。

261. **关于泰勒斯……不再是结婚的时候了**]可参看第欧根尼·拉尔修的哲学史的第一卷第一章。

262. **屠戮天使**]指向圣经中所写的埃及所有长子被杀的故事。见《出埃及记》(12:23)：“因为耶和华要巡行击杀埃及人，他看见血在门楣上和左右的门框上，就必越过那门，不容灭命的进你们的房屋，击杀你们。”屠戮天使，也就是经文中的“灭命的”。

263. 内心剧烈冲突的犹疑(Anfægtelse)。Anfægtelse 是指一种内心剧烈冲突的感情。在此我译作“内心剧烈冲突的犹疑”，有时我译作“在宗教意义上的内心冲突”或者“内心冲突”，有时候我译作“信心的犹疑”，也有时候译作“试探”，有时候“对信心的冲击”。

按照丹麦大百科全书的解释：anfægtelse 是在一个人获得一种颠覆其人生观或者其对信仰的确定感的经验时袭向他的深刻的怀疑的感情；因此 anfægtelse 常常是属于宗教性的类型。这个概念也被用于个人情感，如果一个人对自己的生命意义或者说生活意义会感到有怀疑。在基督教的意义上，anfægtelse 的出现是随着一个来自上帝的令人无法理解的行为而出现的后果，人因此认为“上帝离弃了自己”或者上帝不见了、发怒了或死了。诱惑/试探是 anfægtelse 又一个表述，比如说在，在“在天之父”的第六祈祷词中“不叫我们遇见试探”(《马太福音》6:13)。《圣经》中的关于“anfægtelse 只能够借助于信仰来克服”的例子是《创世记》(22:1－19)中的亚伯拉罕和《马太福音》(26:36－46;27:46)中的耶稣。对于比如说路德和克尔凯郭尔，anfægtelse 是中心的神学概念之一。

264. 这个“理想”是名词，而后面的“理想的抽象的观念”中的“理想(的)”则是形容词。这个句子是：被爱者是不是与那对“一种理想”的“理想的抽象的观念”相对应。

265. **一个声音“多么甜美，哦！多么甜美”**]也许是指向在欧伦施莱格尔的戏剧《阿拉丁》中古尔纳尔说及阿拉丁的声音时的台词：“哦，让我重温你甜美的声音吧。”

266. **情欲之爱的神是盲目的**]希腊神话的爱神厄若斯(拉丁语“埃莫”)在后古典主义的创作中常常是眼上蒙布或者被描述成盲的，——作为“爱情是盲目的”的标志。

参见 P.F.A. Nitsch, *Neues mythologisches Wörterbuch*, bd. 1, s. 169:“Aber die Liebe ist auch blind: deswegen trägt Amor eine Binde vor den Augen”。(但是爱也是盲目的:因此埃莫蒙上眼睛)。

以及 W. Vollmer, *Vollständiges Wörterbuch der Mythologie aller Nationen*, s. 191:“er ist blind, wie die Liebe”。(它是盲目的,正如爱情)。

267. “因此,我们这样说:恋爱之端庄的基础是一种综合,如果一个人想要把她的所有可爱都置于这一综合之中,这对于被爱者是一种侮辱。”这一句与丹麦文原句有一点出入。

如果我改写这句句子,势必使得作者在原文中的语气被打断。但不改写,中文读者会不习惯。所以我只好改写一下,并加上“我们这样说”来弥补语气。

我在这里也列出对原句的直译:“因此,如果一个人想要把她的所有可爱都置于那作为恋爱之端庄的基础的综合之中,这对于被爱者是一种侮辱”。

268. **生日诗人**]就是说一个专门在生日场合写欢呼诗的人,尤其是在王室家族里的生日场合。

269. **一种“宁静的喜悦”的坚定不移的低吟声**]指向《彼得前书》(3:4):“只要以里面存着长久温柔安静的心为妆饰。这在神面前是极宝贵的。”

270. **老人们……追随海伦走过大厅**]指向荷马的《伊利亚特》第三歌,第 146 - 160 句。海伦,世上最美丽的女人,被帕里斯王子诱拐并且正在特洛伊。她从城里的最老的人们面前走过,他们聚在城门口,他们出于对她的美丽的仰慕而情不自禁地欢呼。

271. 我对这句子的结构作了调整。如果直译的话,应当是:

尽管被爱者,只是为了让那个她愿为之奉献生命的人高兴,既然没有机会去给出更大的证明,也同样很好地在比较小的事情上进行证明,尽管她打扮自己只是为了让他欣悦,现在,她,这美丽的人,在自己可爱的妆饰之中是如此美好,以至于老人们忧郁地以目光追随着她,就像是追随海伦走过大厅,如果哪怕是有一根神经在他眼睛里让他看错并去仰慕而不是去把握恋爱的正确表达——“这是为了让他欣悦”,那么,他就是走上了歧路,他正在成为一个鉴赏者。

272. **温柔地……把自己的目光移向天空**]引自欧伦施莱格尔的《阿拉丁》第二幕。小店主拜德里汀描述苏丹的女儿古尔纳尔。参见 *Adam Oehlenschlägers poetiske Skrifter*, bd. 2, s. 151。

273. 在灿烂中的变容者。这里所说的是一种神圣化的变形过程，它是指一种进入崇高、神圣或灿烂形象的变化。人的形象得以美化或者理想化。就像耶稣在三个门徒面前的变容：在山上出现的耶稣从身上突然发出光芒。

274. "那个特定的决定"。在原文中它只是一个加了定冠词的"决定"，也就是说，"那决定"。但是这里因为考虑到与后面的关联，我特地把它强调为"那个特定的决定"。

275. "那个特定的决定"。在原文中它只是"那决定"。见前一个注释。

276. "那个特定的决定"。在原文中它只是"那决定"。见前面注释。

277. **在青草成长的时候**]"在青草成长的时候"是一句成语的前一半，后一半接着的是"母牛就死了"。这句成语用来描述由于缓慢过程而过于迟到的帮助。

278. 丹麦风俗，三十岁仍然是单身的话，人们就会把胡椒瓶（罐）作为生日礼物送给他。参见前面的注释。

279. "一份不让请愿集会的成员对之进行讨论的请愿书"，对丹麦语的直译应当是"一份不让集会的议会员众对之进行讨论的向国王提交的请愿书"。"议会员众集会"（Sessionen）是指丹麦社会的社会各等级的咨询性议会举行的集会，第一次集会是在 1835－1836 年间。"向国王提交的请愿书"是指由各社会群体（尤其是民选代表、参议性的各阶层成员集会）向独裁国王提交的请愿书。参看前面关于"五月二十八日协会"的注释。

280. **婚礼服，没有这婚礼服他就是一个没有价值的人**]见前面"没有婚礼服，那么他就被驱逐出去"的注释。

281. **反思变得理想化**]就是说变得非现实，变得抽象。

282. **反思是无法被竭尽的，它是无限的**]关于黑格尔的辩证法中的反思。"反思的无限"这一表述指向黑格尔的概念"坏的无限"（die schlechte Unendlichkeit）或者"否定的无限"，它是一种永远都无法在与直接性的综合之中得以中介的。在它否定了之后，它在自身层面内仍然在"那无限的"之中继续。换句话说就是"坏的无限"是在有限性的领域之中展开，但无穷无尽地没有终结。在这种意义上，在黑格尔那里，反思的层面就对立于思辨的或者说概念的层面。在思辨的或者说概念的层面里，无限作为有限的对立面被领会为是真实的。这辩证的发展过程还可以继续下去。

283. **明希豪森**］梦想家、吹牛大王。见前面的注释。也许这里所联想的是明希豪森的著名叙述：他在征战土耳其的时候，骑马陷在沼泽之中，他抓住自己的头发而把自己和自己的马一同举起来而得救。

可参看上海译文出版社 1982 年出版的《0 侯爵夫人》中王克澄翻译的《吹牛男爵历险记》（根据毕尔格的德文本翻译）。

284. **作为决定，恰恰就是对“那理想的无限”的预先措施**］就是说，一个决定，它预期了反思（的无限性）而采取措施，而反思在这过程中仍是抽象的。

285. 按照丹麦语原文（Saaledes er Beslutningen en gjennem den reent ideelt udtømte Reflexion vunden ny Umiddelbarhed, der netop svarer til Forelskelsens Umiddelbarhed），这一句就应当是：那决定就是一种“通过‘那纯粹理想地竭尽的反思’而赢得的新的直接性”……

按照 Hong 的英译（“Thus through the purely ideally exhausted reflection the resolution has gained a new immediacy that corresponds exactly to the immediacy of falling in love”），这句可能会被译为：那决定通过“那纯粹理想地竭尽的反思”而赢得了一种新的直接性……

286. 决定是一种在“各种伦理的预设前提”上构建出的“宗教的人生观”。

287. 这个“沉默”是个名词。在这里是一个被拟人化了的概念。

288. 同知者，就是说，共同地知道某些私下的秘密的人。丹麦语是 Mindvider，在句子关联中所强调的是对秘密的了知的时候，我将之译作“知密者”；而如果强调的是一种同享，我就将之译作“同知者”。

289. **以尼尔斯·克里姆的方式来做出体系式的发现**］指向霍尔堡（Ludvig Holberg）的哲学小说《尼尔斯·克里姆的地下旅行》（*Nicolai Klimii Iter Subterraneum*，Leipzig，1741 年）的第一章。在小说中，克里姆回到自己的故乡卑尔根，既没有钱也没有工作，他在那里考察山脉。他马上就发现了一个山洞并且跌落进地球的内部，发现了一个人所不知的世界。克尔凯郭尔所指是这一段：“尽管我以这样的方式活得像一个乞丐，我却不虚度我的时光；因为，为了扩展我的物理学的知识，我小心翼翼地研究考察了大地和山脉的内部性质，为了这个目的而在乡下的所有角落流浪。没有什么悬崖峭壁是能够陡峭得让我放弃尝试去攀登的，没有什么洞穴是能够幽深可怕得让我不敢冒险下去的，我只是希望着能够找到什么可以让一个自然科学家留意并觉得值得去研究的东西。”

290. **这类仰慕者，走出他们好好的外皮，以便去穿上真正的表象**］这里是指向黑格尔主义者马腾森（H.L. Martensen），尤其是指向他的一篇文章（“对浮士德理念的思考”）中的一句话。马腾森阐述了，在新教时代艺术应当怎样从宗教之中解放出来，并且吸收世俗的或者说有限的生活，通过把生活吸收进自己的天空而把无限性的光泽借给生活。然后，他写道：“在这里，生活在艺术的精神之中得以复活之后重新站立起来，我们为这一真正的表象而欣悦。”

文章刊登在海贝尔所出版的杂志《珀尔修斯，思辨理念杂志》（*Perseus ,Journal for den speculative Idee*）1837 年第一期。第 91－164 页。这个《珀尔修斯》不是剧本，神学家马腾森也不是任何剧本之中的角色。

291. **永远也看不见应许之地，相反倒是死在沙漠之中**］参看《旧约》之中《出埃及记》、《利未记》、《民数记》、《申命记》四篇中的故事。

292. 这个“决定”是名词，而不是动词。一个概念。
293. “命令式”和“祈愿式”都是语法中所说的语气。
294. 这个“决定”是名词。
295. “考验”（Anfægtelse）。Anfægtelse 是指一种内心剧烈冲突的感情。在此我译作“考验”，有时我译作“在宗教意义上的内心冲突”或者“内心冲突”，有时候我译作“信心的犹疑”，也有时候译作“试探”，有时候“对信心的冲击”。见前面关于 Anfægtelse 的注释。
296. 这个“它”就是指前一句中所提到的“这种危险”。
297. **体系思想家们**］指那些试图在一个哲学体系之中竭尽现实并且由此在一种毫无矛盾的关联之中把一切解释作意味深长的元素。这一类思想家的具体代表有斯宾诺莎（Baruch de Spinoza，1632－1677 年）、费希特（J.G. Fichte，1762－1814 年）和黑格尔。
298. **客宴之前的希腊浴**］古希腊人习惯于在进餐之前沐浴，比如说可参看柏拉图《会饮篇》174a。
299. **阿拉丁在婚礼之前想要的沐浴**］在欧伦施莱格尔的《阿拉丁》第三幕，主人公阿拉丁和苏丹的女儿在婚礼之前共沐“豪华的大理石浴”。

300. **但是如果他回到家里……有了一个欢庆夜**］对欧伦施莱格尔悲剧《雨果·冯·莱茵贝尔》的不准确的引用，原文为：“但是他回到家里，帽子上有着叶子……”这段诗句是由猎人的女儿朵罗提娅在第三场唱出的。

301. **像福音书中的那个人，卖了一切以便去买下有着珠子的田地**］这里把两段耶稣的天国比喻混淆在了一起。《马太福音》(13:44)：“天国好像宝贝藏在地里。人遇见了，就把它藏起来。欢欢喜喜的去变卖一切所有的买这块地。”以及《马太福音》(13:45-46)：“天国又好像买卖人寻找好珠子。遇见一颗重价的珠子，就去变卖他一切所有的，买了这颗珠子。”

302. 按原文直译是：“以一种方式说”。

303. 按原文直译是：“……一个丈夫是一幅更令人赏心悦目的景色，除非那圣餐桌会唤起人的愤慨；因为，在一个人走向圣餐桌的时候，‘仅是一个爱着的少年’则当然是错的。”

304. 这个“决定”是一个名词。

305. Hong 的英译本漏掉了这个“也许”。

306. **盖了章的纸**］盖了章的纸，或者贴有章签的纸，用于最终给定有盖章义务的文件，比如说抵押契据。

307. 见前面的注释，厄若斯(eros)作为名字是爱神的名字，但是作为概念名称，则是“爱欲”。

308. Hong 的英译本漏掉了这个“也许”。

309. **晦涩的**］在《圣经》里常常用到“谜语”这个词，比如说《民数记》(12:8)，《但以理书》(5:12)；(8:23)以及《哥林多前书》(13:12)。

310. **对一对爱人谈论义务**］在结婚仪式上牧师首先询问新郎，他是否想要和新娘生活在一起，“如同一个高贵的男人应当与自己的妻子生活在一起”；然后问新娘，她是否想要和新郎生活在一起，“如同一个高贵的女人应当与自己的丈夫生活在一起”。参看《丹麦教堂仪式书》第 257 页。然后牧师朗读一段文字，这文字包含了保罗在《以弗所书》第 5 章中所说的话：“丈夫也当照样爱妻子，如同爱自己的身子。爱妻子，便是爱自己了。……你们作妻子的，当顺服自己的丈夫，如同顺服主。因为丈夫是妻子的头，如同基督是教会的头。他又是教会全体的救主。教会怎样顺服基督，妻子也要怎样凡事顺服丈夫。”

311. **谈论人类所承受的祸因……谈论婚姻的艰难**]在婚礼仪式上,在说完夫妇的义务之后,马上跟上:"也听上帝置于这一国之上的十字架。"《丹麦教堂仪式书》第 260 页。

312. **女人的痛楚和男人冒着酸气的汗水**]在婚礼仪式上男人和女人的"十字架"分别得以描述,主要是根据《创世记》(3:16 - 19):"又对女人说:'我必多多加增你怀胎的苦楚,你生产儿女必多受苦楚。你必恋慕你丈夫,你丈夫必管辖你。'又对亚当说:'你既听从妻子的话,吃了我所吩咐你不可吃的那树上的果子,地必为你的缘故受咒诅。你必终身劳苦,才能从地里得吃的。地必给你长出荆棘和蒺藜来,你也要吃田间的菜蔬。你必汗流满面才得糊口,直到你归了土,因为你是从土而出的。你本是尘土,仍要归于尘土。'"《丹麦教堂仪式书》,第 260 页。

313. Hong 的英译本漏掉了"能够"。丹麦语是"At høre dette, at see Beslutningen, at holde Sindet fast paa den, og tillige at kunne see Myrthekrandsen paa den Elskedes Hoved"。Hong 的英译是"To hear this, to envision the resolution, to keep one's mind fixed upon it, and also to envision the myrtle wreath upon the beloved's head"("to envision"应当是"to be able to envision")。Emanuel Hirsch 的德文版和 F. Prioret M.-H. Guignot 的法文版都没有遗漏这个"能够",比如说法文:"Entendre tout cela, voir la décision, fixer son âme sur elle et, par surcroît, pouvoir regarder la couronne de myrtes sur la tête de la bien-aimée."。

314. **桃金娘花环**]参见前面《酒中真言》部分的注释。

315. 威尔海姆法官在下面关于"作为被爱者和妻子的女人"的论述是针对康斯坦丁在《酒中真言》之中关于女人的讲演而发的。法官论述了,女人尽管有着她们自己特有的那另一类型的理解力和她们的直接的、通过一种轻易的"晕倒"而达成的由"那审美的"向"那宗教的"的过渡,她也仍是有能力面对"那宗教的"并且能够具备自己的严肃。这是对康斯坦丁关于"女人是玩笑"的说法的纠正。

316. **一个希腊的智者曾经说过:女儿们要在她们在年龄上是女孩而在理智上是妻子的时候出嫁**]这是古希腊七贤中的克莱俄布卢所说。参看第欧根尼·拉尔修的《哲学史》第一卷第六章。

317. 按丹麦语直译的话是"艺术的一个永恒的任务",这里译者采用 Hong 的英译“an eternal subject for art”。

318. **同一个基础上的邻角**］也就是平面几何之中的“邻补角”：如果两个角有公共顶点和一条公共边，并且它们的另一条边分别在这条公共边的两侧，称一个角为另一个角的邻角。而一个角与它的邻角的和等于180°，也就是说这两个角的共同边之外的另一条边构成一条直线（作为同一个基础），它们则互为邻补角。

319. **habeat vivat cum illa**］拉丁语：让他拥有她、同她生活在一起。这一表述有可能是出自古罗马独裁者苏拉。因为有许多与他属于同一参议院党派的人长时间地反对他而为年轻的凯撒（凯撒要在后来成为对立的人民党的领袖）说情，他不得不让步，并喊叫道 vincerent ac sibi haberent（他们可以赢，并且保留他）。这故事来源于斯文通的《凯撒传》（*De vita Caesarum*）第一卷。

320. **你应当离开一切去属于她**］在婚礼仪式上有告诫，一个男人要离开自己的父母而去固守自己的妻子，——两人要成为同一肉体。《丹麦教堂仪式书》第259页（依据《创世记》2:24）和第263页（依据《马太福音》19:5）。法官所说混有《马可福音》（10:28）中彼得言辞的色彩。彼得对耶稣说：“看哪，我们已经撇下所有的跟从你了。”

321. **从此保持沉默**］引自牧师的仪式用语。在他在布道台上主持婚礼并且问及正当的反对意见时，他要说：“如果有人在此有什么要说的，他就及时地说出来，否则，从此保持沉默。”

322. **打着空气斗了一下拳**］指向《哥林多前书》（9:26），之中保罗说：“所以我奔跑，不像无定向的。我斗拳，不像打空气的。”

323. 可能 Hong 的译本对丹麦语“og ikke som Gud alene Aand”中的 alene（单单、单纯、单独）感到不确定，所以把这个“单单”译成同时是“上帝”和“精神”的修饰词：“...and not pure spirit, as is God alone”，这就造成一种歧义。

这里的意义应当是明确的，也就是：“……而非像上帝那样仅仅是精神”。F. Prioret M.-H. Guignot 的法译是如此，“...et non pas comme Dieu esprit seulement”。Emanuel Hirsch 的德译也是如此，“...und nicht so wie Gott reiner Geist”。

324. **鼓吹对肉体的崇拜**］指向德语中“Emancipation des Fleisches”的表述，“肉体的解放”。这也是“青年德国”（就是说，包括了诗人海涅等的一代德国作家)的标志性的追求。它指向了单方面的唯心主义,并且在宗教、道德和政治领域要求自由解放。更具体也许是指向德国作家施莱格尔(Friedrich Schlegel)引起轰动的关于爱情和婚姻的小说《卢辛德》(1799年)。在《论反讽的概念》中,克尔凯郭尔这样说:“众所周知的小说《卢辛德》,它成为了青年德国的福音、其 Rehabilitation des Fleisches(肉体之复兴)。”

325. **暂时的常存处所**]短暂的寄居地。见《希伯来书》(13:14):“我们在这里本没有常存的城,乃是寻求那将来的城。”

326. **这有限**]指向《哥林多前书》(13:9－10):“我们现在所知道的有限,先知所讲的也有限。等那完全的来到,这有限的必归于无有了。”

327. Hong 的英译在这里进行了改写“has a reasonable claim to be assigned to the place to which it belongs”(有着一种对“把它指派到它应属的地方”的不过分的要求)。

328. **思辨则是以上帝为中心的……以上帝为中心的理论都是以上帝为中心的**]尽管黑格尔自己没有把自己的哲学标示为以上帝为中心的,但是这里很明显是针对黑格尔的。当时极有影响的哲学家伊曼努尔·赫尔曼·费希特(Immanuel Hermann Fichte,老费希特——约翰·戈特利布·费希特的儿子)把现代哲学的立场分为三类:以人为中心的,主要代表有洛克(John Locke)、巴克莱(George Berkeley)、休谟(David Hume)、康德(Immanuel Kant)、雅可比(F. H. Jacobi)和弗里斯(J. F. Fries);以上帝为中心的,最主要的代表是黑格尔;最后是一种思辨直观认识,赫尔巴特(J. F. Herbart)和小费希特(I. H. Fichte)自己就站在这立场上。

参见 Fichte,*Beiträge zur Charakteristik der neueren Philosophie, oder kritische Geschichte derselben von Des Cartes und Locke bis auf Hegel*,2. udg.,Sulzbach 1841 [1829],ktl. 508,s. 1033ff。

329. **射鸟大王**]如果一个人在射鸟竞赛(人们要瞄准一只安置在一个棍上的木鸟)之中赢了,他就是射鸟大王。这一哥本哈根的游戏传统来自中世纪,每年夏天都要举行,赢者作为射鸟大王,直到下一年的射鸟竞赛。

330. 精神考验(Anfægtelse)。见前面对 Anfægtelse 的注释。

331. **顺从比公羊的脂油更宝贵**]参看《撒母耳记上》(15:22):“撒母耳说:‘耶和华喜悦燔祭和平安祭,岂如喜悦人听从他的话呢?听命胜于献祭;顺

从胜于公羊的脂油。’”

332. votum castitatis］拉丁语：贞洁誓言。如果一个人要成为僧侣，他就必须立下这誓言。

333. **与所要赢得的东西相比，毁灭之热情只是一种小小的冒险**］俗语说：“一个人不冒险，他就什么都赢不了”。

334. **哪怕是天文学**］影射老海贝尔（J.L. Heiberg）对天文学的热衷。海贝尔对天体极感兴趣，他不仅写了“天文的一年”而且还写了“1844年星辰历，天体运动和位置指南”。可参看*Urania*，1844－1846。

335. **人们把七十年当作一种恶痛的苦劳和精神之销蚀来谈论**］同时指向《诗篇》（90：10）：“我们一生的年日是七十岁。若是强壮可到八十岁。但其中所矜夸的，不过是劳苦愁烦。转眼成空，我们便如飞而去。”和《传道书》（1：13－14）：“我专心用智慧寻求查究天下所作的一切事，乃知神叫世人所经练的，是极重的劳苦。我见日光之下所作的一切事，都是虚空，都是捕风。”

336. **所有河流奔向大海而大海却并不满**］指向《传道书》（1：7）：“江河都往海里流，海却不满。”

337. **罗马人……让小孩子们在极乐世界里哭泣，因为这些孩子们得不到许可去生活**］指向维吉尔的《埃涅伊德》（Æneide）中的第六卷，第424－429行。埃涅阿斯去冥界寻找自己的父亲安喀塞斯。在过了冥河斯堤克斯并且使得冥界守望犬刻耳柏洛斯昏睡了之后，他到了冥国的第一道大门：“在这里听得见许多声音，许多哭泣/小孩子们的灵魂靠近第一道门/一个不幸的日子把这些无辜者/从母亲的乳房和年轻的生活中拉走。”在旅行的后一段，埃涅阿斯才进入极乐世界，亦即，至福者们的居所。

338. **人们在努力建设着体系**］指向黑格尔主义者们想要建设出一幢哲学学说巨型建筑的努力，这一建筑要竭尽现实并且将现实解释为没有矛盾的整体关联。可能克尔凯郭尔特别是针对丹麦的黑格尔主义者，比如说海贝尔（J.L. Heiberg）、马腾森（H.L. Martensen）、尼尔森（Rasmus Nielsen）和斯蒂陵（P.M. Stilling）。海贝尔在自己的杂志《珀尔修斯，思辨理念杂志》发表了“对实现一个长期酝酿的计划的初步工作，亦即，创建逻辑体系”一文。前言提及，作者创建逻辑体系的目的是“为一种美学开辟道路。把这种美学交给读者是作者的愿望，但是，如果他不在事先给出一个可为这美学作基础的逻辑立足点，他就无法让这美学面世。"然而这逻辑体系只有最前面的23段，然后它就和那美学体系一样，一直没有被完成。马腾森立足于自己在1830年代末期的备受黑格尔影响的大学课程，想要建立一套思辨教理神学，但只发表了很短的一份《道德哲学体系基本轮廓》(*Grundrids til Moralphilosophiens System*, Kbh. 1841年)。拉斯姆斯·尼尔森(1809－1884)是保罗·马丁·缪勒之后哥本哈根大学的哲学教授。尼尔森在一开始是黑格尔的思辨方法的热情追随者，并且在1841－1844年间出版了四本小册子形式的《思辨逻辑的基本特征》。在前言之中，这一著作被说成是"一种哲学方法论的片段"，并且尚未完成；这部著作在一个句子中间突然中断了。克尔凯郭尔在一篇发表在《祖国》(*Fædrelandet*)(nr. 904, 12. juni, 1842)上的题为"公开忏悔"(Aabenbart Skriftemaal)的文章之中反讽地批评道："时代所努力的方向是体现。尼尔森教授已经出版了21个逻辑的§§，这些§§构成了一部逻辑学的第一部分，而这逻辑学则又要构成一部包容一切的百科全书的第一部分。作者在封面上是如此提示的，但却没有给出它的篇幅大小，也许也没有什么可怕的，因为我们当然可以推断，它会是一部无限大的巨著。"哲学家斯蒂陵(1812－1869年)，一开始是一个黑格尔的追随者，并且参与黑格尔主义右派想要统一哲学和神学的努力。他出版了《对思辨逻辑对于科学的意义的哲学思考，为尼尔森教授〈道德哲学体系基本轮廓〉而写》(*Philosophiske Betragtninger over den speculative Logiks Betydning for Videnskaben, i Anledning af Professor R. Nielsens: "den speculative Logik i dens Grundtræk"*, Kbh. 1842年)。克尔凯郭尔也在上面所说的同一篇文章里反讽地批评道："这瞬间临近了；最后一次了，斯蒂陵来通知我们……它会到来的，它肯定会到来的。"

339. 这个句子的四个版本：

丹麦文：Imidlertid arbeider man paa Systemet, Herre Gud, en Livsbetragtning vilde jo allerede være for meget fordret i Forhold til Præstationen.

Hong的英文：Meanwhile work is being done on the system—good Lord, compared with this prodigious effort, to demand a view of life would be already too much.

Emanuel Hirsch 的德文：Inzwischen arbeitet man am System，du mein Gott，eine Lebensbetrachtung wäre ja viel zu viel verlangt bei einer rednerischen Darbietung.

F. Prior et M.-H. Guignot 的法文：Entre temps on travaille avec le système，[le système de Hegel] que voulez-vous? une conception de la vie serait bien entendu trop exiger par rapport à l'issue résultant de ce travail，...

340. **不在于“在所有说法中都有着意义”，而是在于“在所有说法中都有着同一种意义”**］也许是指向柏拉图的对话录《高尔吉亚篇》491b，在之中苏格拉底对卡利克勒说：“你宣称，我总是在说同一个意思，并且因此而指责我；相反我要指责你，你从不对同样的对象说同样的意思。”

341. **某种被克服了的东西**］“被克服了的东西”是黑格尔辩证法中的一个概念。黑格尔的思辨哲学想要为一切事物赢得一种体系性的综观，它对各种不同有限立场进行分析，展示出这些立场各自有着一种相对的有效性，但是在最终被扬弃。最典型的例子是《精神现象学》（*Phänomenologie des Geistes*，1807 年），在这部著作之中有着一种通过各个从简单到复杂的阶段的概念性运动。每一个阶段在最初都是以“真”的肯定形态出现，通过分析显现出其包含有内在矛盾，因此被否定而进入新的包容更广的概念。对于黑格尔，宗教是知识的一个有限的阶段，在最终被那构建出绝对知识的哲学克服或者扬弃。

342. 这句的丹麦语原文为“Det er et maadeligt Forsvar at lade haant om，hvis det var den mest chicaneuse Indvending，naar man ikke har en god Samvittighed og veed man har Ret”。

译者对这句句子进行了改写，直译的话就是：“哪怕是最富有诡辩性的反对，一种恰如其分的辩护就是对之作出蔑视，如果一个人自己不能理直气壮地知道‘自己是对的’的话。”

Emanuel Hirsch 的德文译文是“Und wäre es auch der allerchicanöseste Einwand，es wäre dennoch eine höchst mässige Verteidigung，ihn einfach gering zu achten，wenn man kein gutes Gewissen hat und nicht weiss，dass man Recht hat”。

Hong 的英文译文是“Even if it is an objection of the utmost chicanery，it is a mediocre defense to make light of it if one does not have a good conscience and know one is right"。

F. Prior et M. -H. Guignot 的法文版是："Même si c'était l'objection la plus chicaneuse，ce serait une pauvre apologie à mépriser quand on n'a pas la conscience pure et qu'on sait qu'on a raison"。

343. 丹麦语原文为"al Omsætning skal bestandigt skee i et reent Forhold til Gud，der ikke igjennem noget Andet forholder sig til ham"，直译为"所有交易自始至终都应当是在一种纯粹的与上帝的关系之中发生的，此者不通过任何其他事物来与他发生关系"，相当模棱两可："此者"可以是"与上帝的关系"，这样"他"就是上帝；但是"此者"可以是"上帝"，而"他"则指那个身上有着宗教抽象性的人，这在这句子本身之中能够有更通顺的意义，然而问题是，这个"他"没有在前文之中作为人出现过，所以按理不能直接以代词"他"出现。所以我去查了别的译本。

Emanuel Hirsch 的德文译文是"aller Umsatz soll immerfort in einem reinen Verhältnis zu Gott geschehen，welches sich nicht durch etwas andres hindurch zu Gott verhält"（所有交易自始至终都应当是在一种纯粹的与上帝的关系之中发生的，这关系不通过任何其他事物来与上帝发生关系）。

Hong 的英文译文是"every transaction must always take place in a pure relationship with God，who is not related to him through anything else"（所有交易自始至终都应当是在一种纯粹的与上帝的关系之中发生的，上帝不通过任何其他事物来与他发生关系）。

在这里我同意德文译本。

344. 精神上的考验（Anfægtelse）。见前面对 Anfægtelse 的注释。

345. **铁路投机买卖**]丹麦的第一条铁路，是在霍尔斯坦，在 1844 年 9 月开始启用阿尔托纳和基尔之间的一段。铁路部门在当时是一家股票公司，之中丹麦国家占了 31%，余下大部分由铁路沿线城市拥有。启用之前，在德国几乎爆发出一场铁路股票歇斯底里，丹麦国家趁机抛售大量股票，赚得极大利润。从哥本哈根到罗斯基勒的这一段铁路从 1847 年开始启用。到了 1860 年底，开始有铁路通往日德兰。

346. **委员会蠢事**]就是说在一个委员会里讨论事务。王国各界议事大会制度在1834 年起实行，然后就建立了一系列委员会。

347. **济贫院**]在丹麦文中的原本用词是 Pialtenborg，皮亚尔滕堡，是当时哥本哈根的几个最有名的济贫宿夜点之一。1815 年建立，在奥本饶街和玫瑰堡街之间。哥本哈根有很多这样的宿夜点，穷人只须付一小点钱就能够在一个卧厅里过夜。在那里常常住着很多流浪者和犯罪者。皮亚尔滕堡在丹麦有名是因为它在 1850 年被烧毁，阿道夫・冯・德尔贝克（Adolph von der Recke）写了一首"皮亚尔滕堡火灾"的歌谣。

348. **贝壳放逐法的妒忌和碎陶片的辩论依据**］贝壳放逐法是在古希腊的一种制度，雅典和其他城邦内，人们对大众投票选出的被认为危害社会的公民进行的短期放逐。这一制度在一段时期被用于把一些杰出的政党领袖赶出政坛。投票时计票者把票数记在贝壳上或陶片上。

349. **济贫院**］在丹麦文中的原本用词是 Pialtenborg，皮亚尔滕堡。见前面注释。

350. **既不冷也不热**］指向《启示录》（3：15）："我知道的行为，你也不冷也不热。我巴不得你或冷或热。"

351. **numerus 和 pecus**］拉丁语，数字和牲口。乌合之众中的成员。这一表述出自贺拉斯的信。

352. **使得圣灵悲伤**］指向《以弗所书》（4：30）："不要叫神的圣灵担忧。你们原是受了他的印记，等候得赎的日子来到。"

353. **ad usus privatos**］拉丁语：供个人使用。影射另一个混有拉丁语的用词"ad usus publicos"（供公共使用）的基金会，为一个在 1765 年到 1842 年间分发补助的皇家赞助基金会，它赞助各种文化、文学和科学的目的，比如说图书馆和收藏者，也为科学家、作家、画家和音乐家提供旅行经费。

354. **贺贝尔所谈论的那个裁缝学徒的情形**］贺贝尔（Johann Peter Hebel，1760－1826 年）德国神学家、教育学家和作家，出生于巴塞尔，以其简单的民间诗歌而闻名。文中提及的这故事是关于一个工匠学徒（而不是裁缝学徒）。参看：*J.P. Hebel'ssämmtliche Werke*，bd. 1－8，Karlsruhe 1832－34；bd. 3（"Erzählungen des rheinländischen Hausfreundes"），1832，s. 405。篇名为："Bequeme Schiffahrt，wers dafür halten will"。

355. **有一句老话说，爱神是人所无法抗拒的**］比如说在朗戈斯《田园传奇》的引言之中："肯定没有人避开过厄若斯，只要有美存在，只要有能看的眼睛存在，那么就没有人能够避得开他。"克尔凯郭尔在《畏惧与颤栗》之中引用了这一段的希腊文。

参见 *Longi pastoralia graece et latine*，udg. af E. E. Seiler, Leipzig 1843, ktl. 1128, s. 4 (gr.) og s. 88 (lat.)。

356. "……在另一种情形之下倒不是不可能"，直译的话是"……但另一种情形倒不是不可能"。本书译者把"另一种情形"理解为"如果他真的爱着的话"，就是说：如果他真的爱着的话，他倒不是不可能成为这例外。

这整句句子的四种版本：

丹麦文：Ja hvis han ikke virkelig elsker, da er det umuligt, at han kan blive Undtagelsen, dersom der ellers er en saadan, men det Andet er ikke umuligt.

Hong 的英文：Well, if he does not really love, then it is impossible for him to become the exception, provided there is such a one, but the other is not impossible.

Emanuel Hirsch 的德文：Ja, falls er nicht wirklich liebt, ist es unmöglich, dass er die Ausnahme wird, wenn anders es eine solche gibt, jedoch das andere ist nicht unmöglich.

F. Prior et M. -H. Guignot 的法文：Oui, s'il n'aime pas véritablement, il est impossible qu'il puisse devenir l'exception, si toutefois elle existe, mais l'autre chose n'est pas impossible.

357. **他安全地与自己的幸福一同航行**]指向那句关于凯撒的著名句子："鼓起勇气不要怕，你在你的船上载着凯撒和他的幸运。"引自普鲁塔克的《凯撒》，第 38 章，第 3 节。在凯撒的军队无法从布林地西姆(Brundisium)到达凯撒所在的伊庇鲁斯(Epirus)时，凯撒尝试着去将他们接过来。当时半路有风暴，驶船者要转向。他们不知道化妆成了奴隶的旅客就是凯撒。这时凯撒对那个船长说："出发，你高贵的人，鼓起勇气不要怕，你在你的船上载着凯撒和他的幸运。"参见 *Plutarchi vitae parallelae*, bd. 7, s. 47.

358. **没有父亲的孩子们的哭叫声**]间接指向《约伯记》(34:28)，之中以利户对约伯说，上帝惩罚偏离了他的道的人们。

359. 就是说，在"他真的是以这样一种方式与生活有着关联"情形之下倒不是不可能。见前面对"……在那另一种情形之下倒不是不可能"的注释。

360. **直到付清最后一文钱**]间接指向《马太福音》(5:26)："我实在告诉你，若有一文钱没有还清，你断不能从那里出来。”

361. 这句话的意思可以通过这样一个比喻来理解。院子里都是红花，只有它是蓝花，它作为蓝花是一个例外，但是这院子并不因为它是蓝花就变得不及原先院子里只有红花时那么美丽了。

362. 这里的“自己的罪过”本应译作“辜”(Skylden)。“辜”亦即“罪的责任”而在字义中有着“亏欠”、“归罪于、归功于”的成分，——因行为犯错而得“辜”。

363. 原文为：“向上帝递交致歉和恢复上帝名誉的宣言”，就是说，他为曾有的侮辱言行向上帝做出正式的赔礼道歉。

364. 见前面关于“**义务之剑每天都在他的头上悬舞**”的注释。

365. **感官性对于他已经成为了一条蛇……良心不安的瞬间**］指向《创世记》第3章。

366. **ob adjutorium ... ob evitandam fornicationem**］这一拉丁语表述的渊源不详。它是神学上对婚姻的经典依据。在《圣经》里相关的文字是《创世记》(2:18–24)讲“帮助”，《创世记》(1:28)讲“繁殖”，《哥林多前书》(7:2)讲“避免淫乱”。

367. **沿着这条路，我们在心理学的意义上构建出浮士德的灾难**］这后面所描写的与任何确定的浮士德故事都对不上，不管是民间故事(十六世纪的)，还是歌德的(1808–1832年)，还是尼古劳斯·勒瑙斯(Nikolaus Lenaus)的(1836年)。更确切地说，这应当是克尔凯郭尔(或者法官威尔海姆)自己的浮士德解读。这是对《非此即彼》上卷中“直接的爱欲的阶段”的延续。在《非此即彼》上卷中，浮士德和唐璜分别是在精神的和在感性的形式之中的“那魔性的”。

368. 原文直译应当是：“他的苦难是他有辜地受苦”。

369. 苦行者穿的用粗鬃毛织出的衬衣。

370. **赫拉克勒斯得自翁法勒的衣服**］根据奥维德的《变形记》的第九卷。赫拉克勒斯与得伊阿尼拉结婚之后，半人半马的涅索斯驮着得伊阿尼拉横跨一条河，这样赫拉克勒斯可以游泳过去。但涅索斯在河中央要非礼得伊阿尼拉。赫拉克勒斯到了对岸用蘸过九头蛇许德拉毒血的箭射杀了涅索斯。为了复仇，涅索斯在临死前将自己的血交给得伊阿尼拉，欺骗她自己的血可以让变心的男人回心转意。几年后，得伊阿尼拉听信了赫拉克勒斯爱上别人的谣言，为了挽回他的心，她将涅索斯的血涂在一件罩衫上。当他穿上这件罩衫时，那些来自许德拉的毒血开始腐蚀他的血肉，并吞噬他的骨骼。但这衣服是他得自得伊阿尼拉的衣服，而不是得自翁法勒。

翁法勒是吕底亚的女王。赫拉克勒斯在她那里作为奴隶服役三年。女王对他的服务非常满意，留取赫拉克勒斯作自己的丈夫；她使得他变得很温柔并让他穿上女人衣服。

参见 P. F. A. Nitsch，*Neues mythologisches Wörterbuch*，bd. 1，s. 835f. og 842。

371. **所有人之中最可怜的，是人类中的污秽**］指向《哥林多前书》(15：19)："我们若靠基督，只在今生有指望，就算比众人更可怜。"和(4：13)："直到如今，人还把我们看作世界上的污秽，万物中的渣滓。"

372. 悔(Angeren)。

373. 悔(Angeren)。

374. 在丹麦语原文中是"nidkjær for sig selv"，英文的译文是"jealous of itself"，就是说"严格地看守着自己所受的尊敬或者崇拜"。而如果这是对上帝的描述，那么，这就意味着"严格地忌邪"，见《民数记》(25：13)："这约要给他和他的后裔，作为永远当祭司职任的约。因他为神，有忌邪的心，为以色列人赎罪。"

375. 考验(Anfægtelse)。见前面对 Anfægtelse 的注释。在此我将之译作"考验"，是指"精神上的考验"。

376. **我的最爱**］根据后面的复数形式和关联，我们可以看出这是在谈论孩子。在《人生道路诸阶段》的其他地方，法官都没有谈及自己的孩子。但是根据《非此即彼》的第二部分，我们可以看出，他应该是有三个孩子，一个女儿两个儿子。在《婚姻在审美上的有效性》中有："我唯一的女儿只有三岁"；而在《"那审美的"和"那伦理的"两者在人格修养中的平衡》中则有："我爱我的妻子，在我的家里是幸福的；我听妻子的摇篮曲，在我看来它比所有别的歌都更美丽，但我并不因此就认为她是一个歌手；我听见小孩子的哭叫，在我眼里这不是什么不和谐，我看见他的哥哥长大、取得进步，我高兴而充满信心地望进他的未来，没有不耐烦的，因为我有足够的时间等待，而对于我，这一等待就其本身而言是一种喜悦。"

377. **在向善之路上的进步**］直译应当是"在'那善的'之中的进步"。指向《巴勒的教学书》(*Balles Lærebog*)第五章第二节，注释："任何人，如果他没有出离'那恶的'并且每天努力于在'那善的'之中取得进步，那么他就不能够通过基督的调和来安慰自己。"

378. ……也使得"我为我的生活状况的感恩"和"我为我亲人所作的祷告"在我眼中就像"一个国王为自己国家的感恩和祷告"一样重要……

379. 这一整段在原文中是一个长句子，直译为："我不残酷；哦！如果一个人有着一个丈夫所能够具备的幸福，如果一个人如此深切地爱生活、在誓言的反复宣许过程中如此深切地爱生活，以至于对他来说一个誓言比另一个誓言更宝贵，因为他在这对生活的爱之中依附于她(我仍然以幸福的最初的爱的胜利决定拥抱着她)，依附于自己的妻子(为了妻子的缘故，一个人要离开父母)，依附于那能够取代损失的东西、那使得我的婚姻生活更美丽更年轻的东西，我的最爱，他们的喜悦、他们的快乐、他们无辜的心灵、他们在向善之路上的进步使得平凡的日常生计成为一种无法评估的盈余、使得我为我的生活状况的感恩和我为我亲人所做的祷告在我眼中就像一个国王为自己国家的感恩和祷告一样重要，——那么，这个人就太幸福了，幸福得无法残酷。"

380. 译者在这里稍作改写。原句直译应当是："相反，我则是带着确定性知道，讥嘲、精明、这些考究所展示的恐怖无法从我这里夺走的东西是什么，这东西就是我婚姻的幸福……"

381. **用上了酷刑的案子**]一个使用酷刑来审讯的案子。但是1837年，酷刑在丹麦被废除了。